信息科学技术学术著作丛书

量子计算数论

Quantum Computational Number Theory

〔英〕颜松远(Song Y. Yan)　著

段乾恒　王　洪　马　智　穆　清　译

科 学 出 版 社

北　京

图字：01-2019-0297

内 容 简 介

本书全面介绍了针对整数分解问题、离散对数问题及椭圆曲线离散对数问题的经典及量子算法。同时对经典计算和量子计算中的基本概念及结论进行了介绍，并简单讨论了一些针对其他数论问题和代数问题的量子算法，完备地描述相关数论问题及其密码应用，简明扼要地讨论了对应经典算法。在量子算法的描述过程中，系统性强、实例清晰、深入浅出。

本书可作为对量子算法、计算数论、抗量子计算密码感兴趣的计算机学者、数学家、电气工程师及物理学者的参考书，也可作为量子计算数论领域高年级本科生或低年级研究生的教材。

图书在版编目(CIP)数据

量子计算数论 / (英)颜松远著；段乾恒等译. —北京：科学出版社，2020.4

(信息科学技术学术著作丛书)

书名原文：Quantum Computational Number Theory

ISBN 978-7-03-064840-2

Ⅰ. ①量…　Ⅱ. ①颜…　②段…　Ⅲ. ①数论－应用－密码学－研究　Ⅳ. ①TN918. 1

中国版本图书馆CIP数据核字(2020)第064547号

责任编辑：牛宇锋　纪四稳 / 责任校对：王萌萌
责任印制：吴兆东 / 封面设计：陈　敬

科学出版社出版
北京东黄城根北街16号
邮政编码：100717
http://www.sciencep.com

北京中石油彩色印刷有限责任公司 印刷
科学出版社发行　各地新华书店经销

*

2020年4月第　一　版　开本：720 × 1000　1/16
2021年5月第三次印刷　印张：15 3/4
字数：297 000

定价：120.00 元

(如有印装质量问题，我社负责调换)

《信息科学技术学术著作丛书》序

21 世纪是信息科学技术发生深刻变革的时代，一场以网络科学、高性能计算和仿真、智能科学、计算思维为特征的信息科学革命正在兴起。信息科学技术正在逐步融入各个应用领域并与生物、纳米、认知等交织在一起，悄然改变着我们的生活方式。信息科学技术已经成为人类社会进步过程中发展最快、交叉渗透性最强、应用面最广的关键技术。

如何进一步推动我国信息科学技术的研究与发展；如何将信息技术发展的新理论、新方法与研究成果转化为社会发展的推动力；如何抓住信息技术深刻发展变革的机遇，提升我国自主创新和可持续发展的能力？这些问题的解答都离不开我国科技工作者和工程技术人员的求索和艰辛付出。为这些科技工作者和工程技术人员提供一个良好的出版环境和平台，将这些科技成就迅速转化为智力成果，将对我国信息科学技术的发展起到重要的推动作用。

《信息科学技术学术著作丛书》是科学出版社在广泛征求专家意见的基础上，经过长期考察、反复论证之后组织出版的。这套丛书旨在传播网络科学和未来网络技术，微电子、光电子和量子信息技术、超级计算机、软件和信息存储技术、数据知识化和基于知识处理的未来信息服务业、低成本信息化和用信息技术提升传统产业，智能与认知科学、生物信息学、社会信息学等前沿交叉科学，信息科学基础理论，信息安全等几个未来信息科学技术重点发展领域的优秀科研成果。丛书力争起点高、内容新、导向性强，具有一定的原创性，体现出科学出版社“高层次、高质量、高水平”的特色和“严肃、严密、严格”的优良作风。

希望这套丛书的出版，能为我国信息科学技术的发展、创新和突破带来一些启迪和帮助。同时，欢迎广大读者提出好的建议，以促进和完善丛书的出版工作。

中国工程院院士

原中国科学院计算技术研究所所长

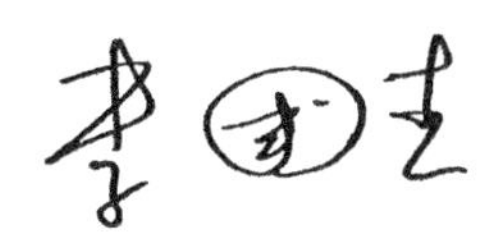

译 者 前 言

数论的研究与应用具有悠久的历史，量子计算的研究则起源于 20 世纪 80 年代。量子计算的研究促使量子计算数论成为新的学科交叉点。鉴于数论问题在密码学领域的广泛应用，量子计算也备受关注。

国内外出版的量子计算或数论相关专著很多，但是较少从量子计算与数论结合的角度去讲述。颜松远教授所著的 *Quantum Computational Number Theory* 一书丰富了这一交叉领域的研究，是一本很有特色的专著，其特点如下：

(1) 重点突出，内容新颖。本书以整数分解、离散对数等几个经典的数论问题为核心，首先对相关经典算法进行适当阐述，然后重点介绍量子算法在求解相关问题时的优势，充分体现了量子计算在数论问题求解中的应用。

(2) 逻辑清晰，深入浅出。本书将叙述的严谨性和内容的广度、深度进行了有机结合，语言描述浅显易懂而不失严谨，逻辑推理严密。在量子算法的介绍中，剥离不必要的物理细节，重点介绍典型量子算法的数学思想及其在数论问题中的应用；此外，着重阐述算法的核心思路与流程，省去了部分不必要的数学证明细节。

(3) 选材精良，可拓展性强。本书介绍了几个核心数论问题的求解，同时给出了丰富的拓展学习素材，对更多数论问题在量子计算模型下的求解进行了思路性的阐述，便于读者进行更深入的研究。

本书主要从数学角度出发，对于缺乏较深物理知识储备但是想学习量子计算与算法的相关读者具有较好的参考价值；尤其对于研究量子算法在数学问题中应用的相关读者，本书是值得精读的入门书籍。

译者经过一年的努力完成了本书的翻译，其中，段乾恒博士、王洪博士、马智教授、穆清讲师翻译了本书的主要章节，费洋扬博士协助完成了全书的统稿和校对，在此表示衷心感谢。

本书的翻译工作得到国家自然科学基金项目(61501514、61472446、61701539)和“十三五”国家密码发展基金项目(mmjj20180107、mmjj20180212)的支持，在此一并表示感谢。

由于作者水平有限，翻译过程中不足之处在所难免，敬请广大读者批评指正。

译　者

2020 年 1 月

原 书 前 言

想象力比知识更重要，因为知识是有限的，而想象力包围着整个世界。

阿尔伯特·爱因斯坦(Albert Einstein 1879—1955)

1921年诺贝尔物理学奖获得者

量子计算数论是一个全新的交叉学科，涵盖了数论、计算理论和量子计算等学科，旨在利用量子计算技术解决数论和密码学中难以用经典计算机解决的计算难题。确切地说，最广为人知的Shor算法就是为了解决整数分解问题、破解RSA公钥密码体制而提出的。

本书共6章。第1章介绍计算数论、量子计算数论的基本概念。第2章介绍经典计算和量子计算中的基本概念及结论。第3～5章分别介绍整数分解问题(IFP)、离散对数问题(DLP)以及基于椭圆曲线离散对数问题(ECDLP)的经典及量子算法。目前尚无针对IFP、DLP、ECDLP的有效经典算法，因此只要设计合理并能够得到妥善应用，所有基于IFP、DLP、ECDLP的经典密码体制都是安全的。然而，如果能够建造实用的量子计算机，那么本书介绍的量子算法就能用来破解所有基于IFP、DLP、ECDLP的经典密码体制。当然，不能期望量子算法抑或量子计算机能够破解所有的密码体制，一方面，这是因为量子计算机并不是一款“更快”的经典计算机，而是一种具有截然不同计算方式的计算机；另一方面，对于一些计算难题如IFP、DLP，利用量子算法可以实现指数加速(更一般的说法是超多项式加速)，但是对于诸如NP完全问题的其他问题，如旅行商问题(TSP)，利用目前的量子算法根本不能实现加速。因此，可能存在一些量子计算机也无法破解的密码体制，这种类型的密码体制称为抗量子密码体制。第6章介绍一些针对其他数论问题和代数问题的量子算法。

本书可以视为作者所著*Quantum Attacks on Public-Key Cryptosystems*的更新版，不同的是本书更加侧重于介绍基于IFP、DLP、ECDLP的公钥密码体制及相应的量子攻击算法。本书可以作为对量子计算数论感兴趣的计算机学者、数学家、电气工程师及物理学者的参考书，也可作为量子计算数论领域高年级本科生或低年级研究生的教材。

本书写作时正值作者在武汉大学计算机学院做特聘教授，书中相关内容的研究在过去十年中先后获得了皇家工程学院、伦敦皇家学会、麻省理工学院、哈佛大学及武汉大学软件工程国家重点实验室基金(SKLSE-2015-A-02)的资助，在此表示感谢，尤其感谢作者的博士研究生王亚辉为本书提供的算例及对本书初稿的校对。

颜松远

2015 年 8 月于中国武汉

目　　录

缩 略 语

AES	advanced encryption standard	高级加密标准
BPP	bounded-error probabilistic polynomial time	多项式时间的概率图灵机以错误概率 1/3 接受的语言类
BQP	bounded-error quantum polynomial time	多项式时间的量子图灵机以错误概率 1/3 接受的语言类
BSD	Birch-Swinnerton-Dyer	波奇-斯温纳顿-戴雅
CCITT	Consultative Committee on International Telephone and Telegraph	国际电报电话咨询委员会
CHREM	Chinese remainder theorem	中国剩余定理
CFRAC	continued fraction factorization	连分数分解(算法)
CWI	Centrum Wiskunde & Informatica	(荷兰国家)数学和计算机科学研究院
DES	data encryption standard	数据加密标准
DLP	discrete logarithm problem	离散对数问题
DHM	Diffie-Hellman-Merkle	迪菲-赫尔曼-默克尔
DSA	digital signature algorithm	数字签名算法
DSS	digital signature standard	数字签名标准
DTM	deterministic Turing machine	确定型图灵机
ECC	elliptic curve cryptography	椭圆曲线密码体制
ECDLP	elliptic curve discrete logarithm problem	椭圆曲线离散对数问题
ECDSA	elliptic curve digital signature algorithm	椭圆曲线数字签名算法
ECDSS	elliptic curve digital signature standard	椭圆曲线数字签名标准
ECM	elliptic curve method	椭圆曲线因式分解方法
ERH	extended Riemann hypothesis	广义黎曼猜想
EXP	exponential time	指数时间
FFS	function field sieve	函数域筛法

FFT	fast Fourier transform	快速傅里叶变换
GNFS	general number field sieve	通用型数域筛法
GRH	generalized Riemann hypothesis	广义黎曼假设
HPP	Hamilton path problem	哈密顿路径问题
HSP	hidden subgroup problem	隐子群问题
IFP	integer factorization problem	整数分解问题
IP	interactive proof	交互式证明(问题集合)
ISO	International Organization for Standardization	国际标准化组织
LLL	Lenstra-Lenstra-Lovasz	格基归约化(算法)
LP	logarithm problem	对数问题
MPRFP	modular polynomial root finding problem	多项式同余方程的根式解问题
MPQS	multiple polynomial quadratic sieve	多个多项式的二次筛法
NDTM	non-deterministic Turing machine	非确定型图灵机
NFS	number field sieve	数域筛法
NP	non-deterministic polynomial	非确定性多项式(时间复杂度问题)
NPC	NP complete	NP 完全问题
NPH	NP hard	NP 难(问题)
NPS	NP-space	NP 空间(复杂度)
P	polynomial	多项式(时间可解问题)
PFP	prime factorization problem	素因数分解问题
PS	P-space	P 空间
PSC	P-space complete	P 空间完全(问题)
PSH	P-space hard	P 空间难(问题)
PTM	probabilistic Turing machine	概率图灵机
PTP	primality testing problem	素性测试问题
QFT	quantum Fourier transform	量子傅里叶变换

QIP	quantum interactive proof	量子交互式证明(问题集合)
QP	quantum polynomial	量子多项式(时间可解问题)
QR	quadratic residue	平方剩余
QRP	quadratic residuosity problem	平方剩余问题
QS	quadratic sieve	二次筛法
QTM	quantum Turing machine	量子图灵机
RSA	Rivest-Shamir-Adleman	李维斯特-萨莫尔-阿德曼
RFP	root finding problem	求根问题
RP	randomize polynominal	随机多项式(复杂度)
SAT	satisfiability problem	可满足性问题
SNFS	special NFS	特殊型数域筛法
SQRTP	square root problem	二次同余方程求解问题
SQUFOF	Shanks' square form factorization method	平方形式分解算法
SVP	shortest vector problem	最短向量问题
SWIFT	Society for Worldwide Interbank Financial Telecommunications	环球同业银行金融电讯协会
TSP	traveling salesman problem	旅行商问题
TQFT	topological quantum field theory	拓扑量子场论
ZPP	zero-error probabilistic polynomial	零错误概率多项式(时间复杂度问题)
ZQP	zero-error quantum polynomial	量子零错误多项式(时间复杂度问题)

第1章 绪　　论

上帝用漂亮的数学创造了世界。

保罗 · 狄拉克(Paul Dirac 1902—1984)

1933 年诺贝尔物理学奖获得者

数论是数学中最古老的一门学科。传统上，数论又称为数学学科中最纯粹的分支。就像分析方法和代数方法在解析数论和代数数论中起着重要的作用一样，随着现代计算机的发明，计算科学在数论研究中扮演着越来越重要的角色，由此导致计算数论以致量子计算数论的诞生。本章介绍数论中的一些基本思想、概念以及数论、计算数论、量子计算数论中的一些开放问题，尤为重要的是，本章将回答以下三个问题：

(1)何谓数论？

(2)何谓计算数论？

(3)何谓量子计算数论？

1.1　数论的概念

数论是关于整数的理论，主要研究整数集合

$$\mathbb{Z}=\{\cdots,-3,-2,-1,0,1,2,3,\cdots\}$$

的性质，尤其是正整数集合

$$\mathbb{Z}^{+}=\{1,2,3,\cdots\}$$

的性质。例如，由整除的性质可知，所有的正整数都可以归为以下三类中的一种：

(1) 1；

(2) 素数，即 2,3,5,7,11,13,17,19,23,⋯；

(3) 合数，即 4,6,8,9,10,12,14,15,16,18,20,21,22,⋯。

由素数的定义可知，对于大于 1 的正整数 n，如果其正因数仅有 1 及其自身，则称为素数，否则称为合数。1 既不是合数也不是素数。素数在数论研究中发挥着重要的作用，因为任意大于 1 的正整数 n 都可以分解为标准形式：

$$n = p_1^{\alpha_1} p_2^{\alpha_2} \cdots p_k^{\alpha_k}$$

其中，$p_1 < p_2 < \cdots < p_k$ 且它们都为素数；α_1、α_2、…、α_k 为正整数。尽管人们对素数定理已经研究了 2000 多年，但是关于素数的分布依然有很多开放问题。下面介绍几种素数研究中最有趣的问题。

1. 素数的分布

欧几里得(Euclid)2000 年前在其著作《几何原本》中证明：素数有无穷多个，即素数序列

$$2,3,5,7,11,13,17,19,\cdots$$

是无穷的。例如，2、3、5 是最初的三个素数，$2^{57885161}-1$ 是已知的最大素数(截至 2015 年 8 月)，这个数有 17425170 位，发现于 2013 年 1 月 25 日。若用 $\pi(x)$ 表示不大于 x 的素数的个数(表 1.1 给出了 x 较大时 $\pi(x)$ 的一些数值)，则欧几里得定理关于素数有无穷多个的论述可以表示为

$$当 x \to \infty 时，\pi(x) \to \infty$$

对素数分布的一个更好的论述来自素数定理，该定理指出

$$\pi(x) \sim x/\log x$$

或者说

$$\lim_{x \to \infty} \frac{\pi(x)}{x/\log x} = 1$$

需要注意的是，这里是自然对数，即以 e=2.7182818…为底。然而，若黎曼(Riemann)猜想[1]是正确的，则需要将素数定理

$$\pi(x) = \int_2^x \frac{\mathrm{d}t}{\log t} + O\left(x\mathrm{e}^{-c\sqrt{\log x}}\right)$$

修正为

$$\pi(x) = \int_2^x \frac{\mathrm{d}t}{\log t} + O\left(\sqrt{x}\log x\right)$$

表 1.1 x 较大时的 $\pi(x)$ 值

x	$\pi(x)$	$\pi(x)-x/\log x$
10	4	−0.3
10^2	25	3.3
10^3	168	23
10^4	1229	143
10^5	9592	906
10^6	78498	6116
10^7	664579	44158
10^8	5761455	332774
10^9	50847534	2592592
10^{10}	455052511	20758029
10^{11}	4118054813	169923159
10^{12}	37607912018	1416705193
10^{13}	346065536839	11992858452
10^{14}	3204941750802	102838308636
10^{15}	29844570422669	891604962452
10^{16}	279238341033925	7804289844393
10^{17}	2623557157654233	68883734693281
10^{18}	24739954287740860	612483070893536
10^{19}	234057667276344607	5481624169369960
10^{20}	2220819602560918840	49347193044659701
10^{21}	21127269486018731928	446579871578168707
10^{22}	201467286689315906290	4060704006019620994
10^{23}	1925320391606803968923	37083513766578631309
10^{24}	18435599767349200867866	339996354713708049069
10^{25}	176846309399143769411680	3128516637843038351228
10^{26}	1699246750872437141327603	28883358936853188823261

当然，我们不清楚黎曼猜想是否正确。黎曼猜想的正确与否是数学中一个最

重要的开放问题。位于波士顿的克雷数学研究所于 2000 年提出了著名的千禧年七大难题，每个难题悬赏 100 万美元[1-4]，黎曼猜想就是其中之一。黎曼猜想是关于黎曼函数

$$\zeta(s)=\sum_{n=1}^{\infty}\frac{1}{n^{s}}$$

的非平凡(复)零点分布的猜想，其中 $s=\sigma+\mathrm{i}t$，$\{\sigma,t\}\in\mathbb{R}$，$\mathrm{i}=\sqrt{-1}$。该猜想断言黎曼函数 ζ 在 $0<\mathrm{Re}(s)<1$ 的所有非平凡零点都处于 $\mathrm{Re}(s)=1/2$ 的直线上，即 $\rho=1/2+\mathrm{i}t$，其中 ρ 为 $\zeta(s)$ 的非平凡零点。黎曼求解了 $\zeta(s)$ 的前五个非平凡零点，发现它们都处于直线 $\mathrm{Re}(s)=1/2$ 上(图 1.1)，于是黎曼提出了大胆猜想：$\zeta(s)$ 在 $0<\mathrm{Re}(s)<1$ 的所有非平凡零点都处于直线 1/2 上。

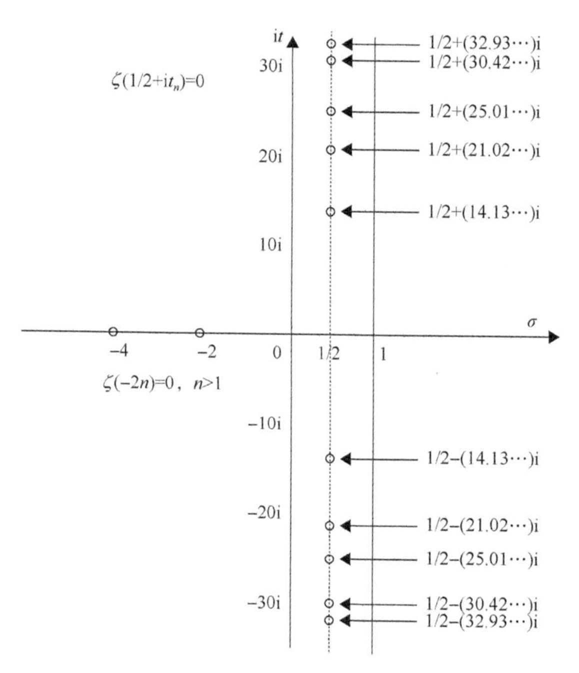

图 1.1　黎曼猜想

2. 孪生素数猜想

孪生素数是指形如 $n\pm1$ 的一对整数，且这两个整数都是素数。例如，$(3,5)$、$(5,7)$、$(11,13)$ 是前三个最小的孪生素数，2009 年 8 月发现了当时最大的孪生素数 $65516468355\times2^{333333}\pm1$，这两个数有 100355 位。表 1.2 给出了 20 个大的孪生素数对。令 $\pi_2(x)$ 表示不大于 x 的孪生素数对个数(表 1.3 给出了不同 x 时的 $\pi_2(x)$ 值)，则孪生素数猜想断言为当 $x\to\infty$ 时，$\pi_2(x)\to\infty$。

表 1.2 20 个大的孪生素数对

排序	素数对	位数	发现时间
1	$3756801695685\times 2^{666669}\pm 1$	200700	2011 年 12 月
2	$65516468355\times 2^{333333}\pm 1$	100355	2009 年 8 月
3	$4884940623\times 2^{198800}\pm 1$	59855	2015 年 7 月
4	$2003663613\times 2^{195000}\pm 1$	58711	2007 年 1 月
5	$38529154785\times 2^{173250}\pm 1$	52165	2014 年 7 月
6	$194772106074315\times 2^{171960}\pm 1$	51780	2007 年 6 月
7	$100314512544015\times 2^{171960}\pm 1$	51780	2006 年 6 月
8	$16869987339975\times 2^{171960}\pm 1$	51779	2005 年 9 月
9	$33218925\times 2^{169690}\pm 1$	51090	2002 年 9 月
10	$22835841624\times 2^{54321}\pm 1$	45917	2010 年 11 月
11	$1679081223\times 2^{151618}\pm 1$	45651	2012 年 2 月
12	$9606632571\times 2^{151515}\pm 1$	45621	2014 年 7 月
13	$84966861\times 2^{140219}\pm 1$	42219	2012 年 4 月
14	$12378188145\times 2^{140002}\pm 1$	42155	2010 年 12 月
15	$23272426305\times 2^{140001}\pm 1$	42155	2010 年 12 月
16	$8151728061\times 2^{125987}\pm 1$	37936	2010 年 5 月
17	$598899\times 2^{118987}\pm 1$	35825	2010 年 4 月
18	$307259241\times 2^{115599}\pm 1$	34808	2009 年 1 月
19	$60194061\times 2^{114689}\pm 1$	34533	2002 年 11 月
20	$5558745\times 2^{33334}\pm 1$	33341	2011 年 4 月

若整数 x 和 $x+2$ 为素数的概率是统计独立的，则由素数定理可得

$$\pi_2(x)\sim\frac{x}{(\log x)^2}$$

更确切地说为

$$\pi_2(x)\sim c\frac{x}{(\log x)^2}$$

其中

$$c=2\prod_{p\geqslant 3}\left(1-\frac{1}{(p-1)^2}\right)$$

这个公式中的无穷乘积称为孪生素数常数，该常数值约为 0.66016181584686957392…，所以$c\approx 1.3203236316937391478$。然而，$x$和$x+2$为素数的概率并非统计独立的，所以英国数学家哈代(Hardy)和李特尔伍德(Littlewood)提出了如下猜想：

$$\pi_2(x)=2\prod_{p\geqslant 3}\left(\frac{p(p-2)}{(p-1)^2}\right)\int_2^x\frac{\mathrm{d}t}{(\log t)^2}$$

$$\approx 1.320323632\int_2^x\frac{\mathrm{d}t}{(\log t)^2}$$

表 1.3　x 取不同值时 $\pi_2(x)$ 的真实值与猜想值

x	$\pi_2(x)$ 的真实值	$\pi_2(x)$ 的猜想值
10	2	4
10^2	8	13
10^3	34	45
10^4	205	214
10^5	1224	1248
10^6	8169	8248
10^7	58980	58753
10^8	440312	440367
10^9	3424506	3425308
10^{10}	27412679	27411416
10^{11}	224376048	224368864
10^{12}	1870585220	1870559866
10^{13}	15834664872	15834598305
10^{14}	135780321665	135780264894
10^{15}	1177209242304	1177208491860
10^{16}	10304195697298	10304192554495

表 1.3 给出了对于不同 x 值时的 $\pi_2(x)$ 猜想值（见表中右面一列）。中国数学家陈景润在其著作《哥德巴赫猜想》中基于筛法运用复杂的论证证明了如下结论：

存在无穷多的整数对 $(n, n+2)$ 满足：n 为素数，$n+2$ 要么是素数，要么是两个素数的乘积。

最近，张益唐证明[5]

$$\liminf_{n\to\infty}(P_{n+1}-P_n)<N\text{，}\quad N<7\times10^7$$

其中，P_n 为第 n 个素数，该结论相比 Goldston-Graham-Pintz-Yildrim 的结论[6]

$$\liminf_{n\to\infty}\frac{P_{n+1}-P_n}{\log P_n}=0$$

有较大的提高。目前，张益唐公式中的 N 已经由 Polymath 项目中的一群科学家减小到了 246。另一个与孪生素数猜想类似的则是哥德巴赫（Goldbach）猜想，该猜想是 1742 年哥德巴赫在给欧拉（Euler）的一封信中提出的，在这封信中哥德巴赫指出：所有大于 4 的偶数都可以表示为两个奇素数之和。截至目前，还没有人能够解决哥德巴赫猜想。目前最好的结论是由陈景润于 1966 年提出并直到 1973 年才给出证明的[7]，即任意一个足够大的偶数可以表示为一个素数与最多两个素数之积的和：

$$E=p_1+p_2p_3$$

其中，E 为足够大的偶数；p_1、p_2、p_3 为素数。

由这一结论可知，存在无穷多形如 $(p_1, p_1+2=p_2p_3)$ 的孪生数。人们也研究了其他孪生素数问题的变形，例如，是否存在无穷多的素数三元组 (p,q,r)，其中 p、q、r 满足 $q=p+2$、$r=p+6$。前五个这种形式的素数三元组为 $(5,7,11)$、$(11,13,17)$、$(17,19,23)$、$(41,43,47)$、$(101,103,107)$。素数三元组问题相比孪生素数问题更难。有意思的是，只存在一组形如 (p,q,r)（其中 p、q、r 为素数且 $q=p+2$、$r=p+4$）的素数三元组，即 $(3,5,7)$。黎曼猜想、孪生素数猜想及哥德巴赫猜想共同构成了著名的第八个希尔伯特数学问题。

3. 等差素数数列的分布

等差素数数列是由一系列形如

$$p, p+d, p+2d, \cdots, p+(k-1)d$$

的素数构成的，其中 p 和 $p+(k-1)d$ 分别为数列的首、末项，d 为公差。下面是一些等差素数数列的例子：

$$3 \quad 5 \quad 7$$

$$5 \quad 11 \quad 17 \quad 23$$

$$5 \quad 11 \quad 17 \quad 23 \quad 29$$

最长的等差素数数列有 23 项，即 $56211383760397 + 44546738095860k$ ，其中 $k = 0,1,\cdots,22$ 。2004 年，格林和陶哲轩[8]证明了存在任意长度的等差素数数列(即 k 可以是一个任意大的自然数)，这项工作使得陶哲轩与其他几位数学家获得了 2006 年数学界的“诺贝尔奖”——菲尔兹奖。然而，这一结论并没有给出关于连续素数等差数列的明确结论，人们仍然不知道是否存在任意长度的连续素数等差数列，尽管 Chowa 于 1944 年证明存在无穷多的三个连续素数的等差数列。连续素数等差数列指的是一列连续的素数构成的等差数列。1967 年，Jones、Lal 及 Blundon 发现了一列 5 个连续素数的等差数列 $10^{10} + 24493 + 30k$ ，其中 $k = 0,1,2,3,4$ 。同年，Lander 和 Parkin 发现了一列 6 个连续素数的等差数列 $121174811 + 30k$ ，其中 $k = 0,1,2,3,4,5$ 。目前已知的最长的连续素数的等差数列是由 Toplic 于 1998 年发现的，该数列为

$$507618446770482 \times 193\# + x77 + 210k$$

其中

$$\begin{cases} 193\# \text{为所有} \leqslant 193 \text{的素数的乘积,} \\ x77 \text{是如下77位数字：} \\ 54538241683887582668189703590110659057 86 \\ 5934764604873840781923513421103495579 \\ k = 0,1,2,\cdots,9 \end{cases}$$

综上所述，数论主要研究人们日常熟悉的整数，其问题一般都很容易描述，但需要指出的是，解决这些问题通常都是很困难的。

1.1 节 习 题

1. 证明存在无穷多的素数。

2. 证明或证伪存在无穷多的孪生素数。

3. 是否存在无穷多的形如 p 、 $p+2$ 、 $p+4$ 的素数三元组，其中 p 、 $p+2$ 、 $p+4$ 都是素数，如 3、5、7。

4. 是否存在无穷多的形如p、$p+2$、$p+6$的素数三元组，其中p、$p+2$、$p+6$都是素数，如5、7、11。

5. (素数定理)证明：

$$\lim_{x\to\infty}\frac{\pi(x)}{x/\log x}=1$$

6. (孪生素数猜想)证明：

$$\lim_{x\to\infty}\frac{\pi_2(x)}{x/(\log x)^2}=1$$

7. (哈代-李特尔伍德关于孪生素数的猜想)证明：

$$\pi_2(x)=2\prod_{p\geqslant 3}\left(\frac{p(p-2)}{(p-1)^2}\right)\int_2^x\frac{\mathrm{d}t}{(\log t)^2}\approx 1.320323632\int_2^x\frac{\mathrm{d}t}{(\log t)^2}$$

8. 黎曼函数定义为

$$\zeta(s)=\sum_{n=1}^{\infty}\frac{1}{n^s}$$

其中，$s=\sigma+\mathrm{i}t$为一个复数。黎曼断言函数$\zeta(s)$的所有处于$0\leqslant\sigma\leqslant 1$的非平凡零点都位于直线$\sigma=1/2$上，即$\zeta(1/2+\mathrm{i}t)=0$。证明或证伪黎曼猜想。

9. 1993 年，Andrew Beal 提出猜想：当$a,b,c\geqslant 3$且$\gcd(x,y)=\gcd(y,z)=\gcd(x,z)=1$时，不存在正整数$x$、$y$、$z$、$a$、$b$、$c$使得方程$x^a+y^b=z^c$成立。Beal拿出100万美元作为对该猜想证明或证伪的奖金。

10. 证明或证伪哥德巴赫猜想：任意大于6的偶数都可以表示为两个奇素数之和。

11. 对于给定的正整数n，若$\sigma(n)=2n$，则称n为完全数，其中$\sigma(n)$表示n的所有正因数之和。例如，$\sigma(6)=1+2+3+6=2\times 6$，所以6是一个完全数。证明：当且仅当$n=2^{p-1}(2^p-1)$时，$n$为完全数，其中$2^p-1$为梅森素数。

12. 所有已知的完全数都是偶数。最近的研究发现：若存在奇完全数，则其一定大于10^{300}且至少有29个素因数(不必是不同的)。证明或证伪：至少存在一个奇完全数。

13. 证明存在任意长的素数等差数列

$$p,p+d,p+2d,\cdots,p+(k-1)d$$

其中，p 和 $p+(k-1)d$ 分别为数列的首、末项，d 为公差，数列中所有的数都为素数且 k 可以为任意大的正整数。

14. 证明或证伪存在任意长的连续素数等差数列。

1.2 计算数论的概念

计算数论，顾名思义，是数论与计算理论的交叉产物，即计算数论: =数论⊕计算理论。从根本上说，对于数论中的任一问题，只要计算理论在其中起着重要作用，就可以认为其属于计算数论中的研究课题。计算数论旨在利用计算技术解决数论中的难题，以及利用数论中的技巧解决计算机科学中的难题。本书主要集中介绍利用计算技术解决在现代公钥密码学中常用的数论难题。这一领域的几个典型难题如下。

1. 素性测试问题(PTP)

素性测试问题定义为

$$\text{PTP} \overset{\text{def}}{=} \begin{cases} \text{输入：} n>1 \\ \text{输出：} \begin{cases} \text{Yes}, & n\in\{\text{合数}\} \\ \text{No}, & \text{其他} \end{cases} \end{cases}$$

PTP 理论上可以在多项式时间内解决，即 PTP 可以在计算机上有效解决。然而，判定一个大数是否为素数依然是很难的。形如 $M_p=2^p-1$ 的素数称为梅森素数，其中 p 为素数。前四个梅森素数发现于 2500 年前，然而迄今为止，人们只发现了 47 个这样的素数(表 1.4)。需要指出的是，在表中 $2^{43112609}-1$ 既是已知的最大梅森素数，又是已知的最大素数。寻找更大的梅森素数及更大的素数一直是计算数论中的热门课题，为此，电子前哨基金会(Electronic Frontier Foundation)专门设置了 55 万美元用来奖励最先发现下面四个大素数的单位或个人，见表 1.5。

来自密歇根的那扬·哈吉拉特瓦拉(Nayan Hajratwala)于 1999 年拿走了表中的第一个大奖，其发现了第 38 个梅森素数，即 $2^{6972593}-1$，该数有 2098960 位(十进制)；表中的第二个大奖由来自美国加利福尼亚大学洛杉矶分校的爱德森 • 史密斯(Edson Smith)于 2008 年获得，其发现了第 46 个梅森素数，即 $2^{42643801}-1$，该数有 12837064 位(十进制)。表中剩下的大奖迄今还没有任何个人或组织获得，当然，我们不知道是否有无穷多的梅森素数。

表 1.4 已知的 47 个梅森素数

编号	p	M_p 的位数	发现年份	编号	p	M_p 的位数	发现年份
1	2	1	—	25	21701	6533	1978
2	3	1	—	26	23209	6987	1979
3	5	2	—	27	44497	13395	1979
4	7	3	—	28	86243	25962	1982
5	13	4	1461	29	110503	33265	1988
6	17	6	1588	30	132049	39751	1983
7	19	6	1588	31	216091	65050	1985
8	31	10	1750	32	756839	227832	1992
9	61	19	1883	33	859433	258716	1994
10	89	27	1911	34	1257787	378632	1996
11	107	33	1913	35	1398269	420921	1996
12	127	39	1876	36	2976221	895932	1997
13	521	157	1952	37	3021377	909526	1998
14	607	183	1952	38	6972593	2098960	1999
15	1279	386	1952	39	13466917	4053946	2001
16	2203	664	1952	40	20996011	6320430	2003
17	2281	687	1952	41	24036583	7235733	2004
18	3217	969	1957	42	25964951	7816230	2005
19	4253	1281	1961	43	30402457	9152052	2005
20	4423	1332	1961	44	32582657	9808358	2006
21	9689	2917	1963	45	37126667	11185272	2008
22	9941	2993	1963	46	42643801	12837064	2008
23	11213	3376	1963	47	43112609	12978189	2008
24	19937	6002	1971	48	?	?	?

表 1.5 电子前哨基金会对新发现素数奖金及条件

奖金/美元	新素数所需满足的条件
50000	至少 1000000 位
100000	至少 10000000 位
150000	至少 100000000 位
250000	至少 1000000000 位

2. 整数分解问题(IFP)

IFP 定义如下：

$$\text{IFP} \stackrel{\text{def}}{=} \begin{cases} \text{输入：} n>1 \\ \text{输出：} a\mid n, \quad 1<a<n \end{cases}$$

IFP 的前提假设是给定一个整数 $n>1$，找其非平凡因子是困难的，即

$$\{n=ab\}\overset{\text{hard}}{\rightarrow}\{a,1<a<n\}$$

需要注意的是，在整数分解问题中，只需要找到 n 的一个非平凡因子(并不需要是素因子)就可以了。由算术基本定理可知，对于任意正整数 $n>1$，其都可以表示为

$$n=p_1^{\alpha_1}p_2^{\alpha_2}\cdots p_k^{\alpha_k}$$

其中，$p_1<p_2<\cdots<p_k$ 都为素数；α_1、α_2、$\cdots$、α_k 为正整数。显然，对于任意给定的整数 n，通过反复调用素性测试及整数分解算法，一定可以将其写成标准素因数分解形式。例如，图 1.2 给出了分解 123457913315 的递归过程。因此，素因数分解问题(PFP)可定义为

$$\text{PFP}\overset{\text{def}}{=}\begin{cases}\text{输入：}n>1\\ \text{输出：}p_1^{\alpha_1},p_2^{\alpha_2},\cdots,p_k^{\alpha_k}\end{cases}$$

则

$$\text{PFP}\overset{\text{def}}{=}\text{PTP}\oplus\text{IFP}$$

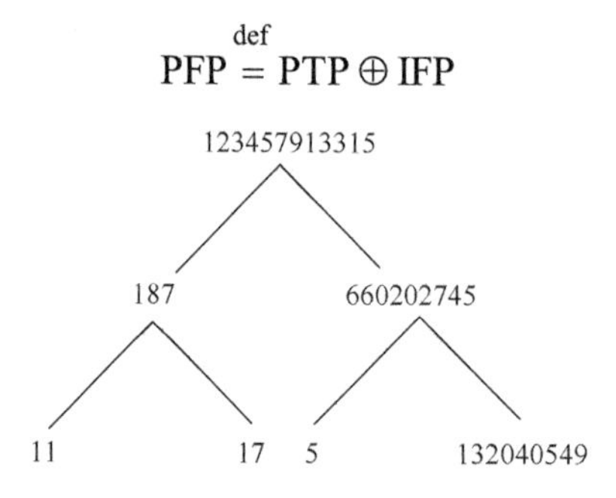

图 1.2　123457913315 的质因数分解

尽管 PTP 可以在多项式时间内有效解决，但 IFP 并不能在多项式时间内有效解决。因此，寻找 IFP 的多项式算法是计算数论中最重要的研究课题之一。截至目前，还没有发现能够在多项式时间内分解整数的算法，当然，也没人能够证明这样的算法不存在。世界上目前能够分解的最大整数记录是 RSA-768(该数有 768 个二进制位，232 个十进制位)：

1230186684530117755130494958384962720772853569595334792197322452151726400507263657518745202199786469389956474942774063845925192557326303453731548268507917026122142913461670429214311602221240479274737794080665351419597459856902143413

=

3347807169895689878604416984821269081770479498371376856891243138898288379387800228761471165253174308773781446799 9489

×

3674604366679959042824463379962795263227915816434308764267603228381573966651127923337341714339681027009279873630 8917

该整数于 2009 年 12 月 9 日被分解[9]。分解该数需要 10^{20} 次操作，在主频为 2.2GHz 的单核 AMD 皓龙(Opteron)微处理器上计算需要 2000 年。

3. 离散对数问题(DLP)

据历史记载，实数集合上的对数是由苏格兰数学家约翰 • 奈皮尔(John Napier，1550—1617)发明的。实数集合上的对数定义为：当且仅当

$$x^k = y$$

时，称 k 是 y 以 x 为底的对数，即

$$k = \log_x y$$

因此，实数域上的对数问题(LP)可以定义为

$$\mathrm{LP} \overset{\mathrm{def}}{=} \begin{cases} \text{输入：} x, y \\ \text{输出：} k \text{使得} y = x^k \end{cases}$$

例如，因为 $3^9 = 19683$，所以 $\log_3 19683 = 9$。

由于

$$\log_x y = \frac{\ln y}{\ln x}$$

且自然对数可以利用公式

$$\ln x = \sum_{n=1}^{\infty} (-1)^{n+1} \frac{(x-1)^n}{n}$$

有效计算，因此实数域上的 LP 是易解问题。例如，

$$\log_2 5 = \frac{\ln 5}{\ln 2} \approx \frac{1.609437912}{0.693147181} \approx 2.321928095$$

对于实数域上的 LP，在一定精度内总可以得到解。本书中所说的 DLP 与上述传统的 LP 是完全不同的，这种 DLP 是在 $\mathbb{Z}_n^*$ 乘法群上的问题，其中

$$\mathbb{Z}_n^* = \left\{a : 1 \leqslant a \leqslant n, a \in \mathbb{Z}_{n>0}, \gcd(a,n) = 1\right\}$$

DLP 定义为

$$\mathrm{DLP} \overset{\mathrm{def}}{=} \begin{cases} \text{输入：} x, n, y \\ \text{输出：} k \text{使得} y \equiv x^k \pmod{n} \end{cases}$$

DLP 的假设为

$$\left\{x, n, y \equiv x^k \pmod{n}\right\} \overset{\mathrm{hard}}{\rightarrow} \{k\}$$

下面给出几个简单 DLP 的例子：

$$\log_3 57 \equiv k \pmod{1009} \Rightarrow k\text{不存在}$$

$$\log_{11} 57 \equiv k \pmod{1009} \Rightarrow k=375$$

$$\log_3 20 \equiv k \pmod{1009} \Rightarrow k=\{165,333,501,669,837,1005\}$$

由上面的例子可以看出，DLP 的解既可能不存在，也可能有多个。下面举一个更大的 DLP 的例子，令

$$p = \left(739 \times 7^{149} - 736\right)/3$$

$$7^a \equiv 127402180119973946824269244334322849749382042586931621654 557735290322914679095998681860978813046595166455458144280 588076766033781 \pmod{p}$$

$$7^b \equiv 180162285287453102444782834836799895015967046695346697313 025121734059953772058475958176910625380692101651848662362 137934026803049 \pmod{p}$$

计算 7^{ab}。为了计算 7^{ab}，就要求先从 $7^a \pmod{p}$ 中解出 a 的值，再从 $7^b \pmod{p}$ 中解出 b 的值，从而可以计算 $7^{ab} = \left(7^a\right)^b = \left(7^b\right)^a$。该问题由 McCurley 于 1990 年提出[10]，由 Weber 等于 1998 年求出解[11]。

4. 椭圆曲线离散对数问题(ECDLP)

ECDLP是$\mathbb{Z}_n^*$乘法群上DLP在椭圆曲线群$E(\mathbb{Q})$、$E(\mathbb{Z}_n)$或$E(F_p)$上的自然推广。令

$$E: y^2 = x^3 + ax + b$$

表示数域K上的椭圆曲线，记为$E \backslash K$。L为连接曲线E上两点P和Q的直线(非垂直的)且与E相较于第三点R，$P \oplus Q$定义为R关于X轴的对称点。需要注意的是，与X轴垂直的直线L'，其与曲线E有两个交点(不必是不同的点)，其与曲线E的第三个交点为无穷远点O_E(可以将无穷远点想象成在Y轴方向的遥远点)。无穷远处的线与曲线E在点O_E第三次相交。显然，与X轴不垂直的直线与椭圆曲线E在XY平面上有三个交点。因此，每一条直线都与椭圆曲线有三个交点。在椭圆曲线E上计算$P_3(x_3, y_3) = P_1(x_1, y_1) + P_2(x_2, y_2)$的代数公式如下：

$$(x_3, y_3) = \left(\lambda^2 - x_1 - x_2, \lambda(x_1 - x_3) - y_1\right)$$

其中

$$\lambda = \begin{cases} \dfrac{3x_1^2 + a}{2y_1}, & P_1 = P_2 \\ \dfrac{y_2 - y_1}{x_2 - x_1}, & \text{其他} \end{cases}$$

给定曲线E以及曲线上一点P，计算$Q = kP$是容易的，当然前提是$Q \in E$。例如，为了计算$Q = 105P$，首先令

$$k = 105 = (1101001)_2$$

然后逐步计算：

$$1: Q \leftarrow P + 2Q \Rightarrow Q \leftarrow P \qquad \Rightarrow Q = P$$

$$1: Q \leftarrow P + 2Q \Rightarrow Q \leftarrow P + 2P \qquad \Rightarrow Q = 3P$$

$$0: Q \leftarrow 2Q \Rightarrow Q \leftarrow 2(P + 2P) \qquad \Rightarrow Q = 6P$$

$$1: Q \leftarrow P + 2Q \Rightarrow Q \leftarrow P + 2(2(P + 2P)) \qquad \Rightarrow Q = 13P$$

$$0: Q \leftarrow 2Q \Rightarrow Q \leftarrow 2(P + 2(2(P + 2P))) \qquad \Rightarrow Q = 26P$$

$$0: Q \leftarrow 2Q \Rightarrow Q \leftarrow 2\big(2\big(P+2\big(2(P+2P)\big)\big)\big) \qquad \Rightarrow Q = 52P$$

$$1: Q \leftarrow P+2Q \Rightarrow Q \leftarrow P+2\Big(2\big(2\big(P+2\big(2(P+2P)\big)\big)\big)\Big) \qquad \Rightarrow Q = 105P$$

由以上步骤给出 $Q = P+2\Big(2\big(2\big(P+2\big(2(P+2P)\big)\big)\big)\Big) = 105P$。

因此，给定 $(E \setminus K, k, P)$，计算 $Q = kP$ 是容易的。然而，由给定 $(E \setminus K, P, Q)$ 求 k 是困难的。这就是 ECDLP，可以简单地定义为(令 E 为有限域 F_p 上的椭圆曲线)：

$$\text{ECDLP} \stackrel{\text{def}}{=} \begin{cases} \text{输入：} E \setminus F_p, (P,Q) \in E \setminus F_p \\ \text{输出：} k > 1 \text{使得} Q \equiv kP \pmod p \end{cases}$$

ECDLP 假定

$$\left\{ \left(P, Q \equiv kP \pmod p\right) \in E\left(F_p\right) \right\} \stackrel{\text{hard}}{\rightarrow} \{k\}$$

例如，求解

$$(190, 271) \equiv k(1, 237) (\bmod 1009)$$

其中，$E: y^2 \equiv x^3 + 71x + 602 (\bmod 1009)$。该问题中有限域 F_p 是很小的，因此很容易解出 $k = 419$。然而，当有限域很大时，如 $E \setminus F_p$ 上的问题：

$$Q(x_Q, y_Q) \equiv kP(x_P, y_P) \pmod p$$

其中

$$\begin{aligned}
p &= 1550031797834347859248576414813139942411 \\
a &= 1399267573763578815877905235971153316710 \\
b &= 1009296542191532464076260367525816293976 \\
x_P &= 1317953763239595888465524145589872695690 \\
y_P &= 434829348619031278460656303481105428081 \\
x_Q &= 1247392211317907151303247721489640699240 \\
y_Q &= 207534858442090452193999571026315995117
\end{aligned}$$

在这个例子中，求解 k 是很困难的。加拿大的 Certicom 公司为首个求出上述问题中 k 的个人或组织提供 20000 美元的奖金，Certicom 公司提供奖金的其他椭圆曲线问题见表 1.6(上述提到的 20000 美元奖金问题为 $ECC_{p\text{-}131}$，在该例子中 p 有 131bit)。

表 1.6　Certicom 公司提出的一些 ECDLP 挑战难题

曲线	数值/bit	操作次数	奖金/美元	状态
$ECC_{p\text{-}97}$	97	3.0×10^{14}	5000	1998 年
$ECC_{p\text{-}109}$	109	2.1×10^{16}	10000	2002 年
$ECC_{p\text{-}131}$	131	3.5×10^{19}	20000	?
$ECC_{p\text{-}163}$	163	2.4×10^{24}	30000	?
$ECC_{p\text{-}191}$	191	4.9×10^{28}	40000	?
$ECC_{p\text{-}239}$	239	8.2×10^{35}	50000	?
$ECC_{p\text{-}359}$	359	9.6×10^{53}	100000	?

5. k 次同余方程的根式解问题(RFP)

RFP 定义如下：

$$k\text{RFP} \overset{\text{def}}{=} \left\{k, N, y \equiv x^k \left(\bmod N\right)\right\} \xrightarrow{\text{find}} \left\{x \equiv \sqrt[k]{y} \left(\bmod N\right)\right\}$$

若知道 N 的素因数分解，则可以计算 N 的欧拉函数 $\varphi(N)$，并进一步求解线性丢番图方程 $ku-\varphi(N)v=1$ 解出 u 和 v，最后通过计算 $x \equiv y^u \left(\bmod N\right)$ 就可以得到满足条件的解。因此，IFP 可以在多项式时间内有效求解，则 RFP 也可在多项式时间内求解：

$$\text{IFP} \overset{\text{P}}{\Rightarrow} \text{RFP}$$

RSA 密码体制的安全性就是基于 IFP 及 RFP 的难解性，只要这两种问题中的任何一种可以在多项式时间内求解，则可以在多项式时间内攻破 RSA 密码体制。

6. 二次同余方程的平方根问题(SQRTP)

令 $y \in \text{QR}_N$，其中 QR_N 为模 N 的平方剩余构成的集合，相关概念稍后介绍。SQRTP 为：寻找 x 使得

$$x^2 \equiv y\left(\bmod N\right)$$

或写为

$$x \equiv \sqrt{y} \pmod N$$

即

$$\text{SQRTP} \stackrel{\text{def}}{=} \left\{ N \in \mathbb{Z}^+_{>1}, y \in \text{QR}_N, y \equiv x^2 \pmod N \right\} \stackrel{\text{find}}{\rightarrow} \{x\}$$

当 N 是素数时，SQRTP 可以在多项式时间内求解。然而，当 N 是合数时，若求解 SQRTP，需要首先将 N 分解。因此，若 IFP 可以在多项式时间内求解，则 SQRTP 也可在多项式时间内求解，即

$$\text{IFP} \stackrel{\text{P}}{\Rightarrow} \text{SQRTP}$$

另外，若 SQRTP 可以在多项式时间内求解，则 IFP 也可以在多项式时间内求解，即

$$\text{SQRTP} \stackrel{\text{P}}{\Rightarrow} \text{IFP}$$

因此有

$$\text{SQRTP} \stackrel{\text{P}}{\Leftrightarrow} \text{IFP}$$

1979 年，Rabin 基于 SQRTP 的难解性提出了著名的 Rabin 密码体制[12]。

7. 多项式同余方程的根式解问题(MPRFP)

在整数集合$\mathbb{Z}$上求解单变元多项式

$$p(x) = 0$$

的整数解是容易的，然而求解多项式同余方程

$$p(x) \equiv 0 \pmod N$$

的根可能是困难的，该方程旨在求解单变量多项式 $p(x)$ 在模 N 同余下的整数解。当然，这一问题可扩展到求多变量的多项式同余方程整数解的问题，即

$$p(x, y, \cdots) \equiv 0 \pmod N$$

1997 年，Coppersmith[13]利用格基归约化算法，即 LLL 算法，提出了一种求解最高次数为 δ 的单变元或双变元多项式同余方程小根的方法[14]。当然，为了在合理的时间内求得小根 x_0，δ 不能太大。

8. 平方剩余问题(QRP)

令 $N \in \mathbb{Z}_{>1}^{+}$， $\gcd(y, N)=1$。若存在 x 使得

$$x^2 \equiv y(\bmod N)$$

则称 y 是模 N 的平方剩余，记为 $y \in \mathrm{QR}_N$。若不存在 x 使得上式成立，则称 y 是模 N 的平方非剩余，记为 $y \in \overline{\mathrm{QR}}_N$。QRP 用于判定 y 是否属于 QR_N，即

$$\mathrm{QRP} \stackrel{\text{def}}{=} \left\{N \in \mathbb{Z}_{>1}^{+}, x^2 \equiv y(\bmod N)\right\} \xrightarrow{\text{decide}} \left\{y \in \mathrm{QR}_N\right\}$$

若 N 是素数，或者其素因数分解形式已知，则 QRP 可通过计算勒让德符号 $L(y, N)$ 快速给出判定。若 N 不是素数，虽然可以计算雅可比符号 $J(y, N)$，但是由 $J(y, N)=1$ 并不能推出 $y \in \mathrm{QR}_N$（若 N 是素数，则有相应的结论）。例如，$L(15,17)=1$，所以二次同余方程 $x^2 \equiv 15(\bmod 17)$ 是有解的，其解为 $x=\pm 7$。然而，尽管 $J(17,21)=1$，但是同余方程 $x^2 \equiv 17(\bmod 21)$ 是无解的。因此，当 N 为合数时，唯一确定 $y \in \mathrm{QR}_N$ 是否成立的办法是分解 N。所以，若 IFP 可以在多项式时间内求解，则 QRP 也可以在多项式时间内求解，即

$$\mathrm{IFP} \stackrel{\mathrm{P}}{\Rightarrow} \mathrm{QRP}$$

Goldwasser-Micali 概率加密体制的安全性就是基于 QRP 的难解性的[15]。

9. 最短向量问题(SVP)

基于格的问题通常也是很难求解的。令 $\mathbb{R}^n$ 表示 n 维实向量集 $a=\{a_1, a_2, \cdots, a_n\}$ 的空间，点乘 $a \cdot b$ 即通常的点乘，向量的长度或欧几里得范式定义为 $\|a\|=(a \cdot a)^{1/2}$。$\mathbb{R}^n$ 中系数全为整数的矢量集合用 $\mathbb{Z}^n$ 表示。若 $A=\{a_1, a_2, \cdots, a_n\}$ 是 $\mathbb{R}^n$ 中的一组线性无关向量，则矢量集合

$$\left\{\sum_{i=1}^{n} k_i a_i : k_1, k_2, \cdots, k_n \in \mathbb{Z}\right\}$$

构成 $\mathbb{R}^n$ 中的一个格，记为 $L(A)$ 或 $L(a_1, a_2, \cdots, a_n)$，称 A 为格的一组基。若存在一组含 n 个线性无关向量的基 V，使得 $L=L(V)$，则称该格为 $\mathbb{R}^n$ 中的 n 维格。若 $A=\{a_1, a_2, \cdots, a_n\}$ 是格 L 中的一组向量集合，则集合 A 的长度定义为 $\max(\|a_i\|)$。

格中的一个基本定理如下。

定理 1.1(Minkowski 定理)　对于任意的 n 维格 L，存在常数 γ 及非零向量 $v \in L$，使得

$$\|v\| = \gamma\sqrt{n}\det(L)^{1/n}$$

其中，$\det(L)$ 为格的行列式，即 n 维基本平行多面体的体积；γ 为 Hermite 常数。

格中的一个常见问题是 SVP，即找到高维格中的最短非零向量。

Minkowski 定理仅仅是一个存在性定理，并没有给出在高维格中寻找短向量或最短非零向量的任何线索。目前还没有寻找最短非零向量问题及近似最短非零向量问题的有效算法。LLL 算法[14]可以用来寻找短向量，但是当维数 n 较大时，如 $n \geqslant 100$，该算法在寻找短向量时并非有效。因此，可以将格用到密码体制的设计中，实际上，已经有几种基于高维格中寻找最短非零向量的难解性设计出的密码体制，如 NTRU 体制[16]、Ajtai-Dwork 体制[17]等。

现代公钥密码体制的安全性基于数论中几类问题的难解性，因此本书更关注这些计算上难解的数论问题。计算难解的数论问题是指不能在多项式时间内求解的问题。因此，从计算复杂性的角度来看，任意不包含在 P 中的问题都是难解的。然而，难解问题也是存在不同类型的(图 1.3)。

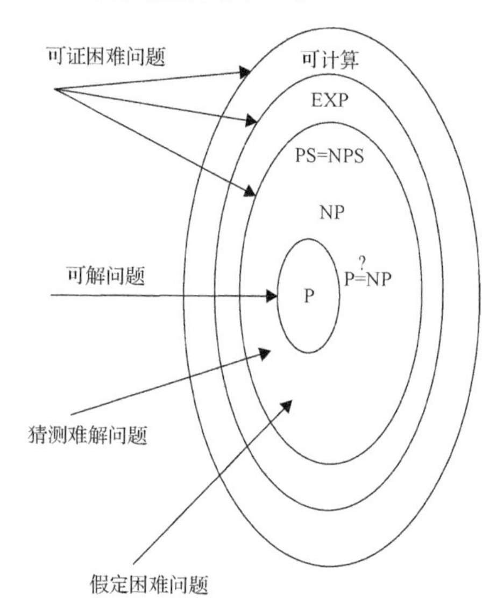

图 1.3　可解问题及不可解问题

1) 可证困难问题

这类问题可以由图灵机计算，但是在 PS (P-space)、NPS (NP-space)、EXP

(exponential time) 等类中 (当然在 NP 之外) 是可证明的困难问题。需要注意的是，尽管人们不知道 P=NP 是否成立，但是 PS=NPS 是成立的。

2) 假定困难问题

这类困难问题在 NP 中且在 P 问题之外，尤其是 NPC (NP 完全) 中的难解问题，如旅行商问题、背包问题、可满足性问题等，由于不知道 P=NP 是否成立，这类问题是假定困难的。若 P=NP，则所有 NP 中的问题都不再是难解问题。然而，目前来看更像是 P≠NP。从密码学的角度看，基于 NP 完全问题设计的密码体制更好，因为这样的密码更难破解。然而，经验告诉我们，只有极少数的密码体制是基于 NP 完全问题设计的。

3) 猜测难解问题

猜测难解问题是指那些目前在 NP 完全问题中，但是没有人证明其必须在 NP 完全问题中的问题，如果设计出针对这些问题的有效算法，则这类问题将是 P 问题。这类问题的几种典型问题包括 IFP、DLP、ECDLP 等。同样，从密码学的角度来看，我们对这几种困难问题更感兴趣，实际上，IFP、DLP、ECDLP 是实际商用密码体制中常用的三种难解问题。例如，最著名及常用的 RSA 密码体制，其安全性就是基于 IFP 的难解性的。

假定困难问题和猜测难解问题之间的不同是很重要的，人们不应该对此有疑惑。例如，TSP 和 IFP 都是难解问题，但是二者的不同之处在于 TSP 是已经严格证明是 NP 完全问题，但 IFP 只是猜测其是 NP 完全问题，即 IFP 可能是 NP 完全问题，也可能不是 NP 完全问题。

最后，给出数论中困难问题复杂度的表示方法，即 O 符号。

定义 1.1　令

$$f,g:\mathbb{Z}^{+}\to\mathbb{R}$$

若存在 $c\in\mathbb{R}_{>0}$ 使得对于所有 n 满足：

$$\left|f(n)\right|\leqslant cg(n)$$

则称

$$f=O(g)$$

定义 1.2　令

$$L_n(\alpha,c)=\exp\left(c(\log n)^{\alpha}(\log\log n)^{1-\alpha}\right)$$

其中，$\alpha\in[0,1]$；$c\in\mathbb{R}_{>0}$。

(1) 若问题可以由某个算法在

$$T(n)=O\left(L_n(0,c)\right)$$

时间内求解，则该算法是一个多项式时间算法(或者说是有效算法)，相应地，该问题为易解问题(即该问题容易求解)。通常用$O\left((\log n)^k\right)$表示多项式时间复杂度，其中k是常数。例如，两个$\log n$比特长的数的乘积，用通常的方法耗时为$O\left((\log n)^2\right)$，而已知的最快算法耗时为

$$O(\log n\log\log n\log\log\log n)=O\left((\log n)^{1+\varepsilon}\right)$$

(2) 若问题可以由某个算法在

$$T(n)=O\left(L_n(1,c)\right)$$

时间内求解，则该算法是一个指数时间算法(或者说是无效算法)，相应地，该问题为难解问题(即该问题求解很难)。需要注意的是，$\log n$是输入的尺寸，因此$O\left((\log n)^{1/2}\right)$是多项式复杂度，而$O\left((n)^{0.1}\right)$不是多项式复杂度，因为

$$O\left((n)^{0.1}\right)=O\left(2^{0.1\log n}\right)$$

所以其是指数复杂度。

(3) 若算法运行时间为

$$T(n)=O\left(L_n(\alpha,c)\right),\quad 0<\alpha<1$$

则称算法为亚指数时间复杂度算法。亚指数时间复杂度是介于上述两种复杂度之间的一类重要且有趣的复杂度，事实上，本书中讨论的很多数论算法，如整数分解算法和离散对数算法，其复杂度都属于这一类时间复杂度，即比多项式时间复杂度高，但低于指数时间复杂度。例如，求解 IFP 和 DLP 的最好算法都需要运行亚指数时间，而对于 ECDLP，目前还未找到一个亚指数时间算法。

1.2 节 习 题

1. 证明或证伪：

(1) 存在无穷多的梅森素数；

(2) 存在无穷多的梅森合数；

(3) 寻找第 48 个梅森素数。

2. 整数分解问题和质因数分解问题有何不同？

3. 离散对数问题和椭圆曲线离散对数问题有何不同？

4. 说明二次同余方程的平方根问题和整数分解问题是等价的。

5. 说明平方剩余问题和整数分解问题是等价的。

6. 求下列整数的所有质因数：

(1) 11111111111 (数由 11 个 1 组成)；

(2) 111111111111 (数由 12 个 1 组成)；

(3) 1111111111111 (数由 13 个 1 组成)；

(4) 11111111111111 (数由 14 个 1 组成)；

(5) 111111111111111 (数由 15 个 1 组成)；

(6) 1111111111111111 (数由 16 个 1 组成)；

(7) 11111111111111111 (数由 17 个 1 组成)；

(8) 你能发现上述数字质因数分解的规律吗？

7. 你认为整数分解问题，更一般地，质因数分解问题的求解是困难的吗？给出结论并证明。

8. 你能找一些和整数分解问题具有相同性质或困难性的难题吗(将在 1.3 节详细解释)？

9. 求离散对数 k

$$k \equiv \log_2 3 \pmod{11}$$

使得

$$2^k \equiv 3 \pmod{11}$$

以及离散对数 k

$$k \equiv \log_{123456789} 962 \pmod{9876543211}$$

使得

$$123456789^k \equiv 962 \pmod{9876543211}$$

10. 计算平方根 y

$$y \equiv \sqrt{3} \pmod{11}$$

使得

$$y^2 \equiv 3 \pmod{11}$$

以及

$$y \equiv \sqrt{123456789} \pmod{987654321}$$

使得

$$y^2 \equiv 123456789 \pmod{987654321}$$

1.3　量子计算数论的概念

和计算数论一样，量子计算数论，顾名思义，可以认为是计算数论和量子计算两个学科的交叉学科，即量子计算数论: =计算数论⊕量子计算。量子计算数论的目的在于利用量子计算手段，解决数论中用经典计算机求解困难的问题。该领域的研究目标是建造实用的大型量子计算机，设计新的针对数论中困难问题的量子多项式算法，尤其是针对 NP 完全问题的量子多项式算法。

一般认为量子计算机可能在以下三类问题中起重要作用。

(1) 与确定函数周期有关的算法。该类算法包括：

①用于区分不同函数的 Simon 算法(见文献[18]和[19])。

②针对 IFP、DLP、ECDLP 的 Shor 算法(见文献[20]～[22])。

③对于给定整数 d ，用于求解 Pell 方程 $x^2 - dy^2 = 1$ 的 Hallgren 算法。

(2) 与信息检索有关的算法，如用于搜索问题的 Grover 算法。

(3) 涉及量子力学中模拟与计算的有关算法，如费曼针对量子物理系统的模拟。

只有前两类算法与数论问题相关，因此在计算数论中只关心前两类量子算法。

如果能够建造一台实用的量子计算机，有些难以在经典计算机上解决的数论难题可以用量子计算机在多项式时间内解决，这些问题如下。

1. 整数分解问题

众所周知，IFP 对经典计算机来说是困难的，这也正是 RSA 密码体制的安全性基础。最快的经典算法数域筛法(NFS)运行时间复杂度为亚指数

$$O\left(\exp\left(c(\log n)^{1/3}(\log\log n)^{2/3}\right)\right)$$

其中，对于特殊整数，$c=(32/9)^{1/3}\approx 1.5$，对于一般的整数，$c=(64/9)^{1/3}\approx 1.9$。1994 年，Shor 提出了可以在多项式时间内解决 IFP 的著名量子算法，即 Shor 算法，该算法的时间复杂度为

$$O\left((\log n)^{2+\varepsilon}\right)$$

2. 离散对数问题

与 IFP 一样，目前还没发现针对 DLP 的多项式时间经典算法。著名的 Diffie-Hellman-Merkle（DHM）密钥交换协议及数字签名算法（DSA）的安全性就依赖于 DLP 的难解性。在经典计算机上，目前针对 DLP 的最好算法为 NFS，其时间复杂度为

$$O\left(\exp\left(c(\log Q)^{1/3}(\log\log Q)^{2/3}\right)\right)$$

其中，Q 是有限域的规模，数论中关注的 DLP 通常是一个大的有限域 $Q=\mathbb{Z}_p^*$ 上的 DLP。然而，对于具有小特征有限域上的 DLP，存在稍微快点的算法，即函数域筛法（FFS），其时间复杂度为

$$O\left(\exp\left(c(\log Q)^{1/3}(\log\log Q)^{2/3}\right)\right)$$

其中，$c=(4/9)^{1/3}$。对于一些小特征有限域上的 DLP，甚至存在更快的算法，其复杂度为

$$O\left(\exp\left(c(\log Q)^{1/4}(\log\log Q)^{3/4}\right)\right)$$

其中，c 为一小常数。Shor 算法也可以用来求解 DLP，其时间复杂度和 IFP 一样，为

$$O\left((\log n)^{2+\varepsilon}\right)$$

3. 椭圆曲线离散对数问题

一般的 DLP 定义在一个乘法群 $\mathbb{Z}_n$ 上（将 n 换成 p^k 时，$\mathbb{Z}_{p^k}$ 是一个有限域，通常记为 F_{p^k} 或 $\mathrm{GF}(p^k)$）。若将乘法群 $\mathbb{Z}_{p^k}$ 替换为椭圆曲线群 $E(Q)$，则 $E(Q)$ 上的 DLP 就是 ECDLP，该问题定义为 $E: y^2=x^3+ax+b$ 是有理数域 $\mathbb{Q}$ 上的椭圆曲线，

P、Q是E上的两个点，ECDLP 就是寻找一个整数k使得$P = kQ$。

尽管求解 ECDLP 的算法有很多，但是没有一个算法的复杂度是多项式时间复杂度。令人惊奇的是，针对 DLP 的 Shor 算法可以在多项式时间内求解 ECDLP。

4. Pell 方程

Pell 方程[23-25]是下面二次丢番图方程中的任意一种：

$$x^2 - dy^2 = 1$$
$$x^2 - dy^2 = -1$$
$$x^2 - dy^2 = n$$

其中，d 是一个正整数，且不是平方数；n 是一个大于 1 的正整数。简单起见，只考虑形如

$$x^2 - dy^2 = 1$$

的 Pell 方程。对于给定的 d，该问题的目标是找到正整数解 x、y。显然，如果能够找到第一组解(最小的解或基本解)x_1、y_1，则第 n 组解可由第一组解给出：

$$x_n + y_n\sqrt{d} = \left(x_1 + y_1\sqrt{d}\right)^n$$

例如，给定 Pell 方程

$$x^2 - 73y^2 = 1$$

找到了一组解$\{x_1, y_1\} = \{2281249, 267000\}$，即

$$2281249^2 - 73 \times 267000^2 = 1$$

则其第n组解可由上面的式子给出。与针对 IFP、DLP 的函数域筛法一样，解 Pell 方程的最快方法是平滑数方法，该方法的时间复杂度也为亚指数量级，即

$$O\left(\exp\left(c(\log d)^{1/3}(\log\log d)^{2/3}\right)\right)$$

其中，$\log d$ 为输入尺寸；$c<1$是一个小实数常量。2002 年，Hallgren 发现了求解 Pell 方程的量子算法，其时间复杂度是多项式量级，即

$$O(\text{poly}(\log d))$$

得到解的概率为$1/\text{poly}(\log d)$，其中$O(\text{poly}(\log d))$为$O\left((\log d)^k\right)$，k是常数。

5. 函数区分问题

函数区分问题(或简称 Simon 问题)定义为：给定函数 $f:\{0,1\}^n \to \{0,1\}^m$，$m \geqslant n$，$f$ 要么一一映射，要么存在一个非平凡的 s 使得

$$\forall x \neq x', \quad f(x) = f(x') \Leftrightarrow x' = x \oplus s$$

其中，$\oplus$表示逐比特异或，需要确定 f 是映射还是周期函数，若是周期函数，则求解周期 s。Simon[18,19]提出了一种针对函数区分问题的量子算法，该算法与其他经典算法(概率算法或确定性算法)相比具有指数加速性。尽管函数区分问题及其求解算法的实际价值并不高，但该量子算法的意义在于其与经典算法相比具有指数加速性。另外，该算法为 Shor 提出量子整数分解算法提供了思路。需要注意的是，IFP 和 Simon 问题都是一种特殊情形的阿贝尔隐子群问题，该类问题目前都有有效的量子算法。

值得一提的是，量子计算机的能力并不仅仅在于其是经典计算机的一种更快版本，还在于量子计算是一种与经典计算不同的计算模式，针对某些计算问题，如 IFP、DLP 及 ECDLP，其能够提供相对于经典计算的指数加速，但是对于其他计算难题，如 NP 完全问题(如著名的 TSP)，其并未显示任何加速性。为了让量子计算机更有用，我们期待其能够解决 NP 完全问题。

1.3 节 习 题

1. 解释为什么量子计算机对于有些计算难题能够实现指数加速，而其他问题却不行。

2. 解释为什么 Shor 算法(见文献[21]和[22])能够在多项式时间内分解整数。

3. 解释为什么针对 IFP 的 Shor 算法能够拓展到 DLP 及 ECDLP。

4. Pell 方程可由连分数算法求解，而该算法可以用欧几里得算法有效实施。请解释为什么 Pell 方程不能由任何经典算法在多项式时间内求解(见文献[24])。

5. 解释为什么 Pell 方程可由量子算法在多项式时间内求解(见文献[23])。

6. (搜索困难问题)目前所有可由量子算法求解的问题都不是 NP 完全问题。量子计算机可以有效求解 NP 完全问题吗？如果可以，请举例说明。

1.4 本章要点及进阶阅读

本章先后介绍了数论、计算理论、计算数论、量子计算数论中的基本概念及常见困难问题，在接下来的章节中，将集中讨论量子计算数论。

数论是数学中最古老的分支之一，同时也是量子计算数论的基础。在该领域中有大量的成熟参考文献及书籍，建议读者参考 Baker[26,27]、Davenport[28]、Hardy 等[29]、Niven 等[30]的书籍。

计算数论是数论与计算机科学，更精确地说是数论与计算理论的交叉学科，该学科无论在数学还是在计算机科学里都是一个新的、生动的研究课题，建议读者参考该领域中的标准参考文献[25]、[31]～[34]。

量子计算和量子计算数论是本书的主要研究方向，为了让读者获得更多的背景信息，在阅读第 2 章前，建议读者阅读文献[21]、[22]、[35]～[49]和[50]、[51]。

计算数论和量子计算数论中最重要的就是计算理论。尽管从历史上来讲，计算理论和数学一样具有悠久的历史，但是现代计算理论是由 Turing[52]、Church[53,54]及其他科学家于 20 世纪 30 年代创建的。第 2 章将详细讨论经典计算理论和量子计算理论，在阅读第 2 章前，建议读者阅读参考文献[3]、[33]、[55]～[62]。

参 考 文 献

[1] Bombieri E. The Riemann hypothesis//Carlson J, Jaffe A, Wiles A. The Millennium Prize Problems. Cambridge: Clay Mathematics Institute/American Mathematical Society, 2006: 107-152

[2] Carlson J, Jaffe A, Wiles A. The Millennium Prize Problems. Cambridge: Clay Mathematics Institute/American Mathematical Society, 2006

[3] Cook S. The P versus NP problem//Carlson J, Jaffe A, Wiles A. The Millennium Prize Problems. Cambridge: Clay Mathematics Institute/American Mathematical Society, 2006: 87-106

[4] Wiles A. The Birch and Swinnerton-Dyer conjecture//Carlson J, Jaffe A, Wiles A. The Millennium Prize Problems. Cambridge: Clay Mathematics Institute/American Mathematical Society, 2006: 31-44

[5] Zhang Y T. Bounded gaps between primes. Annals of Mathematics, 2014, 179(3): 1121-1174

[6] Goldston D A, Graham S W, Pintz J, et al. Small gaps between primes or almost prime. Transactions of the American Mathematical Society, 2009, 361(10): 5285-5330

[7] Chen J R. On the representation of a large even integer as the sum of a prime and the product of at most two primes. Science China Mathematics, 1973, 16(2): 157-176

[8] Green B, Tao T. The primes contain arbitrarily long arithmetic progressions. Annals of Mathematics, 2008, 167(2): 481-547

[9] Kleinjung T, Aoki K, Franke J, et al. Factorization of a 768-bit RSA modulus. Advances in Cryptology: Crypto 2010, Lecture Notes in Computer Science, 2010, 6223: 333-350

[10] McCurley K S. The discrete logarithm problem//Pomerance C. Cryptology and Computational Number Theory, Proceedings of Symposia in Applied Mathematics, 1990, 42: 49-74

[11] Weber D, Denny T F. The solution of McCurley's discrete log challenge. Advances in Cryptology: Crypto 1998, Lecture Notes in Computer Science, 1998, 1462: 458-471
[12] Rabin M O. Digitalized Signatures and Public-Key Functions as Intractable as Factorization. Cambridge: MIT Laboratory for Computer Science, 1979
[13] Coppersmith D. Small solutions to polynomial equations, and low exponent RSA vulnerabilities. Journal of Cryptology, 1997, 10(4): 233-260
[14] Lenstra A K, Lenstra H W, Lovász L. Factoring polynomials with rational coefficients. Mathematische Annalen, 1982, 261(4): 515-534
[15] Goldwasser S, Micali S. Probabilistic encryption. Journal of Computer and System Sciences, 1984, 28(2): 270-299
[16] Hoffstein J, Howgrave-Graham N, Pipher J, et al. NTRUEncrypt and NTRUSign: Efficient public key algorithms for a post-quantum world. Proceedings of the International Workshop on Post-quantum Cryptography, 2006: 71-77
[17] Ajtai M, Dwork C. A public-key cryptosystem with worst-case/average-case equivalence. Proceedings of Annual ACM Symposium on Theory of Computing, 1997: 284-293
[18] Simon D R. On the power of quantum computation. Proceedings of the 35th Annual Symposium on Foundations of Computer Science, 1994: 116-123
[19] Simon D R. On the power of quantum computation. SIAM Journal on Computing, 1997, 25(5): 1474-1483
[20] Proos J, Zalka C. Shor's discrete logarithm algorithm for elliptic curves. Quantum Information and Computation, 2003, 3(4): 317-344
[21] Shor P. Algorithms for quantum computation: Discrete logarithms and factoring. Proceedings of the 35th Annual Symposium on Foundations of Computer Science, 1994: 124-134
[22] Shor P. Polynomial-time algorithms for prime factorization and discrete logarithms on a quantum computer. SIAM Journal on Computing, 1997, 26(5): 1411-1473
[23] Hallgren S. Polynomial-time quantum algorithms for Pell's equation and the principal ideal problem. Journal of the ACM, 2007, 54(1): 19
[24] Lenstra H W Jr. Solving the Pell equation. Notices of the AMS, 2002, 49(2): 182-192
[25] Yan S Y. Number Theory for Computing. 2nd ed. New York: Springer, 2002
[26] Baker A. A Concise Introduction to the Theory of Numbers. Cambridge: Cambridge University Press, 2008
[27] Baker A. A Comprehensive Course in Number Theory. Cambridge: Cambridge University Press, 2012
[28] Davenport H. Higher Arithmetic: An Introduction to the Theory of Numbers. 7th ed. Cambridge: Cambridge University Press, 1999

[29] Hardy G H, Wright E M, Wiles A. An Introduction to the Theory of Numbers. 6th ed. Oxford: Oxford University Press, 2008

[30] Niven I, Zuckman H S, Montgomery H L. An Introduction to the Theory of Numbers. 5th ed. New York: Wiley, 1991

[31] Cohen H. A Course in Computational Algebraic Number Theory. New York: Springer, 1993

[32] Crandall R, Pomerance C. Prime Numbers: A Computational Perspective. 2nd ed. New York: Springer, 2005

[33] Knuth D E. The Art of Computer Programming II: Seminumerical Algorithms. 3rd ed. New York: Addison-Wesley, 1998

[34] Riesel H. Prime Numbers and Computer Methods for Factorization. Boston: Birkhäuser, 1990

[35] Adleman L M, De Marrais J, Huang M D A. Quantum computability. SIAM Journal on Computing, 1996, 26(5): 1524-1540

[36] Benioff P. The computer as a physical system: A microscopic quantum mechanical Hamiltonian model of computers as represented by Turing machines. Journal of Statistical Physics, 1980, 22(5): 563-591

[37] Bennett C H. Strengths and weakness of quantum computing. SIAM Journal on Computing, 1997, 26(5): 1510-1523

[38] Bennett C H, Di Vincenzo D P. Quantum information and computation. Nature, 2000, 404: 247-255

[39] Change I L, Laflamme R, Shor P, et al. Quantum computers, factoring, and decoherence. Science, 1995, 270(5242): 1633-1635

[40] Deutsch D. Quantum theory, the Church-Turing principle and the universal quantum computer. Proceedings of the Royal Society A: Mathematical Physical and Engineering Sciences, 1985, 400(1818): 96-117

[41] Feynman R P. Simulating physics with computers. International Journal of Theoretical Physics, 1982, 21(6): 467-488

[42] Feynman R P. Feynman Lectures on Computation. New York: Addison-Wesley, 1996

[43] Grustka J. Quantum Computing. New York: McGraw-Hill, 1999

[44] Mermin N D. Quantum Computer Science. Cambridge: Cambridge University Press, 2007

[45] Nielson M A, Chuang I L. Quantum Computation and Quantum Information. 10th ed. Cambridge: Cambridge University Press, 2010

[46] Shor P. Introduction to quantum algorithms. AMS Proceedings of Symposium in Applied Mathematics, 2002, 58: 143-159

[47] Shor P. Why haven't more quantum algorithms been found? Journal of the ACM, 2003, 50(1): 87-90

[48] Williams C P, Clearwater S H. Explorations in Quantum Computation. New York: Springer, 1998

[49] Williams C P. Explorations in Quantum Computation. 2nd ed. New York: Springer, 2011

[50] Yanofsky N S, Mannucci M A. Quantum Computing for Computer Scientists. Cambridge: Cambridge University Press, 2008

[51] Yao A. Classical physics and the Church-Turing thesis. Journal of the ACM, 2003, 50(1): 100-105

[52] Turing A. On computable numbers, with an application to the entscheidungs problem. Proceedings of the London Mathematical Society, 1937, S2-42(1): 230-265

[53] Church A. An unsolved problem of elementary number theory. American Journal of Mathematics, 1936, 58(2): 345-363

[54] Church A. Book review: On computable numbers, with an application to the entscheidungs problem by Turing. Journal of Symbolic Logic, 1937, 2(1): 42-43

[55] Cook S. The complexity of theorem-proving procedures. Proceedings of the 3rd Annual ACM Symposium on the Theory of Computing, 1971: 151-158

[56] Cook S. The importance of the P versus NP question. Journal of the ACM, 2003, 50(1): 27-29

[57] Cormen T H, Ceiserson C E, Rivest R L. Introduction to Algorithms. 3rd ed. New York: MIT Press, 2009

[58] Garey M R, Johnson D S. Computers and Intractability: A Guide to the Theory of NP-Completeness. New York: W.H. Freeman and Company, 1979

[59] Goldreich O. P, NP, and NP-Completeness. Cambridge: Cambridge University Press, 2010

[60] Hopcroft J, Motwani R, Ullman J. Introduction to Automata Theory, Languages, and Computation. 3rd ed. New York: Addison-Wesley, 2007

[61] Lewis H R, Papadimitrou C H. Elements of the Theory of Computation. Englewood Cliffs: Prentice-Hall, 1998

[62] Sipser M. Introduction to the Theory of Computation. 2nd ed. Toronto: Thomson, 2006

第2章　经典计算和量子计算

如果量子力学没有深刻地震撼你，那么说明你还没有理解它。

尼尔斯·玻尔(Niels Bohr 1885—1962)

1922年诺贝尔物理学奖获得者

计算，长久以来一直是数学尤其是数论发展的驱动力量。大量伟大的数学定理及猜想都根植或受启发于计算实验，如素数定理、黎曼猜想、Birch-Swinnerton-Dyer(BSD)猜想等。所以，无论是在计算数论中，还是在量子计算数论中，计算都是一个重要的因素。本章给出经典计算和量子计算中的基本概念及结论，这些概念和结论都将在今后的章节中用到。具体来讲，本章将试着回答以下几个与计算相关的问题：

(1)什么是计算？什么是量子计算？

(2)哪些事情计算机可以做？哪些事情计算机不能做？

(3)哪些事情量子计算机可以做？哪些事情量子计算机不能做？

2.1　经典计算理论

计算理论研究计算机的能力边界，即哪些事情计算机可以做，哪些事情计算机不能做。图灵机可以做任何可由实际计算机做的事情，因此下面的讨论将集中在图灵机的理论框架内。

2.1.1　图灵机

艾伦·图灵(Alan Turing，1912—1954)是英国伟大的逻辑学家和数学家，其于1936年在其开创性文章[1]中最先提出了图灵机的概念并研究了相关理论。图灵机的正式定义如下。

定义 2.1　一个标准的多带图灵机(图2.1)M，是由

$$M=(Q,\Sigma,\Gamma,\delta,q_0,\square,F)$$

定义的代数系统，其中：

(1)Q为内部状态的有限集合。

(2) Σ为输入字母表，其是由有限的符号组成的有限集合，且假定$\Sigma\subseteq\Gamma-\{\square\}$。

(3) Γ 为带字母表，其是由有限符号组成的有限集合。

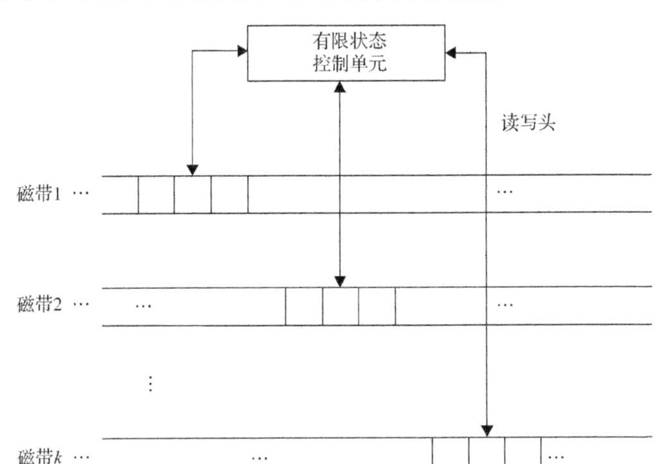

图 2.1　$k(k\geqslant 1)$条磁带的图灵机

(4) δ 是转移函数，定义如下。

①若 M 是确定型图灵机(DTM)，则

$$\delta: Q\times\Gamma^k\to Q\times\Gamma^k\times\{L,R\}^k$$

②若 M 是非确定型图灵机(NDTM)，则

$$\delta: Q\times\Gamma^k\to 2^{Q\times\Gamma^k\times\{L,R\}^k}$$

其中，L、R 分别为读写头的左移、右移。当 k=1 时，为标准的单带图灵机。

(5) $\square\in\Gamma$ 是一个特殊符号，称为空格符号。

(6) $q_0\in Q$ 为开始状态。

(7) $F\subseteq Q$ 是由最终状态组成的集合。

图灵机模型尽管简单、抽象，却为人们研究现代数字计算机以及量子计算机提供了一种最合适的计算模型。

例 2.1　给定两个正整数 x、y，设计一个图灵机计算 $x+y$。

首先，选择正整数的表示方法。简单起见，用一元符号 $w(x)\in\{1\}^+$ 表示正整数 x，且 $|w(x)|=x$。在这一符号下，4 表示为 1111。其次，决定初始时刻 x、y 在磁带上如何放置，以及计算结束后二者之和如何放置。针对这一问题，假定初始时刻 $w(x)$ 和 $w(y)$ 之间用 0 隔开，其都处于磁带上，读写头处于 $w(x)$ 的最左端。计算结束后，计算结果 $w(x+y)$ 写在磁带上，并由一个 0 紧随其后，读写头处于计算结果的最左端。因此，希望设计出的图灵机做计算：

$$q_0 w(x)0w(y)\overset{*}{\mapsto} q_f w(x+y)0$$

其中，$q_f \in F$ 是一个最终状态；$\overset{*}{\mapsto}$ 表示一系列未知名的步骤，如下所示：

$$q_0 w(x) 0 w(y) \mapsto \cdots \mapsto q_f w(x+y) 0$$

构造完成上述计算过程的程序是比较简单的，我们只需要将分隔符 0 移动到 $w(y)$ 的最右端，所以加法仅是将两串 1 合并为一串，为此，可以构造

$$M = (Q, \Sigma, \Gamma, \delta, q_0, \square, F)$$

其中

$$\begin{aligned}
&Q = \{q_0, q_1, q_2, q_3, q_4\} \\
&F = \{q_4\} \\
&\delta(q_0, 1) = (q_0, 1, R) \\
&\delta(q_0, 0) = (q_1, 1, R) \\
&\delta(q_1, 1) = (q_1, 1, R) \\
&\delta(q_1, \square) = (q_2, \square, L) \\
&\delta(q_2, 1) = (q_3, 0, L) \\
&\delta(q_3, 1) = (q_3, 1, L)
\end{aligned}$$

在将 0 移到右边的过程中，中间会暂时出现一个多余的 1，并由机器的状态 q_1 记忆。移动符号 $\delta(q_2, 1) = (q_3, 0, L)$ 是计算结束所必需的，这可以在 111 和 11 的加法过程中看出：

$$\begin{aligned}
q_0 111011 &\mapsto 1 q_0 11011 \\
&\mapsto 11 q_0 1011 \\
&\mapsto 111 q_0 011 \\
&\mapsto 1111 q_1 11 \\
&\mapsto 11111 q_1 1 \\
&\mapsto 111111 q_1 \\
&\mapsto 11111 q_2 1 \\
&\mapsto 1111 q_3 10 \\
&\mapsto 111 q_3 110 \\
&\quad \vdots \\
&\mapsto q_3 \square 111110 \\
&\mapsto q_4 111110
\end{aligned}$$

或者简略地写为

$$q_0 111011 \overset{*}{\mapsto} q_4 111110$$

2.1.2 丘奇-图灵论点

任意可以有效计算的函数都可以由图灵机计算，且不存在图灵机不能执行的有效程序，这就是著名的以阿隆佐・丘奇(Alonzo Church)和艾伦・图灵命名的丘奇-图灵论点(Church-Turing thesis)。

丘奇-图灵论点：任意可以有效计算的函数都可以由图灵机执行。

丘奇-图灵论点为我们提供了一种强大的工具来区分什么可以计算，什么不可以计算，什么样的函数可以计算，以及什么样的函数不能计算。通俗地讲，该论点告诉我们计算机能做什么，不能做什么。

需要注意的是，丘奇-图灵论点并不是一个数学定理，为了证明该论点，需要正式地定义什么是有效计算、什么是不可能计算等，因此其不能被正式地证明。然而，迄今为止，所有的计算证据都支持该论点，且还未发现有违背该论点的反例。

注 2.1　1936 年丘奇在其著名的论文[2]中提出了 λ-可定义性概念，随后其在评论图灵 1936 年论文的书中[3]也提到了该概念，其断言所有的有效过程都是图灵等价的，这就是我们现在常说的丘奇-图灵论点。有趣的是，丘奇是图灵、迈克尔・拉宾(Michael Rabin)和达纳・斯科特(Dana Scott)在普林斯顿大学的博士生导师，拉宾和斯科特也是 1976 年图灵奖的获得者，该奖项被认为是计算机科学领域的诺贝尔奖。

2.1.3 可判定性和可计算性

尽管图灵机可以做所有真实计算机可完成的工作，但是还是存在很多图灵机不能胜任的工作，其中最简单的一个是关于图灵机自身的，即图灵机停机问题。

定义 2.2　若存在一个图灵机接受一条语句，则该语句称为是图灵-可接受的。一条图灵-可接受语句也称为递归可枚举语言(recursively enumerable language)。

当图灵机由输入态开始计算时，其可能结果有三：接受、拒绝或循环(机器陷入永无止境的循环中)。若图灵机总是能决定其是接受还是拒绝一种语言，则称该机器可判定此语言。

定义 2.3　如果存在一个图灵机可以判定一种语言，则该语言称为是图灵可判定的，否则，称其为图灵不可判定语言。一个图灵可判定语言也称为递归语言(recursive language)。

定义 2.4　图灵机停机问题定义为

$$L_{\mathrm{TM}} = \{(M, w) \mid M \text{ 是图灵机且 } M \text{ 接受 } w\}$$

定理 2.1　L_{TM}是不可判定的。

总是能够停止的图灵机是好的算法模型，这是因为一系列定义好的步骤总能够结束并给出问题的解。如果针对给定问题的算法存在，则该问题是可判定的。令L是某个问题的语句，若该语句是递归的，则L是可判定的，否则其是不可判定的。从实用性的观点来看，针对某个问题，是否存在求解该问题的算法比是否存在求解该问题的图灵机更重要。因此，对于给定问题或语句，区分其是否为可判定的比区分其是否为递归可枚举的更重要。图 2.2 给出了三类问题/语言的关系。

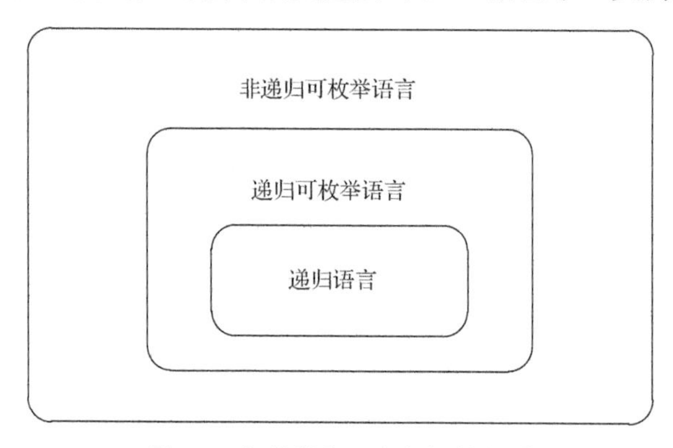

图 2.2　相关递归语言之间的关系

2.1 节 习 题

1. 解释以下问题：

(1)为什么图灵机可以做任何实际计算机可做的工作；

(2)为什么任何可计算的函数都可以由图灵机计算。

2. 解释为什么丘奇-图灵论点不能严格证明。

3. 解释为什么所有不同类型的图灵机，如单带图灵机和多带图灵机，是等价的。

4. 举例说明存在一种不是递归语句的递归可枚举语句[4]。

5. 希尔伯特第十问题[5]：给定一个含任意个未知数的整系数丢番图方程，设计一种方法使得人们可以在有限步操作内确定该方程是否有整数解。说明希尔伯特第十问题是不可判定问题。

6. 说明图灵机停机问题是不可判定问题。举例说明存在其他不可判定问题[6]。

2.2　经典复杂度理论

可计算性仅仅关心计算机可以做什么，而不关注完成计算任务所需的计算资源，如所需计算时间、存储空间等。计算复杂性理论研究的就是完成计算任务所需的时间、存储空间等计算资源，因此弥补了可计算性的这一空缺。一个理论上的可计算问题，如果其所需的计算时间太长或所需存储空间太大，如需要计算 5000 万年，其就变成实际上的不可计算问题。本节主要研究计算难题的时间复杂度。

2.2.1　复杂度分类

本节首先给出几种常见的基于图灵机的复杂度分类的正式定义。为此，首先给出概率图灵机的定义。

定义 2.5　概率图灵机(probabilistic Turing machine，PTM)是非确定型图灵机的一种，其有一种特殊的状态，称为投掷硬币状态。对于每一次投掷硬币状态，控制单元指定两种可能的合法状态作为下一步的状态。若概率图灵机投掷的是有偏硬币，此时概率图灵机的计算就成为确定型计算。

如图 2.3 所示，概率图灵机也可以看成随机图灵机[6]。第一条磁带(输入磁带，用来装载输入)和传统的图灵机是一样的；第二条磁带称为随机磁带，该磁带上的内容是随机且独立选取的比特，选择 0、1 的概率都是 1/2；第三条及随后的磁带作为图灵机的暂存磁带。

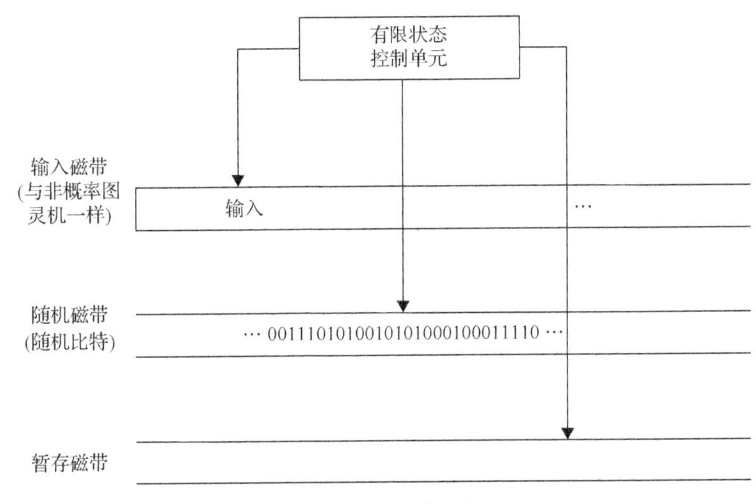

图 2.3　概率图灵机

定义 2.6　P 问题是指可以在确定型图灵机上多项式时间内求解的问题。

此复杂类中的问题在计算机上都是可解的容易问题，例如，任意两个整数的加法，不管数有多大，都可以在多项式时间内完成计算，因此其是 P 问题。

定义 2.7　NP 问题是指可以在非确定性图灵机上多项式时间内求解的问题。

这一复杂类中的问题在计算机上求解是困难的，如 TSP 是 NP 问题，因为该问题是很难求解的。

在形式语言中，P 问题也称为是可以在多项式时间内确定的语言类，NP 问题也称为可以在多项式时间内验证的语言类[7]。通常人们认为在多项式时间内可以验证的问题范围比可以在多项式时间内确定答案的问题范围更大(图 2.4)，但是迄今为止还没有人能够证明这一点。P=NP 是否成立的问题是计算机科学和数学中一个最伟大的未解问题，事实上，该问题也是克雷数学研究所 2000 年悬赏的七个千禧大奖难题之一，每一个难题的奖金为 100 万美元[8]。

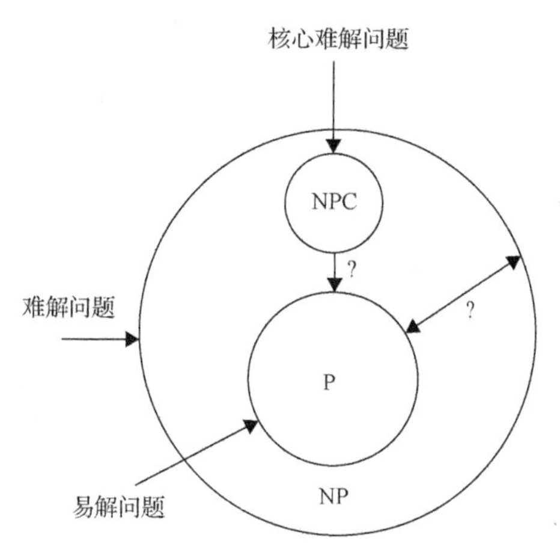

图 2.4　P 问题与 NP 问题的对比

定义 2.8　EXP 问题是可以在确定性图灵机上在 2^{n^i} 时间内求解的问题。

定义 2.9　对于任意的输入 w，若 $f(w)$ 在图灵机上都可以在多项式时间内停机，则函数 f 称为是可多项式时间计算的。对于给定的语言 A、B，若存在一个多项式时间可计算函数 f，使得对于每一个输入 w，有

$$w \in A \Leftrightarrow f(w) \in B$$

则称 A 是可以在多项式时间内规约为语言 B 的，记为 $A \leqslant_P B$。函数 f 称为 A 到 B 的多项式时间规约。

定义 2.10　若一个问题或语言 L 满足以下两个条件：

(1) $L \in \mathrm{NP}$；

(2) $\forall A \in \mathrm{NP}$， $A \leqslant_P L$ 。
则称 L 是 NP 完全问题。

定义 2.11　若问题 D 满足以下条件：

$$\forall A \in \mathrm{NP}, \quad A \leqslant_P D$$

则称问题 D 为 NP 难问题。D 可能在 NP 问题中，也可能不在 NP 问题中。因此，NP 难问题意味着至少和 NP 问题一样困难，实际上 NP 难问题比 NP 问题更难求解。

同样，可以定义 P-space 问题、P-space 完全问题、P-space 难问题。下文用 NPC 表示 NP 完全问题，用 PSC 表示 P-Space 完全问题，用 NPH 表示 NP 难问题，用 PSH 表示 P-space 难问题。P、NP、NPC、PS、PSC、NPH、PSH、EXP 之间的关系如图 2.5 所示。

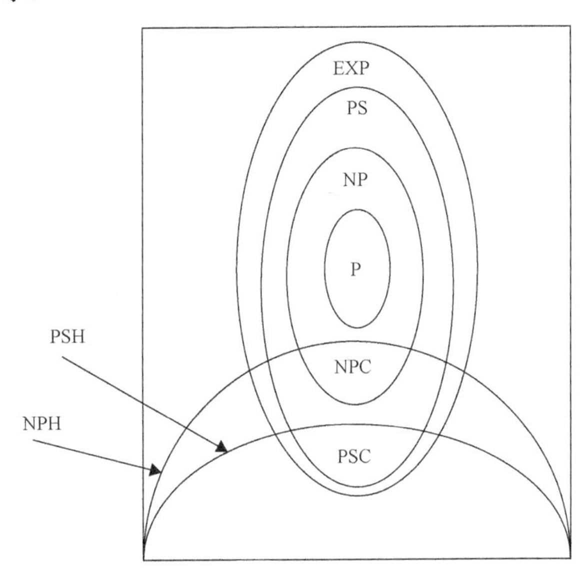

图 2.5　P、NP 和 NPC 等类之间的猜想关系

定义 2.12　RP 问题是指可以在概率图灵机上以“单侧错误”在多项式时间内求解的问题。这里的“单侧错误”是指当解为“是”时，机器给出答案“否”的概率小于 1/2；当解为“否”时，机器给出答案“是”的概率为 0。

定义 2.13　ZPP 问题是指可以在概率图灵机上“无误的”在多项式时间内求解的问题。这里，“无误的”是指当解为“是”时，机器一定给出答案“是”(出错概率为 0)；当解为“否”时，机器一定给出答案“否”(同样出错概率为 0)。可以证明，$\mathrm{ZPP} = \mathrm{RP} \cap \text{co-RP}$，其中，co-RP 是 RP 的补语言，即 $\text{co-RP} = \left\{L : \overline{L} \in \mathrm{RP}\right\}$ 。

需要注意的是，当机器不知道解为“是”还是“否”时，其可能输出“？”。

然而，在模拟实例中，可以保证机器至多在一半的例子中输出“？”。ZPP 问题与可以由随机算法在多项式时间内给出正确解的问题等价，因此其通常也称为优良类问题。

定义 2.14 BPP 问题是指可以在概率图灵机上以“双向错误”在多项式时间内求解的问题，即输出的解至少以$1/2+\delta$的概率是正确的，其中$\delta>0$。BPP 中的“B”指的是“错误概率小于 1/2”，如错误概率可以是 1/3。

空间复杂类 P-space、NP-space 可以像 P、NP 一样定义。显然，时间复杂类包含在相应的空间复杂类中。尽管我们不知道 P=NP 是否成立，但是我们知道 P-space=NP-space。通常，我们认为

$$\mathrm{P}\subseteq\mathrm{ZPP}\subseteq\mathrm{RP}\subseteq\begin{pmatrix}\mathrm{BPP}\\ \mathrm{NP}\end{pmatrix}\subseteq\text{P-space}\subseteq\mathrm{EXP}$$

除了认为$\mathrm{P}\subset\mathrm{EXP}$是合适的之外，上述其他包含关系是否合适，目前为止人们并不清楚。需要注意的是，BPP 和 NP 的关系并不清楚，尽管人们认为$\mathrm{NP}\not\subseteq\mathrm{BPP}$。图 2.6 给出了不同复杂类的关系。

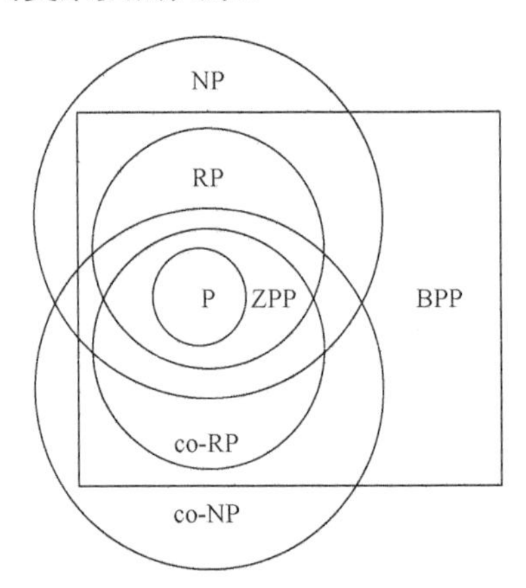

图 2.6 几种常见复杂类之间的关系

2.2.2 Cook-Karp 论点

尽管没有明确的证明，但是人们普遍相信，P 类中的问题都是计算上的易解问题，不在 P 类中的问题都是计算难解问题。这就是著名的 Cook-Karp 论点，该论点是以首先研究 P-NP 问题的 Stephen Cook 和提出一系列 NP 完全问题的 Richard Karp 命名的。

Cook-Karp 论点：任意计算易解问题都可以由图灵机在确定的多项式时间内求解。

因此，P 类中的问题都是易解问题，而 NP 类中的问题都是难解问题。然而，这两类问题中间并没有一个明显的分界。这就是之前提到的 P 对 NP 问题。与丘奇-图灵论点相比，Cook-Karp 论点离实际的可计算性和复杂度更近了一步，人们不必再回到丘奇-图灵论点研究实际问题的可计算性和复杂度，而只需要借助 Cook-Karp 论点就可以了。与丘奇-图灵论点一样，Cook-Karp 论点也不是一个严格的数学定理，因此不能严格证明，但是，迄今所有的证据都支持该论点。

2.2 节 习 题

1. 定义并解释以下复杂类[9]：P、NP、RP、BPP、ZPP、NP 完全、NP 难、$P^{\#P}$、P-space、NP-space、EXP。

2. 说明 $P \subset EXP$。

3. 令 SAT 表示可满足性问题，说明

$$SAT \in NP$$

以及

$$SAT \in NP 完全$$

4. 令 HPP 表示哈密顿路径问题，说明

$$HPP \in NP$$

以及

$$HPP \in NP 完全$$

5. 说明 HPP 可以多项式规约到 TSP。

6. 证明或证伪 $P \neq NP$。

7. 正如人们不清楚 $P \neq NP$ 是否成立一样，人们同样不清楚 $BPP \neq P\text{-space}$ 是否成立，证明或证伪这个问题将是计算复杂度理论中的重大突破。证明或证伪：

$$BPP \neq P\text{-space}$$

2.3　量子信息与量子计算

将计算机看成物理对象并将计算看成物理过程的思想是由几个科学家提出的，最著名的两个人是理查德·费曼(Richard Feynman，1918—1988)和大卫·多依奇(David Deutsch，生于 1953 年)，该思想是革命性的。例如，1996 年出版的《费曼物理学讲义》[10]中详细介绍了可逆计算、量子计算机和计算的量子特点等，而多

依奇在 1985 年发表的文章[11]中解释了量子图灵机、通用量子计算机等基本概念。

量子计算机是利用量子现象(如量子相干、量子纠缠等)来进行计算的机器，而在经典计算理论中通常仅仅涉及纯数学理论，并不涉及物理。传统的数字计算机用比特(香农(Shannon)首先提出用比特来表示信息，因此可称其为香农比特)，即布尔态 0 和 1 来运算，每一步计算结束后，计算机的状态是一个有限的可测量态，即所有的比特要么是 0，要么是 1，而不能同时为 0 和 1。量子计算机通过量子比特(qubit，香农比特的量子版本)上的量子态做运算。量子计算机的态由希尔伯特空间①(以德国数学家大卫 • 希尔伯特(David Hilbert，1862—1943)命名)中的一组基矢来描述，其正式定义如下。

定义 2.15 一个量子比特的量子态$|\Psi\rangle$形如：

$$|\Psi\rangle=\alpha|0\rangle+\beta|1\rangle$$

其中，$\alpha,\beta\in\mathbb{C}$分别为态$|0\rangle$、$|1\rangle$的振幅，满足$|\alpha|^2+|\beta|^2=1$；$|0\rangle$、$|1\rangle$是希尔伯特空间的基矢。在这里需要注意的是，态矢量$|\Psi\rangle$是用一个特殊的符号“右矢”$|\ \rangle$来表示的，该符号是由保罗 • 狄拉克(Paul Dirac)最早提出作为量子力学中公式的速记符号使用的。

在量子计算机中，量子比特可以由简单的二能级量子系统表示，如自旋 1/2 粒子的自旋态，当测量该粒子的自旋时，其总是在两个可能自旋状态$\left|+\frac{1}{2}\right\rangle$(自旋向上)、$\left|-\frac{1}{2}\right\rangle$(自旋向下)中的一个，这种分立特性称为量子化。显然，这两个态可以用来分别表示二进制 0 和 1(图 2.7，引自文献[12])。量子比特和经典比特之间的最大不同在于经典比特在某个时刻只能处于 0 或 1 之中的一种，而量子比特$|\Psi\rangle$可以处于$|0\rangle$和$|1\rangle$的任意叠加态(图 2.8，引自文献[12])。因此，一个处于简单二能级量子系统的量子比特可以同时处于两种状态，而不是像经典香农比特那样只能在同一时间处于一个状态。此外，二能级量子系统不仅可以处于$|0\rangle$、$|1\rangle$的任一态，其也可以处于叠加态：

$$|\Psi\rangle=\alpha_1|0\rangle+\alpha_2|1\rangle$$

① 希尔伯特空间是完备的内积空间。以复数序列$x=(x_1,x_2,\cdots)$作为希尔伯特空间的一个例子来说明($\sum_{i=1}^{\infty}|x_i|^2$是有限的)，两个元素$x=(x_1,x_2,\cdots)$和$y=(y_1,y_2,\cdots)$的加法定义为$x+y=(x_1+y_1,x_2+y_2,\cdots)$，数乘定义为$ax=(ax_1,ax_2,\cdots)$，内积定义为$(x,y)=\sum_{i=1}^{\infty}\overline{x_i}y_i$，$\overline{x_i}$为$x_i$的复共轭。在现代量子力学中，量子系统的所有可能状态都对应了希尔伯特空间中的一个态矢量。

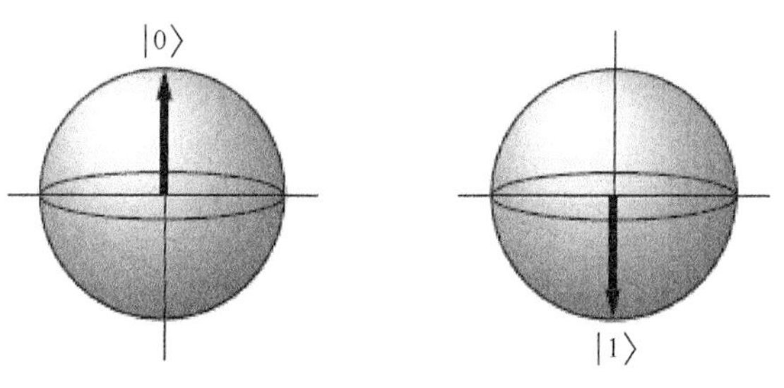

图 2.7　编码二进制数 0 和 1 的量子比特

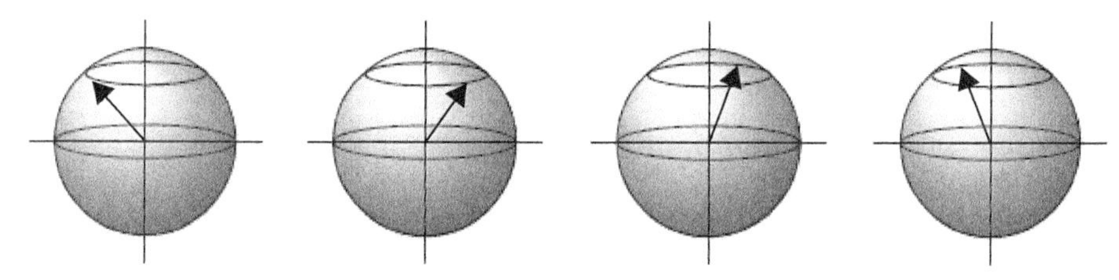

图 2.8　每一个布洛赫球表示一个量子比特(4 个 qubit 中 $|0\rangle$、$|1\rangle$ 占比相同)

这就是著名的叠加原理。更一般地，具有 k 个不同本征态的量子系统既可以处于本征态 $|c_1\rangle$、$|c_2\rangle$、…、$|c_k\rangle$ 中的一个，也可以处于 k 个本征态的叠加态，即

$$|\Psi\rangle = \sum_{i=1}^{k} \alpha_i |c_i\rangle$$

其中，振幅 $\alpha_i \in \mathbb{C}$，满足 $\sum_{i=1}^{k} |\alpha_i|^2 = 1$，每个 $|c_i\rangle$ 都是希尔伯特空间的基矢。一旦能够将二进制数 0 和 1 编码在物理系统中，就可以用一串这样的系统组成一个完整的量子寄存器。

定义 2.16　一个量子寄存器，更一般地说，一个量子计算机是由一串有限的有序量子比特组成的。

若想在一个物理系统中做计算，必须能够改变系统的状态，这可以通过对 $|\Psi\rangle$ 做一系列的幺正变换来实现(幺正变换由幺正矩阵表示，幺正矩阵即矩阵的转置共轭矩阵等于其逆矩阵)。假定对单比特量子计算机做计算，则叠加态为

$$|\Psi\rangle = \alpha|0\rangle + \beta|1\rangle$$

其中，$\alpha, \beta \in \mathbb{C}$，满足 $|\alpha|^2 + |\beta|^2 = 1$。将 $|0\rangle$、$|1\rangle$ 分别写成矢量为 $|0\rangle = \begin{pmatrix} 1 \\ 0 \end{pmatrix}$、$|1\rangle = \begin{pmatrix} 0 \\ 1 \end{pmatrix}$。

令幺正矩阵 M 为

$$M = \frac{1}{\sqrt{2}}\begin{pmatrix} 1 & 1 \\ -1 & 1 \end{pmatrix}$$

则对单比特的量子操作可以记为

$$M|0\rangle = \frac{1}{\sqrt{2}}\begin{pmatrix} 1 & 1 \\ -1 & 1 \end{pmatrix}\begin{pmatrix} 1 \\ 0 \end{pmatrix} = \frac{1}{\sqrt{2}}|0\rangle - \frac{1}{\sqrt{2}}|1\rangle$$

$$M|1\rangle = \frac{1}{\sqrt{2}}\begin{pmatrix} 1 & 1 \\ -1 & 1 \end{pmatrix}\begin{pmatrix} 0 \\ 1 \end{pmatrix} = \frac{1}{\sqrt{2}}|0\rangle + \frac{1}{\sqrt{2}}|1\rangle$$

实际上上述过程为量子逻辑门(与经典逻辑门类似)，其功能为

$$|0\rangle \to \frac{1}{\sqrt{2}}|0\rangle - \frac{1}{\sqrt{2}}|1\rangle$$

$$|1\rangle \to \frac{1}{\sqrt{2}}|0\rangle + \frac{1}{\sqrt{2}}|1\rangle$$

逻辑门可以视为逻辑操作。NOT 操作定义为

$$\mathrm{NOT} = \begin{pmatrix} 0 & 1 \\ 1 & 0 \end{pmatrix}$$

其对输入态的作用为

$$\mathrm{NOT}|0\rangle = \begin{pmatrix} 0 & 1 \\ 1 & 0 \end{pmatrix}\begin{pmatrix} 1 \\ 0 \end{pmatrix} = \begin{pmatrix} 0 \\ 1 \end{pmatrix} = |1\rangle$$

$$\mathrm{NOT}|1\rangle = \begin{pmatrix} 0 & 1 \\ 1 & 0 \end{pmatrix}\begin{pmatrix} 0 \\ 1 \end{pmatrix} = \begin{pmatrix} 1 \\ 0 \end{pmatrix} = |0\rangle$$

同样，可以定义二比特量子门：

$$\begin{aligned}
&|00\rangle \to |00\rangle \\
&|01\rangle \to |01\rangle \\
&|10\rangle \to \frac{1}{\sqrt{2}}|10\rangle + \frac{1}{\sqrt{2}}|11\rangle \\
&|11\rangle \to \frac{1}{\sqrt{2}}|10\rangle - \frac{1}{\sqrt{2}}|11\rangle
\end{aligned}$$

或者等价地，该量子操作可由幺正矩阵

$$M=\begin{pmatrix}1&0&0&0\\0&1&0&0\\0&0&\frac{1}{\sqrt{2}}&\frac{1}{\sqrt{2}}\\0&0&\frac{1}{\sqrt{2}}&-\frac{1}{\sqrt{2}}\end{pmatrix}\tag{2.1}$$

表示。该矩阵实际上是数字计算机中布尔逻辑真值表的量子对应。假定在叠加态

$$\frac{1}{\sqrt{2}}|00\rangle-\frac{1}{\sqrt{2}}|11\rangle$$

或

$$\frac{1}{\sqrt{2}}|00\rangle+\frac{1}{\sqrt{2}}|11\rangle$$

上做计算，则运用式(2.1)中定义的幺正矩阵，可得

$$\begin{aligned}\frac{1}{\sqrt{2}}|00\rangle-\frac{1}{\sqrt{2}}|11\rangle&\to\frac{1}{\sqrt{2}}\left(\frac{1}{\sqrt{2}}|10\rangle+\frac{1}{\sqrt{2}}|11\rangle\right)-\frac{1}{\sqrt{2}}\left(\frac{1}{\sqrt{2}}|10\rangle-\frac{1}{\sqrt{2}}|11\rangle\right)\\&=\frac{1}{2}(|10\rangle+|11\rangle)-\frac{1}{2}(|10\rangle-|11\rangle)=|11\rangle\end{aligned}$$

$$\frac{1}{\sqrt{2}}|00\rangle+\frac{1}{\sqrt{2}}|11\rangle\to\frac{1}{2}(|10\rangle+|11\rangle)+\frac{1}{2}(|10\rangle-|11\rangle)=|10\rangle$$

2.3 节 习 题

1. 令

$$\mathrm{NOT}=\begin{pmatrix}0&1\\1&0\end{pmatrix},\quad |0\rangle=\begin{pmatrix}1\\0\end{pmatrix}$$

证明：

$$\mathrm{NOT}|0\rangle=|1\rangle$$

2. 令

$$\mathrm{NOT}=\begin{pmatrix}0&1\\1&0\end{pmatrix},\quad |1\rangle=\begin{pmatrix}0\\1\end{pmatrix}$$

证明：

$$\mathrm{NOT}|1\rangle=|0\rangle$$

3. 令 $\sqrt{\mathrm{NOT}}$ 门为

$$\sqrt{\mathrm{NOT}}=\begin{pmatrix}\frac{1+\mathrm{i}}{2} & \frac{1-\mathrm{i}}{2}\\ \frac{1-\mathrm{i}}{2} & \frac{1+\mathrm{i}}{2}\end{pmatrix}$$

证明：

$$\sqrt{\mathrm{NOT}}\cdot\sqrt{\mathrm{NOT}}=\begin{pmatrix}0 & 1\\ 1 & 0\end{pmatrix}$$

4. 记 $\sqrt{\mathrm{NOT}}$ 的共轭转置为 $\left(\sqrt{\mathrm{NOT}}\right)^{+}$，$\left(\sqrt{\mathrm{NOT}}\right)^{+}$ 为

$$\left(\sqrt{\mathrm{NOT}}\right)^{+}=\begin{pmatrix}\frac{1-\mathrm{i}}{2} & \frac{1+\mathrm{i}}{2}\\ \frac{1+\mathrm{i}}{2} & \frac{1-\mathrm{i}}{2}\end{pmatrix}$$

证明：

$$\sqrt{\mathrm{NOT}}\cdot\left(\sqrt{\mathrm{NOT}}\right)^{+}=\begin{pmatrix}1 & 0\\ 0 & 1\end{pmatrix}$$

5. 令

$$|+\rangle=\frac{1}{\sqrt{2}}\left(|0\rangle+|1\rangle\right)$$

$$|-\rangle=\frac{1}{\sqrt{2}}\left(|0\rangle-|1\rangle\right)$$

$$|\mathrm{i}\rangle=\frac{1}{\sqrt{2}}\left(|0\rangle+\mathrm{i}|1\rangle\right)$$

$$|-\mathrm{i}\rangle=\frac{1}{\sqrt{2}}\left(|0\rangle-\mathrm{i}|1\rangle\right)$$

下面哪对量子态表示的是同一个量子态：

(1) $\frac{1}{\sqrt{2}}(|0\rangle+|1\rangle)$ 和 $\frac{1}{\sqrt{2}}(-|0\rangle+\mathrm{i}|1\rangle)$；

(2) $\frac{1}{\sqrt{2}}(|0\rangle+\mathrm{e}^{\mathrm{i}\pi/4}|1\rangle)$ 和 $\frac{1}{\sqrt{2}}(\mathrm{e}^{-\mathrm{i}\pi/4}|0\rangle+|1\rangle)$。

6. 给出使得每对量子态为同一个态的所有 γ 的集合：

(1) $|1\rangle$ 和 $\frac{1}{\sqrt{2}}(|+\rangle+\mathrm{e}^{\mathrm{i}\gamma}|-\rangle)$；

(2) $\frac{1}{2}|0\rangle-\frac{\sqrt{3}}{2}|1\rangle$ 和 $\mathrm{e}^{\mathrm{i}\gamma}\left(\frac{1}{2}|0\rangle-\frac{\sqrt{3}}{2}|1\rangle\right)$。

2.4　量子可计算性和量子复杂性

本节简要介绍量子图灵机框架下量子可计算性和量子复杂性中的基本概念。

1985 年，多依奇[11]首次提出了量子图灵机模型。量子图灵机(quantum Turing machine，QTM)是概率图灵机的量子推广，其磁带中的每一个单元装载一个量子比特，量子比特的态由布洛赫球中的一个箭头表示(图 2.9)。$\overline{\mathbb{C}}$ 表示一个由 $\alpha\in\mathbb{C}$ 组成的集合，且 α 的实部、虚部都可以在确定型图灵机上用 n 的多项式时间以 2^{-n} 精度计算得出。量子图灵机可以定义为下面的代数系统：

$$M=(Q,\Sigma,\Gamma,\delta,q_0,\square,F)$$

其中

$$\delta:Q\times\Gamma\to\overline{\mathbb{C}}^{Q\times\Gamma\times\{L,R\}}$$

其他和概率图灵机是一样的。关于量子图灵机的详细讨论，建议读者阅读文献[13]。量子图灵机利用了量子物理特性，开启了理解世界的一个新模型，使得计算出现了新的特点。然而，量子图灵机并没有比经典图灵机实现更强的计算能力。这就引出了丘奇-图灵论点在量子计算中的量子版本(见文献[12])。

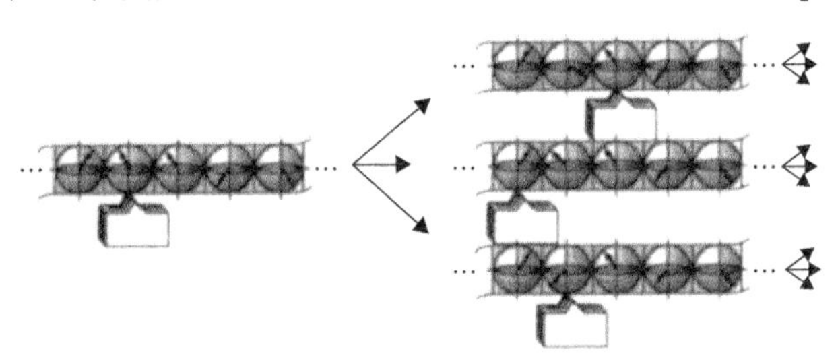

图 2.9　量子图灵机

量子计算中的丘奇-图灵论点：任意的物理(量子)计算装置都可以由图灵机在前述计算装置所用资源的多项式步数内模拟。

因此，从计算的观点来看，量子图灵机的计算能力并没有超越经典图灵机。然而，从计算复杂度的角度来看，对于一些经典计算难题，量子图灵机可能比经典图灵机处理起来效率更高。例如，IFP、DLP 在经典图灵机上都是难解问题，但是这些问题在量子图灵机上是易解问题。准确地说，IFP 和 DLP 在经典计算机上(经典图灵机)不能在多项式时间内求解，但是可以在量子计算机(量子图灵机)上以多项式时间求解。

注 2.2 量子计算机并不仅仅是经典计算机的快速版本，量子计算和经典计算的计算模式是不同的。量子计算对一些计算问题如 IFP、DLP 会实现大的加速，对其他问题则可能完全没有加速。量子计算若要实用性更强，我们希望其能够将 NP 变成 P 问题。遗憾的是，迄今为止还不清楚这是否成立。能够确定的是，量子计算机可以在多项式时间内求解 IFP、DLP，但是并没有证据证明 IFP、DLP 在 NP 中。

正如经典复杂度分类一样，在量子计算中也有量子复杂度分类。量子图灵机是概率图灵机的推广，因此量子复杂度分类很像概率复杂度分类。首先，给出经典 P 问题的量子版本：

定义 2.17 QP(P 的量子版本)是指能够在量子图灵机上以多项式时间确定性求解的问题。

可以证明 $P \subset QP$ (图 2.10)。因此，量子图灵机比经典图灵机可以在多项式时间内有效解决的问题更多。

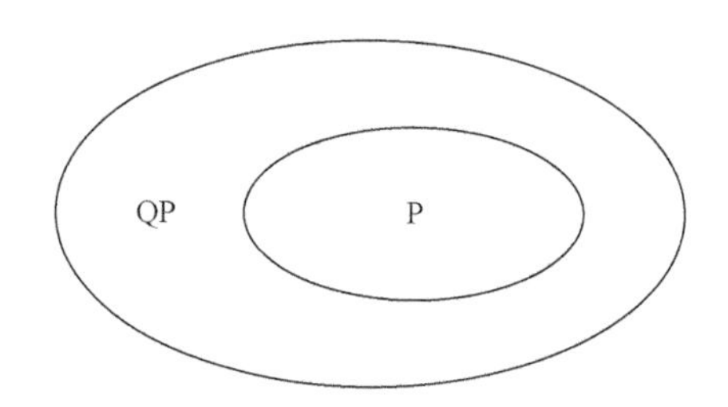

图 2.10 QP 和 P 的关系

同样，可以定义经典 ZPP 的量子版本。

定义 2.18 ZQP 问题(ZPP 问题的量子版本)是指可以在量子图灵机上用多项式时间以零出错概率求解的问题。

很明显，$ZQP \subset ZPP$ (图 2.11)。

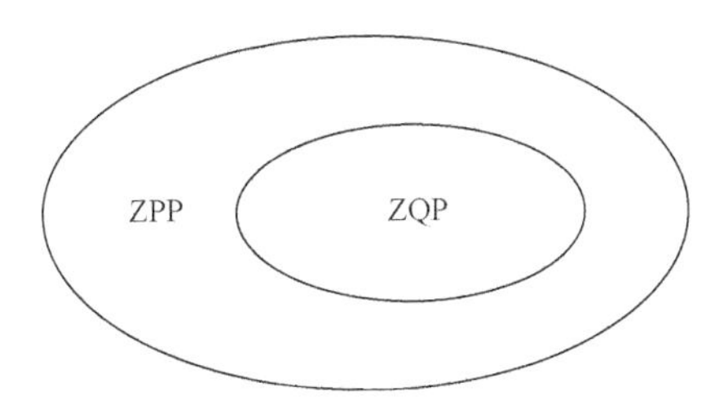

图 2.11　ZQP 和 ZPP 的关系

定义 2.19　BQP 问题(BPP 问题的量子版本)是指可以在量子图灵机上用多项式时间以有限出错概率 $\varepsilon < 1/3$ 求解的问题。

众所周知，$P \subseteq BPP \subseteq BQP \subseteq P\text{-space}$，然而还不清楚量子图灵机是否比概率图灵机计算能力更强，同样也不清楚 BQP 和 NP 之间的关系，图 2.12 给出了 BQP 和其他几个常用经典复杂类的可能关系。

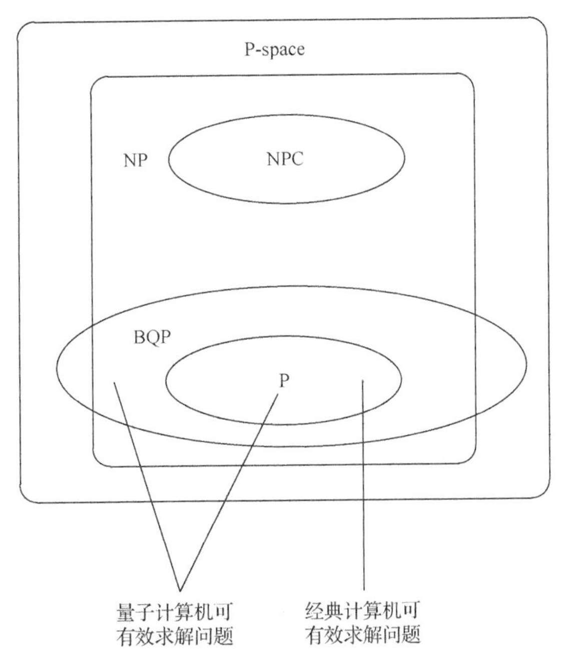

图 2.12　BQP 和其他几个常用经典复杂类的可能关系

2.4 节 习 题

1. 解释图 2.13 中经典计算、量子计算中几种复杂类之间的可能关系。

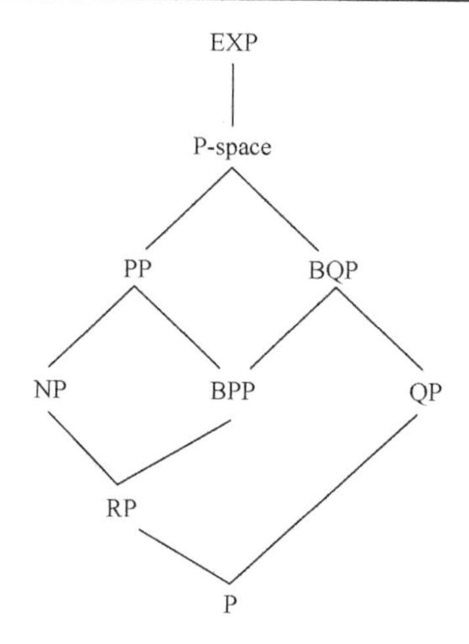

图 2.13　不同复杂问题之间可能存在的包含关系

2. 证明

$$\mathrm{P} \subseteq \mathrm{QP} \subseteq \mathrm{BQP}$$

3. 量子计算复杂度理论的一个重要结论是 $\mathrm{BQP} \subseteq \text{P-space}$，证明

$$\mathrm{BPP} \subseteq \mathrm{BQP} \subseteq \text{P-space}$$

4. 证明

$$\mathrm{BQP} \subseteq \mathrm{P}^{\#\mathrm{P}} \subseteq \text{P-space}$$

其中，$\mathrm{P}^{\#\mathrm{P}}$ 是指若指数多个项之和(每一项必须能够在多项式时间内求解)能够有效计算，则问题能够在多项式时间内求解的问题集合。

5. 证明

$$\mathrm{IP} = \text{P-space}$$

其中，IP 是指存在迭代系统的问题集合，并证明

$$\mathrm{QIP} = \text{P-space}$$

其中，QIP 是指有量子迭代系统的问题集合。

6. 目前还不清楚量子图灵机是否比概率图灵机有更强的计算能力。举例说明量子计算机并不违背丘奇-图灵论点，即任意算法过程都可以被图灵机模拟。

7. 从可计算性的观点来看，丘奇-图灵论点可以理解为：如果函数可以在某个想象得到的硬件系统上计算，则该函数可以在图灵机上计算。而扩展的丘奇-图灵论点从计算复杂度的角度可以理解为：扩展的丘奇-图灵论点给出了更强的断言，即图灵机和任何计算工具具有相同的计算效率。因此，输入大小为 n 的函数，若

其可以在某个硬件上以时间 $T(n)$ 有效计算，则其可在图灵机上以时间 $(T(n))^k$ 有效计算，其中 k 为某个固定的数，与问题有关。你认为其对量子计算和云计算也成立吗？

2.5 本章要点及进阶阅读

量子计算数论的目的在于利用量子计算方法，包括量子硬件(即量子计算机)和量子软件(量子算法和量子程序)等，求解对经典计算机和经典算法困难的数论问题。因此，量子计算在量子计算数论中具有重要的地位。本章介绍了一些经典计算和量子计算理论，这些都是本书后续内容需要了解的背景知识。

图灵在 1937 年发表了其在可计算数方面及在判定问题应用研究的开创性论文[1]，并提出了著名的图灵机模型。1936 年，丘奇发表了其在初等数论中一个未解难题方面的奠基性论文[2]。因此，1936 年对理论计算机科学领域是伟大的一年。丘奇后来针对图灵的论文[1]还专门发表了长篇的综述[3]，著名的丘奇-图灵论点就是基于这三篇论文提出和形成的。Cook-Karp 论点是基于 Cook 和 Karp 分别于 1971 年[14]、1972 年[15]发表的文章形成并提出的。这些论文同其他论文一起构成了现代可计算性和计算复杂性的理论基石。在可计算性和复杂度理论方面有大量的论文及教科书，包括：Cook 所著的关于 P 对 NP 的论文[16]，Yao 所著的关于丘奇-图灵论点及扩展的丘奇-图灵论点的论文[17]；这一领域中的参考书包括：Hopcroft、Motwani 和 Ullman 合著的经典教材[6](第三版)、Garey 和 Johnson 合著的关于计算难解性的教材[9]，以及由以下作者所著的优秀教材及参考书：Lewis 和 Papadimitrou[18]、Linz[4]、Papadimitrou[19]以及 Sipser[7]。更多关于计算数论的信息可以在文献[20]～[26]及其他文献中找到。

量子计算是一种新的计算模式。量子计算机在一些问题上可能会实现相对于经典计算的加速，如整数分解问题，但并不是对所有问题都会实现加速。实际上，就我们所知，量子计算并不违背丘奇-图灵论点，其并不比经典计算具有更强的计算能力。获得 1965 年诺贝尔物理学奖的理查德-费曼可能是系统研究量子计算的第一人(见文献[10]和[27])，更多关于量子计算、量子可计算性、量子复杂度理论的信息请参考文献[28]～[50]。

1997 年 10 月 5 日出版的 SIAM 第 26 卷中专门的一节发表量子计算中的一些经典文献，包括 Bernstein 和 Vazirani[13]在量子复杂度理论方面的研究、Simon 关于量子计算能力[51]的研究、Shor 关于用多项式时间解决 IFP 和 DLP 的量子算法[39]、Bennett 关于量子计算优势及缺点的研究[52]，以及 Adleman 在量子可计算性方面的研究[53]等。

参考文献

[1] Turing A. On computable numbers, with an application to the Entscheidungs problem. Proceedings of the London Mathematical Society, 1937, S2-42(1): 230-265

[2] Church A. An unsolved problem of elementary number theory. American Journal of Mathematics, 1936, 58(2): 345-363

[3] Church A. Book review: On computable numbers, with an application to the Entscheidungs problem by Turing. Journal of Symbolic Logic, 1937, 2(1): 42-43

[4] Linz P. An Introduction to Formal Languages and Automata. 5th ed. Boston: Jones and Bartlett, 2011

[5] Matiyasevich Y V. Hilbert's Tenth Problem. Cambridge: MIT Press, 1993

[6] Hopcroft J, Motwani R, Ullman J. Introduction to Automata Theory, Languages, and Computation. 3rd ed. Reading: Addison-Wesley, 2007

[7] Sipser M. Introduction to the Theory of Computation. 2nd ed. Boston: Thomson, 2006

[8] Cook S. The P versus NP problem//Carlson J, Jaffe A, Wiles A. The Millennium Prize Problems. Cambridge: Clay Mathematics Institute/American Mathematical Society, 2006: 87-104

[9] Garey M R, Johnson D S. Computers and Intractability: A Guide to the Theory of NP-Completeness. San Francisco: W.H. Freeman, 1979

[10] Feynman R P. Feynman Lectures on Computation. Reading: Addison-Wesley, 1996

[11] Deutsch D. Quantum theory, the Church-Turing principle and the universal quantum computer. Proceedings of the Royal Society A: Mathematical Physical and Engineering Sciences, 1985, 400(1818): 96-117

[12] Williams C P, Clearwater S H. Explorations in Quantum Computation. New York: Springer, 1998

[13] Bernstein E, Vazirani U. Quantum complexity theory. SIAM Journal on Computing, 1997, 26(5): 1411-1473

[14] Cook S. The complexity of theorem-proving procedures. Proceedings of the 3rd Annual ACM Symposium on the Theory of Computing, 1971: 151-158

[15] Karp R. Reducibility among combinatorial problems//Miller R E, Thatcher J W. Complexity of Computer Computations. New York: Plenum, 1972: 85-103

[16] Cook S. The importance of the P versus NP question. Journal of the ACM, 2003, 50(1): 27-29

[17] Yao A. Classical physics and the Church-Turing thesis. Journal of the ACM, 2003, 50(1): 100-105

[18] Lewis H R, Papadimitrou C H. Elements of the Theory of Computation. Englewood: Prentice-Hall, 1998

[19] Papadimitrou C H. Computational Complexity. Reading: Addison Wesley, 1994
[20] Cohen H. A Course in Computational Algebraic Number Theory. New York: Springer, 1993
[21] Cormen T H, Ceiserson C E, Rivest R L. Introduction to Algorithms. 3rd ed. Cambridge: MIT, 2009
[22] Crandall R, Pomerance C. Prime Numbers: A Computational Perspective. 2nd ed. New York: Springer, 2005
[23] Goldreich O. Foundations of Cryptography: Basic Tools. Cambridge: Cambridge University Press, 2001
[24] Goldreich O. Foundations of Cryptography: Basic Applications. Cambridge: Cambridge University Press, 2004
[25] Goldreich O. P, NP, and NP-Completeness. Cambridge: Cambridge University Press, 2010
[26] Riesel H. Prime Numbers and Computer Methods for Factorization. Boston: Birkhäuser, 1990
[27] Feynman R P. Simulating physics with computers. International Journal of Theoretical Physics, 1982, 21(6): 467-488
[28] Benioff P. The computer as a physical system: A microscopic quantum mechanical hamiltonianmodel of computers as represented by Turing machines. Journal of Statistical Physics, 1980, 22(5): 563-591
[29] Bennett C H, Di Vincenzo D P. Quantum information and computation. Nature, 2000, 404(6775): 247-255
[30] Change I L, Laflamme R, Shor P, et al. Quantum computers, factoring, and decoherence. Science, 1995, 270(5242): 1633-1635
[31] Grustka J. Quantum Computing. London: McGraw-Hill, 1999
[32] Hirvensalo M. Quantum Computing. 2nd ed. New York: Springer, 2004
[33] Knuth D E. The Art of Computer Programming II: Seminumerical Algorithms. 3rd ed. Reading: Addison-Wesley, 1998
[34] LeBellac M. A Short Introduction to Quantum Information and Quantum Computation. Cambridge: Cambridge University Press, 2005
[35] Mermin N D. Quantum Computer Science. Cambridge: Cambridge University Press, 2007
[36] Nielson M A, Chuang I L. Quantum Computation and Quantum Information. 10th ed. Cambridge: Cambridge University Press, 2010
[37] Rieffel E, Polak W. Quantum Computing: A Gentle Introduction. Cambridge: MIT Press, 2011
[38] Shor P. Algorithms for quantum computation: Discrete logarithms and factoring. Proceedings of the 35th Annual Symposium on Foundations of Computer Science, 1994: 124-134
[39] Shor P. Polynomial-time algorithms for prime factorization and discrete logarithms on a quantum computer. SIAM Journal on Computing, 1997, 26(5): 1411-1473

[40] Shor P. Quantum computing. Documenta Mathematica, 1998: 467-486

[41] Shor P. Introduction to quantum algorithms. Mathematics, 2000, 58: 143-159

[42] Shor P. Why Haven't more quantum algorithms been found? Journal of the ACM, 2003, 50(1): 87-90

[43] Simon D R. On the power of quantum computation. Proceedings of the 35 Annual Symposium on Foundations of Computer Science, 1994: 116-123

[44] Trappe W, Washington L. Introduction to Cryptography with Coding Theory. 2nd ed. Upper Saddle River: Pearson Prentice-Hall, 2006

[45] Vazirani U V. On the power of quantum computation. Philosophical Transactions of the Royal Society of London A, 1998, 356(1743): 1759-1768

[46] Vazirani U V. Fourier transforms and quantum computation. Proceedings of Theoretical Aspects of Computer Science. Lecture Notes in Computer Science, vol. 2292. New York: Springer, 2000: 208-220

[47] Vazirani U V. A survey of quantum complexity theory. Proceedings of Symposia in Applied Mathematics, 2002, 58: 193-220

[48] Watrous J. Quantum Computational Complexity. New York: Springer, 2009: 7174-7201

[49] Williams C P. Explorations in Quantum Computation. 2nd ed. New York: Springer, 2011

[50] Yanofsky N S, Mannucci M A. Quantum Computing for Computer Scientists. Cambridge: Cambridge University Press, 2008

[51] Simon D R. On the power of quantum computation. SIAM Journal on Computing, 1997, 25(5): 1474-1483

[52] Bennett C H. Strengths and weakness of quantum computing. SIAM Journal on Computing, 1997, 26(5): 1510-1523

[53] Adleman L M, De Marrais J, Huang M D A. Quantum computability. SIAM Journal on Computing, 1996, 26(5): 1524-1540

第3章　分解整数的量子算法

但凡人能想象到的事物，必定有人能将其实现。

儒勒 · 凡尔纳(Jules Verne 1828—1905)

法国小说家，科幻小说之父

众所周知，整数分解问题(IFP)的困难性是目前最知名、应用最广泛的密码体制(RSA 密码体制)的安全基石，2002 年 RSA 密码体制的发明者由于这项工作获得了图灵奖。如果可以在多项式时间内求解 IFP，则 RSA 密码体制以及其他密码体制都可以被完全且有效地破解。1994 年，Shor 首次提出了一种可以在多项式时间内分解整数的量子算法，该算法震惊了世界。本章将详细讨论与量子整数分解算法有关的几个问题：

(1) 整数分解问题的经典算法；

(2) 基于整数分解问题的密码体制；

(3) Shor 的量子整数分解算法；

(4) Shor 算法的几个变种(编译及改进的几种算法)。

3.1　分解整数的经典算法

3.1.1　基本概念

分解整数的算法有很多，从算法是否可以得到确定性的答案的角度来看，可以将这些算法大致分为：

(1) 确定性整数分解算法；

(2) 概率性整数分解算法。

然而，如果从待分解整数的形式及性质方面来看，这些整数分解算法又可以分为：

(1) 通用型整数分解算法，即算法的运行时间只和待分解整数 n 的大小有关，而和因数 p 的大小关系不大，以下算法都是这种类型。

①Lehman 算法[1]，该算法在最坏情形下的运行时间为 $O\left(n^{1/3+\varepsilon}\right)$。

②欧拉(Euler)算法[2]，该算法具有确定性的运行时间 $O\left(n^{1/3+\varepsilon}\right)$。

③Shanks 的平方形式分解算法(SQUFOF)[3]，该算法预期运行时间为 $O\left(n^{1/4}\right)$。

④Pollard 和 Strassen 的基于快速傅里叶变换的分解算法(见文献[4]和[5])，该算法具有确定性的运行时间 $O\left(n^{1/4+\varepsilon}\right)$。

⑤Coppersmith 基于格的分解算法[6]，该算法具有确定性的运行时间 $O\left(n^{1/4+\varepsilon}\right)$。

⑥Shanks 的类群分解算法[7]，在广义黎曼猜想下，该算法运行时间为 $O\left(n^{1/5+\varepsilon}\right)$。

⑦连分数算法(CFRAC)[8]，该算法在合适的前提假设下预期运行时间为

$$O\left(\exp(c\sqrt{\log n\log\log n})\right)=O\left(n^{c\sqrt{\log\log n/\log n}}\right)$$

其中，c 为一个与算法有关的常数，通常 $c=\sqrt{2}\approx 1.414213562$。

⑧二次筛法/多个多项式的二次筛法(QS/MPQS)[9]，在合理的假设下该算法的预期运行时间为

$$O\left(\exp\left(c\sqrt{\log n\log\log n}\right)\right)=O\left(n^{c\sqrt{\log\log n/\log n}}\right)$$

其中，c 为一个与算法有关的常数，通常 $c=\dfrac{3}{2\sqrt{2}}\approx 1.060660172$。

⑨数域筛法(NFS)[10]，在合理的假设下该算法的预期运行时间为

$$O\left(\exp\left(c\sqrt[3]{\log n}\sqrt[3]{(\log\log n)^2}\right)\right)$$

其中，在能够分解任意形式 n 的通用型版本 NFS(简称 GNFS)中，$c=(64/9)^{1/3}\approx 1.922999427$；在只能分解形如 $n=r^e\pm s$ 的特殊 NFS(简称 SNFS)中，$c=(32/9)^{1/3}\approx 1.526285657$，其中 $r>1$，且 r、s 是较小的数，e 是一个大数。在渐近意义下，大体上该算法是已知的最快的整数分解算法。

(2)特殊类型整数的分解算法，这类算法的运行时间主要依赖于 p 的大小，其中 p 是 n 的因数(因此假设 $p\leqslant\sqrt{n}$)。以下算法都是这种类型：

①试除法[11]，该算法的复杂度为 $O\left(p(\log n)^2\right)$。

②Pollard 的 ρ 分解方法[12,13](有时也称为 ρ 算法或 ρ 方法)，在合理的假设下该算法预期的时间复杂度为 $O\left(p^{1/2}(\log n)^2\right)$。

③Pollard 的 p–1-方法[4]，其时间复杂度为 $O\left(B\log B(\log n)^2\right)$，其中 B 是光滑界，B 增大时算法运行会变慢，但是得到 n 的因数的可能性会更大。

④Lenstra 的椭圆曲线方法(ECM)[14]，在合理的假设下该算法的时间复杂度为

$$O\left(\exp\left(c\sqrt{\log p\log\log p}\right)(\log n)^2\right)$$

其中，$c\approx 2$ 是一个常数(与算法的具体细节有关)。

上面的$O\left((\log n)^2\right)$项是在对$O((\log n))$或$O\left((\log n)^2\right)$比特长的数所做的算术操作所需的时间，理论上，第二项可以由$O\left((\log n)^{1+\varepsilon}\right)$替换，其中$\varepsilon > 0$。

3.1.2　数域筛法

多数现代通用型整数分解算法的基本思想是通过寻找一对数(x, y)，满足以下关系：

$$x^2 \equiv y^2 (\bmod n) \text{ 且 } x \neq \pm y (\bmod n)$$

则可以以较大的概率分解n：

$$\mathrm{Prob}\left(\gcd(x \pm y, n) = (f_1, f_2), 1 < f_1, f_2 < n\right) > \frac{1}{2}$$

实际上，数域筛法是渐近意义下最快的通用型整数分解算法，其时间复杂度为亚指数量级，即

$$O\left(\exp\left(c(\log n)^{1/3}(\log\log n)^{2/3}\right)\right)$$

定义 3.1　复数α如果是多项式方程

$$f(x) = a_0 x^k + a_1 x^{k-1} + a_2 x^{k-2} + \cdots + a_k = 0 \tag{3.1}$$

的根，则称其为代数数，其中$a_0, a_1, a_2, \cdots, a_k \in \mathbb{Q}$且$a_0 \neq 0$。若多项式$f(x)$在有理数域$\mathbb{Q}$上不可约，且$a_0 \neq 0$，则称$k$为$x$的次数。

例 3.1　下面给出两个代数数的例子：

(1) 有理数是代数数，且其次数为1。

(2) $\sqrt{2}$是次数为2的代数数，因为其是多项式$f(x) = x^2 - 2 = 0$的根（$\sqrt{2}$不是有理数）。

若一个复数不是代数数，则称其为超越数，如π和e。

定义 3.2　复数β如果是首一多项式

$$x^k + b_1 x^{k-1} + b_2 x^{k-2} + \cdots + b_k = 0 \tag{3.2}$$

的根，则称其为代数整数，其中$b_1, b_2, \cdots, b_k \in \mathbb{Z}$。

注 3.1　首一、整系数二次方程的代数整数解称为二次整数，首一、整系数三次方程的代数整数解称为立方整数。

例 3.2　下面给出代数整数的例子：

(1) 平常的整数（有理整数），其是次数为1的代数整数，这些整数满足首一方

程 $x-a=0$，其中 $a\in\mathbb{Z}$。

(2) $\sqrt[3]{2}$ 和 $\sqrt[5]{3}$ 相应地也是代数整数，因为其分别满足首一方程 $x^3-2=0$ 和 $x^5-3=0$。

(3) $\left(-1+\sqrt{-3}\right)/2$ 是代数整数，因为其满足首一方程 $x^2+x+1=0$。

(4) 高斯整数 $a+b\sqrt{-1}$，其中 $a,b\in\mathbb{Z}$。

很明显，代数整数一定是代数数，但反过来不一定成立。

命题 3.1 有理数 $r\in\mathbb{Q}$ 是代数整数当且仅当 $r\in\mathbb{Z}$。

证明：若 $r\in\mathbb{Z}$，则 r 是方程 $x–r=0$ 的根，因此 r 是代数整数。假定 $r\in\mathbb{Q}$ 且 r 是代数整数(即 $r=c/d$ 是式(3.2)的根，其中 $c,d\in\mathbb{Z}$，并假定 $\gcd(c,d)=1$)。将 c/d 代入式(3.2)中并在方程两边同时乘以 d^n，可得

$$c^k+b_1c^{k-1}d+b_2c^{k-2}d^2+\cdots+b_kd^k=0$$

因此可得 $d|c^k$，从而 $d|c$(由于 $\gcd(c,d)=1$)。进一步，由于 $\gcd(c,d)=1$，因此可得 $d=\pm1$，从而 $r=c/d\in\mathbb{Z}$。由以上证明可知，代数数不一定是代数整数，如 2/5。

注 3.2 集合 $\mathbb{Z}$ 中的元素是有理数中仅有的代数整数。当需要区别代数整数是否有理时，称 $\mathbb{Z}$ 中的元素为有理整数，如 $\sqrt{2}$ 是代数整数，但不是有理整数。

下面给出一个与代数数和代数整数相关的有趣定理。

定理 3.1 所有的代数数构成一个域，所有的代数整数构成一个环。

证明：见参考文献[15]的第 67～68 页。

引理 3.1 $f(x)$ 是整数集合上的次数为 d 的首一不可约多项式，m 为一整数，且满足 $f(m)\equiv0(\bmod n)$。α 为 $f(x)$ 的一个复根，$\mathbb{Z}[\alpha]$ 为以 α 为变量的整系数多项式的集合。则存在唯一的映射 $\Phi:\mathbb{Z}[\alpha]\mapsto\mathbb{Z}_n$ 满足：

(1) $\Phi(ab)=\Phi(a)\Phi(b),\forall a,b\in\mathbb{Z}[\alpha]$；

(2) $\Phi(a+b)=\Phi(a)+\Phi(b),\forall a,b\in\mathbb{Z}[\alpha]$；

(3) $\Phi(za)=z\Phi(a),\forall a\in\mathbb{Z}[\alpha]$，$z\in\mathbb{Z}$；

(4) $\Phi(1)=1$；

(5) $\Phi(\alpha)=m(\bmod n)$。

现在进一步介绍 NFS。需要注意的是，现在有两类 NFS：一类针对一般整数的 NFS(通用型 NFS，即 GNFS)，另一类是针对特殊类型整数的 NFS(特殊型 NFS，即 SNFS)。然而，GNFS 和 SNFS 背后的思想是一样的：

(1) 在整系数多项式环 $\mathbb{Z}[x]$ 中找一个次数为 d 的首一不可约多项式 $f(x)$ 及整数 m 使得 $f(m)\equiv0(\bmod n)$。

(2) $\alpha\in\mathbb{C}$ 且是多项式 $f(x)$ 的根，即 α 是一个代数整数，令 $\mathbb{Z}[\alpha]$ 表示所有关

于 α 的整系数多项式集合。

(3) 定义映射(环同态) $\Phi:\mathbb{Z}[\alpha]\mapsto\mathbb{Z}_n$，通过映射 $\Phi(\alpha)=m$ 可以保证任意在整系数多项式环 $\mathbb{Z}[x]$ 中的多项式 $f(x)$，有 $\Phi(f(x))=f(m)(\bmod n)$。

(4) 寻找互素整数对 (a,b) 的集合 U 使得

$$\prod_{(a,b)\in U}(a-b\alpha)=\beta^2,\quad \prod_{(a,b)\in U}(a-bm)=y^2$$

其中，$\beta\in\mathbb{Z}[\alpha]$；$y\in\mathbb{Z}$。令 $x=\Phi(\beta)$，则

$$\begin{aligned}x^2&\equiv\Phi(\beta)\Phi(\beta)\equiv\Phi(\beta^2)\equiv\Phi\left(\prod_{(a,b)\in U}(a-b\alpha)\right)\equiv\prod_{(a,b)\in U}\Phi(a-b\alpha)\\&\equiv\prod_{(a,b)\in U}(a-bm)\equiv y^2(\bmod n)\end{aligned}$$

这就是分解整数所要求的同余等式形式，接着通过计算 $\gcd(x\pm y,n)$ 就极可能得到 n 的一个因数。

有很多方法可以实现上述思想，所有这些方法都和连分数法(CFRAC)、二次筛法/多个多项式的二次筛法(QS/MPQS)是一种模式，即在一个因子基上通过筛选找出模 n 的同余等式，接着通过在 $\mathbb{Z}/2\mathbb{Z}$ 上利用高斯消元法得到同余等式 $x^2\equiv y^2(\bmod n)$。下面简要介绍 NFS[16]。

算法 3.1　给定正奇数 n，在分解 n 的过程中 NFS 主要由以下四步构成：

(1) 选择多项式。选择两个系数为小整数的不可约多项式 $f(x)$ 和 $g(x)$，且存在整数 m 使得

$$f(m)\equiv g(m)\equiv 0(\bmod n)$$

这两个多项式在有理数域 $\mathbb{Q}$ 上不能有公因式。

(2) 筛选。令 α、β 分别为多项式 f 和 g 的复根，寻找整数对 (a,b) 使得 $a-b\alpha$、$a-b\beta$ 的整范数

$$N(a-b\alpha)=b^{\deg(f)}f(a/b),\quad N(a-b\beta)=b^{\deg(g)}g(a/b)$$

在选定的因子基上是光滑的，其中 $\gcd(a,b)=1$（$a-b\alpha$ 和 $a-b\beta$ 的主理想分别在数域 $\mathbb{Q}(\alpha)$ 和 $\mathbb{Q}(\beta)$ 上可以分解为素理想的乘积）。

(3) 线性代数运算。运用线性代数方法寻找指标集合 $U=\{a_i,b_i\}$ 使得下面两个乘积

$$\prod_U(a_i-b_i\alpha),\quad \prod_U(a_i-b_i\beta)\tag{3.3}$$

都是素理想乘积上的平方数。

(4) 平方根运算。在满足式(3.3)的集合中找代数整数 $\alpha' \in \mathbb{Q}(\alpha)$ 和 $\beta' \in \mathbb{Q}(\beta)$ 使得

$$(\alpha')^2 = \prod_U (a_i - b_i\alpha), \quad (\beta')^2 = \prod_U (a_i - b_i\beta) \tag{3.4}$$

通过 $\Phi_\alpha(\alpha) = \Phi_\beta(\beta) = m$ 来定义 $\Phi_\alpha : \mathbb{Q}(\alpha) \to \mathbb{Z}_n$ 和 $\Phi_\beta : \mathbb{Q}(\beta) \to \mathbb{Z}_n$，其中 m 是多项式 f 和 g 的公共根，则

$$\begin{aligned} x^2 &\equiv \Phi_\alpha(\alpha')\Phi_\alpha(\alpha') \\ &\equiv \Phi_\alpha\left((\alpha')^2\right) \\ &\equiv \Phi_\alpha\left(\prod_U (a_i - b_i\alpha)\right) \\ &\equiv \prod_U \Phi_\alpha(a_i - b_i\alpha) \\ &\equiv \prod_U (a_i - b_i m) \\ &\equiv \Phi_\beta\left((\beta')^2\right) \\ &\equiv y^2 \pmod n \end{aligned}$$

这就是分解 n 所需要满足的同余等式，通过计算 $\gcd(x \pm y, n)$ 极可能得到 n 的一个因数。

例 3.3　首先给出 NFS 分解大数的一个简单例子。令 $n = 14885 = 5 \times 13 \times 229 = 122^2 + 1$。因此固定多项式为 $f(x) = x^2 + 1$，m=122，使得

$$f(x) \equiv f(m) \equiv 0 \pmod n$$

若选择 $|a|, |b| \leqslant 50$，则可以很容易在区间内找到(通过筛)很多光滑对 (a_i, b_i) (多达 29 对)，因此由表 3.1 可得

表 3.1　NFS 分解 n=14885 的整数对

(a,b)	$\mathrm{Norm}(a+bi)$	$a+bm$
⋮	⋮	⋮
$(-49,49)$	$4802 = 2 \times 7^4$	$5929 = 7^2 \times 11^2$
⋮	⋮	⋮
$(-41,1)$	$1682 = 2 \times 29^2$	$81 = 3^4$
⋮	⋮	⋮

$$(-49+49\mathrm{i})(-41+\mathrm{i})=(49-21\mathrm{i})^2$$

$$\begin{aligned} f(49-21\mathrm{i}) &= 49-21m \\ &= 49-21\times 122 \\ &= -2513 \to x \end{aligned}$$

$$\begin{aligned} 5929\times 81 &= \left(3^2\times 7\times 11\right)^2 \\ &= 693^2 \end{aligned}$$

$$\to y=693$$

因此

$$\begin{aligned} \gcd(x\pm y,n) &= \gcd(-2513\pm 693,14885) \\ &= (65,229) \end{aligned}$$

可以采用同样的方法来分解 $n=84101=290^2+1$，可令多项式 $f(x)=x^2+1$ 和 m=290，有

$$f(x)\equiv f(m)\equiv 0(\bmod n)$$

其筛选过程如下所示：很明显，$-38+\mathrm{i}$ 和 $-22+19\mathrm{i}$ 的乘积是一个平方数(表 3.2)，这是由于

$$(-38+\mathrm{i})(-22+19\mathrm{i})=(31-12\mathrm{i})^2$$

$$\begin{aligned} f(31-12\mathrm{i}) &= 31-12m \\ &= -3449 \to x \end{aligned}$$

$$\begin{aligned} 252\times 5488 &= \left(2^3\times 3\times 7^2\right)^2 \\ &= 1176^2 \end{aligned}$$

$$\to y=1176$$

$$\begin{aligned} \gcd(x\pm y,n) &= \gcd(-3449\pm 1176,84101) \\ &= (2273,37) \end{aligned}$$

实际上，$84101=2273\times 37$。值得注意的是，$-118+11\mathrm{i}$ 和 $218+59\mathrm{i}$ 的乘积也是平方数，即

$$(-118+11\text{i})(218+59\text{i})=(14-163\text{i})^2$$

$$\begin{aligned} f(14-163\text{i}) &= 14-163m \\ &= -47256 \to x \end{aligned}$$

$$\begin{aligned} 3071\times 173288 &= \left(2^7\times 3\times 19\right)^2 \\ &= 7296^2 \end{aligned}$$

$$\to y=7296$$

$$\begin{aligned} \gcd(x\pm y,n) &= \gcd(-47256\pm 7296,84101) \\ &= (37,2273) \end{aligned}$$

表 3.2　NFS 分解 n=84101 的整数对

(a,b)	$\text{Norm}(a+b\text{i})$	$a+bm$
⋮	⋮	⋮
$(-50,1)$	$2501=41\times 61$	$240=2^4\times 3\times 5$
⋮	⋮	⋮
$(-50,3)$	$2509=13\times 193$	$820=2^2\times 5\times 41$
⋮	⋮	⋮
$(-49,43)$	$4250=2\times 5^3\times 17$	$12421=12421$
⋮	⋮	⋮
$(-38,1)$	$1445=5\times 17^2$	$252=2^2\times 3^2\times 7$
⋮	⋮	⋮
$(-22,19)$	$845=5\times 13^2$	$5488=2^4\times 7^3$
⋮	⋮	⋮
$(-118,11)$	$14045=5\times 53^2$	$3072=2^{10}\times 3$
⋮	⋮	⋮
$(218,59)$	$51005=5\times 101^2$	$17328=2^4\times 3\times 19^2$
⋮	⋮	⋮

例 3.4　接下来给出一个稍微复杂的例子。用 NFS 分解 $n=1098413$ 。首先需要注意的是 $n=1098413=12\times 45^3+17^3$ ，这是一种特殊形式的整数，其可以由 SNFS 来分解。

(1) 多项式选择。选择两个不可约多项式 $f(x)$ 和 $g(x)$ ，代数整数 m 如下所示：

$$m = \frac{17}{45}$$

$$f(x) = x^3 + 12 \Rightarrow f(m) = \left(\frac{17}{45}\right)^3 + 12 \equiv 0 \pmod n$$

$$g(x) = 45x - 17 \Rightarrow g(m) = 45\left(\frac{17}{45}\right) - 17 \equiv 0 \pmod n$$

(2) 筛选。假定通过筛过程，得到如下的 $U = \{a_i, b_i\}$ ：

$$U = \{(6,-1),(3,2),(-7,3),(1,3),(-2,5),(-3,8),(9,10)\}$$

则可以通过如下方式构造出能够产生平方项的多项式(作为练习，读者可以选择其他可以产生平方项的多项式)：

$$\prod_U (a_i + b_i x) = (6-x)(3+2x)(-7+3x)(1+3x)(-2+5x)(-3+8x)(9+10x)$$

令 $\alpha = \sqrt[3]{-12}$ ， $\beta = 17/45$ ，则

$$\begin{aligned}\prod_U (a - b\alpha) &= 7400772 + 113823\alpha - 105495\alpha^2 \\ &= (2694 + 213\alpha - 28\alpha^2)^2 \\ &= \left(\frac{5610203}{2025}\right)^2 \\ &= 270729^2\end{aligned}$$

$$\begin{aligned}\prod_U (a - b\beta) &= \frac{2^8 \times 11^2 \times 13^2 \times 23^2}{3^{12} \times 5^4} \\ &= 52624 \times 18225^{-1} (\mathrm{mod} 1098413) \\ &= 875539^2\end{aligned}$$

因此，得到所需要的平方同余式：

$$270729^2 \equiv 875539^2 (\mathrm{mod} 1098413)$$

故

$$\gcd(270729 \pm 875539, 1098413) = (563, 1951)$$

即

$$1098413 = 563 \times 1951$$

例 3.5　下面给出用 NFS 分解大整数的例子。

(1) SNFS 分解例子：用 SNFS 分解的其中一个大整数是

$$n = \left(12^{167} + 1\right) / 13 = p_{75} \cdot p_{105}$$

该整数由来自阿姆斯特丹荷兰国家数学和计算机科学研究院(CWI)的 P.Montgomery、S. Cavallar 和 H. Te Riele 等于 1997 年 9 月 3 日宣布分解。他们用到的多项式是 $f(x) = x^5 - 144$ 和 $g(x) = 12^{33} x + 1$，这两个多项式的公共根是 $m \equiv 12^{134} \pmod{n}$。针对 f 和 g 的因子基界分别为 480 万和 1200 万，用到的素数界都是 1.5 亿，边界上都是两个允许的最大素数。筛的范围是 $|a| \leqslant 8400000$，$0 < b \leqslant 2500000$。整个筛的过程耗时 10.3 自然日(560 机器日)，用了 CWI 的 85 个硅图公司生产的机器，筛出了 13027719 个关系对。处理这些数据耗时 1.6 自然日，这个过程包括用 Cray C90(安装在位于阿姆斯特丹的荷兰国家超级计算和电子科技研究所)处理含有 57942503 个非零元素的 1969262×1986500 的矩阵所需的 16 个 CPU 小时。用 SNFS 分解的其他大数还有第 9 个费马数：

$$F_9 = 2^{2^9} + 1 = 2^{512} + 1 = 2424833 \cdot p_{49} \cdot p_{99}$$

该数有 155 位，其在 1990 年 4 月被完全分解。目前最想分解的特殊形式整数是第 12 个费马数

$$F_{12} = 2^{2^{12}} + 1$$

目前仅知道其部分分解为

$$F_{12} = 114689 \times 26017793 \times 63766529 \times 190274191361 \times 1256132134125569 \cdot c_{1187}$$

人们希望能够找到剩下的 1187 位合数的素因数分解。

(2) GNFS 分解的例子。

RSA-130(130 十进制位，430 二进制位)

$$\begin{aligned}
&= 180708208868740480595165616440590556627810251676940134917012702\\
&\quad 145005666254024404838734112759081230337178188796656318201321488\\
&\quad 0557\\
&= 39685999459597454290161126162883786067576449112810064832\\
&\quad \times 45534498646735972188403686897274408864356301263205069600999044\\
&\quad 599
\end{aligned}$$

RSA-140（140 十进制位，463 二进制位）

= 21290246318258757547497882016271517497806703963277216278233383215381949984056495911366573853021918316783107387995317230889569230873441936471

=3398717423028438554530123627613875835633986495969597423490929302771479

× 6264200187401285096151654948264442219302037178623509019111660653946049

RSA-155（155 十进制位，512 二进制位）

=109417386415705274218097073220403576120037329454492059909138421314763499842889347847179972578912673324976257528997818337970765372440271467435315933543338 97

=102639592829741105772054196573991675900716567808038066803341933521790711307779

× 2129024631825875754749788201627151749780670396327721627106603488380168454820927220360012878679207958575989291522270608237193062808643

RSA-576（174 十进制位，576 二进制位）

=188198812920607963838697239461650439807163563379417382700763356422988859715234665485319060606504743045317388011303396716199692321205734031879550656996221305168759307650257059

=398075086424064937397125500550386491199064362342526708406385189575946388957261768583317

× 472772146107435302536223071973048224632914695302097116459852171130520711256363590397527

RSA-640（193 十进制位，640 二进制位）

=310741824049004372135075003588856793003734602284272754572016194882320644051808150455634682967172328678243791627283803341547107310

=1634733645809253848443133883865090859841783670033092312181110852389333100104508151212118167511579

× 1900871281664822113126851573935413975471896789968515493666638539088027103802104498957191261465571

RSA-663（200 十进制位，663 二进制位）

=2799783391122132787082946763872260162107044678695542853756000992
932612840010760934567105295536085606182235191095136578863710595448200657677509858055761357909873495014417886317894629518723786922182398321823983

=3532461934402770121272604978198464368671197400197625023649303468
776121253679423200058547956528088349

×7925869954478333033347085841480059687737975857364219960734330341
455767872818152135381409304740185467

RSA-704（212 十进制位，704 二进制位）

=7403756347956171282804679609742957314259318888923128908493623263
8972765034028266276891996419625117843995894330502127585370118968
0982867331732731089309005525051168770632990723963807867100860969
62537934650563796359

=9091213529597818878440658302600437485892608310328358720428512168
960411528640933367824950788367956756806141

×8143859259110045265727809126284429335877899002167627883200914172
42932436013300411670200324082877797025249

RSA-768（232 十进制位，768 二进制位）

=1230186684530117755130494958384962720772853569595334792197322452
1517264005072636575187452021997864693899564749427740638459251925
5732630345373154826850791702612214291346167042921431160222124047
927473779408066535141959745985690214341 3

=3347807169895689878604416984821269081770479498371376856891243138
898288379387800228761471165253174308773781446799948 9

×3674604366679959042824463379962795263227915816434308764267603228
381573966651127923337341714339681027009279873630891 7

注 3.3　在 NFS 之前，所有现代整数分解算法中最优的算法预期运行时间为

$$O\Big(\exp\Big(\big(c+o(1)\big)\sqrt{\log n\log\log n}\Big)\Big)$$

例如，Dixon 的随机平方算法的预期运行时间为

$$O\left(\exp\left(\left(\sqrt{2}+o(1)\right)\sqrt{\log n\log\log n}\right)\right)$$

而多个多项式的二次筛法(MPQS)用时为

$$O\left(\exp\left(\left(1+o(1)\right)\sqrt{\log\log n/\log n}\right)\right)$$

因为 Canfield-Erdos-Pomerance 定理，人们一度认为分解整数的算法复杂度除了能够修正 $c+o(1)$ 之外，其他不能再提高了，但是 NFS 的提出改变了这一观点。

猜想 3.1(NFS 的复杂度)　在一些合理的假设条件下，用 NFS 分解 n 所需的时间为

$$O\left(\exp\left(\left(c+o(1)\right)\sqrt[3]{\log n}\sqrt[3]{\left(\log\log n\right)^2}\right)\right)$$

其中，当用 GNFS 分解任意整数 n 时，$c=\left(64/9\right)^{1/3}\approx 1.922999427$；当用 SNFS 分解特殊形式 n 时，$c=\left(32/9\right)^{1/3}\approx 1.526285657$。

3.1.3　ρ 分解方法

尽管到目前为止 NFS 是最快的分解整数算法，但是其他分解算法仍然很实用。接下来介绍另外一种整数分解算法——ρ 分解方法[13]。令人惊奇的是，该方法适用于本书中讨论的所有三种困难问题：IFP、DLP 和 ECDLP。

ρ 分解方法用到了以下形式的循环：

$$\left.\begin{aligned} &x_0=\text{random}\left(0,n-1\right) \\ &x_i\equiv f\left(x_{i-1}\right)\left(\operatorname{mod} n\right),\quad i=1,2,\cdots \end{aligned}\right\}$$

其中，x_0 是一个随机的初始值；n 是待分解的整数；$f\in\mathbb{Z}\left[x\right]$ 为整系数多项式。通常选取 $f\left(x\right)=x^2\pm a$，其中 $a\neq -2,0$。若 p 是素数，则序列 $\left\{x_i(\operatorname{mod} p)\right\}_{i>0}$ 一定会重复。令 $f\left(x\right)=x^2+1$，x_0=0，p=563，则可以得到如下数列 $\left\{x_i(\operatorname{mod} p)\right\}_{i>0}$：

$$\begin{aligned} &f(x_0)=x_0=0 \\ &f(x_1)=x_1=(x_0^2+1)(\operatorname{mod} 563)=1 \\ &f(x_2)=x_2=(x_1^2+1)(\operatorname{mod} 563)=2 \\ &f(x_3)=x_3=(x_2^2+1)(\operatorname{mod} 563)=5 \end{aligned}$$

$$f(x_4)=x_4=(x_3^2+1)(\bmod 563)=26$$
$$f(x_5)=x_5=(x_4^2+1)(\bmod 563)=114$$
$$f(x_6)=x_6=(x_5^2+1)(\bmod 563)=48$$
$$f(x_7)=x_7=(x_6^2+1)(\bmod 563)=53$$
$$f(x_8)=x_8=(x_7^2+1)(\bmod 563)=558$$
$$f(x_9)=x_9=(x_8^2+1)(\bmod 563)=26$$

即

$$0,1,2,5,\overline{26,114,48,53,558}$$

这一数列写成图的形式很像希腊字母 ρ（图3.1）。作为练习，读者可以用 $f(x)=x^2+1$，x_0=0 找到模 1951 的 ρ 循环。当然，对于一般的待分解整数 n，在分解之前并不知道其素因数，但是可以通过简单的模 n 来得到循环(可以通过中国剩余定理验证)。例如，分解 $n=1098413=563\times1951$，可以做如下计算(所有都模 1098413)：

$x_0=0$	$y_i=x_{2i}$	$\gcd(x_i-y_i,n)$
$x_1=(x_0^2+1)\bmod 1098413=1$		
$x_2=(x_1^2+1)\bmod 1098413=2$	$y_1=x_2=2$	$\gcd(1-2,n)=1$
$x_3=(x_2^2+1)\bmod 1098413=5$		
$x_4=(x_3^2+1)\bmod 1098413=26$	$y_2=x_4=26$	$\gcd(2-26,n)=1$
$x_5=(x_4^2+1)\bmod 1098413=677$		
$x_6=(x_5^2+1)\bmod 1098413=458330$	$y_3=x_6=458330$	$\gcd(5-458330,n)=1$
$x_7=(x_6^2+1)\bmod 1098413=394716$		
$x_8=(x_7^2+1)\bmod 1098413=722324$	$y_4=x_8=722324$	$\gcd(26-722324,n)=1$
$x_9=(x_8^2+1)\bmod 1098413=293912$		
$x_{10}=(x_9^2+1)\bmod 1098413=671773$	$y_5=x_{10}=671773$	$\gcd(677-671773,n)=\underline{563}$

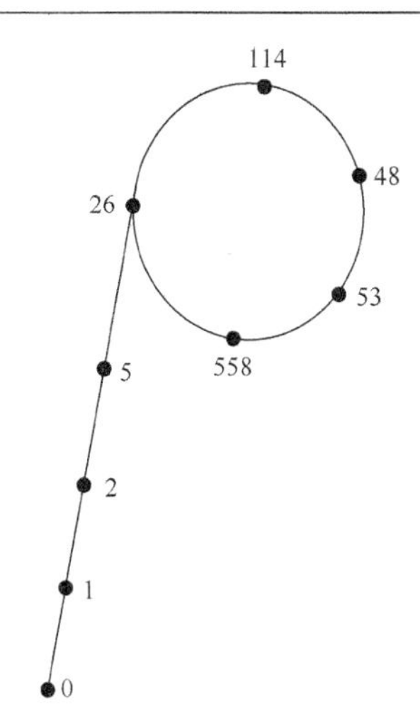

图 3.1　用 $f(x)=x^2+1$，x_0=0 模 563 的 ρ 循环

下面进一步介绍 Brent[12]在 Pollard 原始 ρ 算法的基础上所做的改进算法。

算法 3.2(Brent-Pollard 的 ρ 分解方法)　令 n 为一个大于 1 的合数，该算法试图找到 n 的非平凡因子 d，其中 d 比 $\sqrt{n}$ 小。假定所用的多项式为 $f(x)=x^2+1$。

(1) 初始化。选择一个初始值(如 x_0=2) 和一个生成函数(如 $f(x)=x^2+1 \pmod n$)。同时选一个比 $\sqrt{d}$ 不太大的数 t，如 $t<100\sqrt{d}$。

(2) 迭代和计算。用以下方式计算 x_i 和 y_i:

$$
\begin{aligned}
&x_1=f(x_0)\\
&x_2=f(f(x_0))=f(x_1)\\
&x_3=f(f(f(x_0)))=f(f(x_1))=f(x_2)\\
&\quad\vdots\\
&x_i=f(x_{i-1})\\
&y_1=x_2=f(x_1)=f(f(x_0))=f(f(y_0))\\
&y_2=x_4=f(x_3)=f(f(x_2))=f(f(y_1))\\
&y_3=x_6=f(x_5)=f(f(x_4))=f(f(y_2))\\
&\quad\vdots\\
&y_i=x_{2i}=f(f(y_{i-1}))
\end{aligned}
$$

同时通过计算 $d=\gcd(x_i-y_i,n)$ 来比较 x_i 和 y_i。

(3) 寻找因子。若 $1<d<n$，则 d 是 n 的一个非平凡因子，输出 d，转入步骤(5)。

(4) 重新寻找。若对于某个 i 有 $x_i \equiv y_i \pmod{n}$ 或 $i \geqslant \sqrt{t}$，则转入步骤(1)，重新选择初始值和生成函数，重复上述步骤。

(5) 退出。算法结束。

ρ 算法的猜想复杂度如下面的猜想所述。

猜想 3.2（ρ 算法的复杂度） 令 p 为 n 的素因数且 $p=O\left(\sqrt{n}\right)$，则 ρ 算法找到 n 的素因数 p 的预期运行时间为

$$O\left(\sqrt{p}\right)=O\left(\sqrt{p}(\log n)^2\right)=O\left(n^{1/4}(\log n)^2\right)$$

注 3.4 ρ 算法相比试除法有了提高，因为在试除法中，找到 n 的小素因数 p 需要做 $O(p)=O\left(n^{1/2}\right)$ 次除法。然而，ρ 算法的一个不足是其运行时间仅仅是一个猜想的值，并不是一个严格的界。

3.1 节 习 题

1. 解释为何通用型整数分解算法比特殊型整数分解算法慢，或者说为何特殊类型整数比一般整数更容易被分解。

2. 证明：

(1) 两个 $\log n$ 比特长的整数加法可以用 $O(\log n)$ 次比特操作完成；

(2) 两个 $\log n$ 比特长的整数乘法可以用 $O\left((\log n)^{1+\varepsilon}\right)$ 次比特操作完成。

3. 证明：

(1) 假定广义黎曼猜想(ERH)成立，则存在可以在 $O\left(n^{1/5+\varepsilon}\right)$ 步数内分解整数 n 的确定性算法；

(2) FFT(快速傅里叶变换)可以在 $O\left(n^{1/4+\varepsilon}\right)$ 步内分解整数 n；

(3) 说出两种可以在 $O\left(n^{1/3+\varepsilon}\right)$ 步内分解整数 n 的确定性算法。

4. 证明：如果 P=NP，则 $\mathrm{IFP} \in \mathrm{P}$。

5. 证明或证伪：$\mathrm{IFP} \in \mathrm{NPC}$。

6. 将 NFS(数域筛法)扩展到 FFS(函数域筛法)，给出分解整数 FFS 算法的完整描述。

7. 令 $x_i = f\left(x_{i-1}\right)$，$i=1,2,\cdots$。令 $t,u>0$ 为使得数列 $x_{t+i}=x_{t+u+i}$ 成立的最小的数，$i=0,1,2,\cdots$，其中 t 和 u 分别称为 ρ 的尾巴和环的长度。给出确定 t 和 u 的有效算法，并分析所构造算法的运行时间。

8. 找出下列 RSA 函数整数的素因数分解，每一个数有两个素因子。

(1) RSA-896 (270 十进制位，896 二进制位)

412023436986659543855531365332575948179811699844327982845455626433
876445565248426198098870423161841879261420247188869492560931776375
033421130982397485150944909106910269861031862704114880866970564
902903653658867433731720813104105190864254793282601391257624033946
373269391

(2) RSA-1024 (309 十进制位，1024 二进制位)

135066410865995223349603216278805969938881475605667027524485143851
526510604859533833940287150571909441798207282164471551373680419703
964191743046496589274256239341020864383202110372958725762358509
643110564073501508187510676594629205563685529475213500852879416377
328533906109750544334999811150056977236890927563

(3) RSA-1536 (463 十进制位，1536 二进制位)

184769970321174147430683562020016440301854933866341017147178577491
065169671116124985933768430543574458561606154457179405222971773252
466096064694607124962372044202226975675668737842756238950876467844
093328515749657884341508847552829818672645133986336493190808467199
043187438128336350279547028265329780293491615581188104984490831954
500984839377522725705257859194499387007369575568843693381277961308
923039256969525326162082367649031603655137144791393234716956698806
9

(4) RSA-2048 (617 十进制位，2048 二进制位)

25195908475657893494027183240048398571429282126204032027777137836
043662020707595556264018525880784406918290641249515082189298559149
176184502808489120072844992687392807287776735971418347270261896375
014971824691165077613379859095700097330459748808428401797429100
642458691817195118746121515172654632282216869987549182422433637259
085141865462043576798423387184774447920739934236584823824281198163
815010674810451660377306056201619676256133844143603833904414952634
432190114657544454178424020924616515723350778707749817125772467962
926386356373289912154831438167899885040445364023527381951378636564
391212010397122822120720357

9. 尝试完成下列未完全分解费马数的素因数分解：

$$F_{12}=2^{2^{12}}+1=114689\times 26017793\times 63766529\times 190274191361$$
$$\times 1256132134125569\cdot c_{1187}$$
$$F_{13}=2^{2^{13}}+1=2710954639361\times 2663848877152141313\times 3603109844542291969$$
$$\times 319546020820551643220672513\cdot c_{2391}$$
$$F_{14}=2^{2^{14}}+1=c_{4933}$$
$$F_{15}=2^{2^{15}}+1=1214251009\times 2327042503868417$$
$$\times 168768817029516972383024127016961\cdot c_{9808}$$
$$F_{16}=2^{2^{16}}+1=825753601\times 188981757975021318420037633\cdot c_{19694}$$
$$F_{17}=2^{2^{17}}+1=31065037602817\cdot c_{39444}$$
$$F_{18}=2^{2^{18}}+1=13631489\times 81274690703860512587777\cdot c_{78884}$$
$$F_{19}=2^{2^{19}}+1=70525124609\times 646730219521\cdot c_{157804}$$
$$F_{20}=2^{2^{20}}+1=c_{315653}$$
$$F_{21}=2^{2^{21}}+1=4485296422913\cdot c_{631294}$$
$$F_{22}=2^{2^{22}}+1=c_{1262612}$$
$$F_{23}=2^{2^{23}}+1=167772161\cdot c_{2525215}$$
$$F_{24}=2^{2^{24}}+1=c_{5050446}$$

从本质上讲，该问题要分解的是费马数中由 c_x 表示的合数，例如，在 F_{12} 中，c_{1187} 是 1187 位的待分解合数。

10. 基于 ECM 的分解算法和基于 NFS 的分解算法都很适合并行运行。是否可以用量子并行性执行 ECM 和 NFS 算法？如果可以，给出量子 ECM 算法、量子 NFS 算法的完整描述。

11. Pollard[4]和 Strassen[5]证明可以用 FFT 确定性地在 $O\left(n^{1/4+\varepsilon}\right)$ 步内分解整数 n，在 Pollard-Strassen 算法中，是否可以用量子 FFT 替换经典 FFT，从而得到一个可以在多项式时间内确定性地分解大整数的量子算法(即得到一个 QP 分解算法，而 Shor 算法是一个 BQP 算法)？如果可以，给出 QP 分解算法的完整描述。

12. Pollard 的针对 IFP 的 ρ 算法中，其核心在于周期性。如果可能，请提出一个针对 ρ 分解方法的量子寻找周期算法。

3.2　基于整数分解问题的密码体制

截至目前，所有已知的整数分解算法，如 NFS 算法和 ρ 算法，都是非有效的算法，即所需的运行时间超过了多项式时间。整数分解算法的这一现实情况保证了可以将其用来构造不可破解的密码体制。实际上，目前广泛使用的、著名的 RSA 密码体制就是第一个基于整数分解问题的密码体制，该体制的三个发明人 Rivest、Shamir、Adleman 因此获得了 2002 年的图灵奖。值得一提的是，RSA 也是世界上第一个公钥密码体制。RSA 及其他基于整数分解问题的密码体制的安全性严重依赖于整数分解问题的困难性。若有人能够在多项式时间内分解整数，则其就可以在多项式时间内破解 RSA 密码体制。本节介绍这种不可破解的 RSA 密码体制的基本思想。

定义 3.3　RSA 公钥密码体制可以定义为(图 3.2)

$$\text{RSA}=(\mathcal{M},\ \mathcal{C},\ \mathcal{K},\ M,\ C,\ e,\ d,\ n,\ E,\ D)$$

其中：

(1) $\mathcal{M}$ 是明文集合，称为明文空间。

(2) $\mathcal{C}$ 是密文集合，称为密文空间。

(3) $\mathcal{K}$ 是密钥集合，称为密钥空间。

(4) $M\in\mathcal{M}$ 是明文空间中的一段明文。

(5) $C\in\mathcal{C}$ 是密文空间中的一段密文。

(6) $n=pq$ 是模数，p 和 q 是两个大于 100 位的素数。

(7) $\{(e,n),(d,n)\}\in\mathcal{K}$ 且 $e\neq d$，分别为加密密钥和解密密钥，相应地满足：

$$ed\equiv 1\left(\operatorname{mod}\phi(n)\right)$$

其中，$\phi(n)=(p-1)(q-1)$ 为欧拉函数，其含义是 $\phi(n)=\#\left(\mathbb{Z}_n^*\right)$，即乘法群 $\mathbb{Z}_n^*$ 中的元素个数。

(8) E 是加密函数，即

$$E_{e,n}:M\mapsto C$$

也就是说，利用公钥 (e,n)，通过公式

$$C\equiv M^e\left(\operatorname{mod} n\right)$$

将明文空间中的一段明文 $M\in\mathcal{M}$ 映射为密文空间中的一段密文 $C\in\mathcal{C}$。

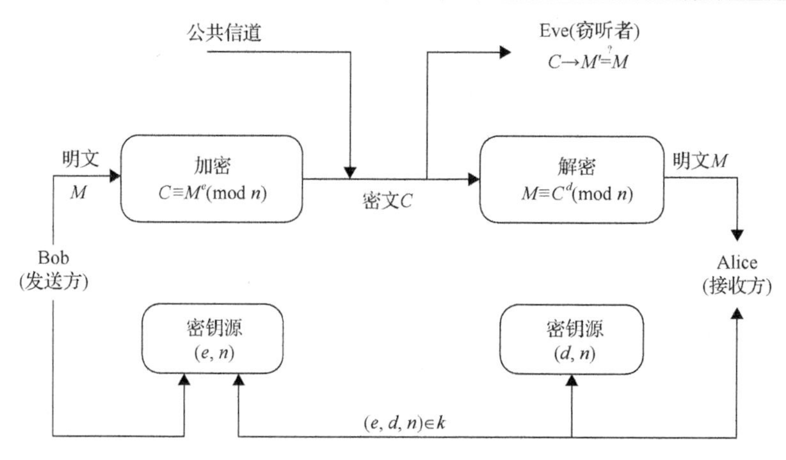

图 3.2 RSA 公钥密码体制

(9) D 是解密函数，即

$$D_{d,n} : C \mapsto M$$

也就是说，利用私钥(d,n)，通过公式

$$M \equiv C^d \equiv M^{ed} (\bmod n)$$

将密文空间中的一段密文 $C \in \mathcal{C}$ 映射为明文空间中的一段明文 $M \in \mathcal{M}$ 。

RSA 的思想可以由图 3.3 描述。

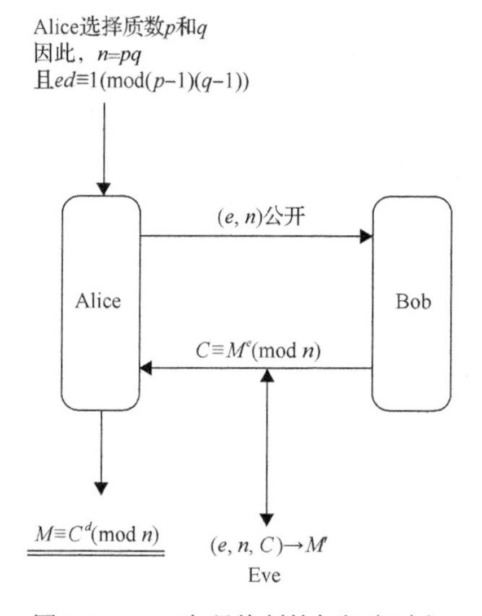

图 3.3 RSA 密码体制的加解密过程

定理 3.2 (RSA 密码体制的正确性) 令 M、C、n、e、d 分别为明文、密文、

模数、加密指数和解密指数，则

$$\left(M^e\right)^d \equiv M\,(\bmod n)$$

证明：$C^d \equiv \left(M^e\right)^d (\bmod n)$ （由于 $C \equiv M^e (\bmod n)$）

$\equiv M^{1+k\phi(n)} (\bmod n)$ （由于 $ed \equiv 1(\bmod \phi(n))$）

$\equiv M \cdot M^{k\phi(n)} (\bmod n)$

$\equiv M \cdot \left(M^{\phi(n)}\right)^k (\bmod n)$

$\equiv M \cdot (1)^k (\bmod n)$ （由欧拉定理 $a^{\phi(n)} \equiv 1(\bmod n)$）

$\equiv M$

证明完毕。

RSA 密码体制的加密过程 $C \equiv M^e (\bmod n)$ 和解密过程 $M \equiv C^d (\bmod n)$ 都可以通过快速模幂运算在多项式时间内完成。例如，RSA 密码体制的加密过程可以通过如下过程完成。

算法 3.3　给定 (e, M, n) 或给定 (d, C, n)，该算法可以分别在 $\log e$ 和 $\log d$ 的多项式时间内计算 $C \equiv M^e (\bmod n)$ 和 $M \equiv C^d (\bmod n)$。

加密过程：

给定 (e, M, n)，计算 $C \equiv M^e (\bmod n)$

```
令 C ← 1
while e ⩾ 1 do
if  e mod2 = 1
then  C ← C·M(modn)
      M ← M^2(modn)
      e ← ⌊e/2⌋
      Print  C
```

解密过程：

给定 (d, C, n)，计算 $M \equiv C^d (\bmod n)$

```
令 M ← 1
while d ⩾ 1 do
if  dmod2 = 1
then  M ← M·C(modn)
```

```
    C ← C²(mod n)
    d ← ⌊d/2⌋
print M
```

注 3.5　在 RSA 密码体制的解密过程中，由于合法用户知道 d、p 和 q，其并非是直接计算 $M \equiv C^d \pmod{n}$，而是可以通过计算以下两个同余式：

$$M_p \equiv C^d \equiv C^{d(\bmod p-1)} \pmod{p}$$

$$M_q \equiv C^d \equiv C^{d(\bmod q-1)} \pmod{q}$$

实现加速，然后利用中国剩余定理得到

$$M \equiv \left(M_p \cdot q \cdot q^{-1} (\bmod p) + M_q \cdot p \cdot p^{-1} (\bmod q)\right) (\bmod n)$$

中国剩余定理是一把双刃剑：一方面，其为加速 RSA 密码体制的解密计算过程提供了一个很好的方法，该过程可以通过一个低成本的密码芯片实现[17]；另一方面，该定理也可能带来一些严重的安全问题，如可能使得 RSA 密码体制较容易被边带攻击，尤其是随机错误攻击。

例 3.6　令字母-数字编码方式如下：

$$\text{space}=00, A=01, B=02, \cdots, Z=26$$

接下来本书中所有的字母-数字编码都以这种为准，且令

$e = 9007$

$M = 2008050013010709030023151804190001180500191721050113091908001\\519190906180107\,05$

$n = 114381625757888867669235779976146612010218296721242362562561842935706935245733897830597123563958705058989075147599290026879543541$

则加密过程可以通过算法 3.3 计算：

$C \equiv M^e$

$\equiv 9686961375462206147714092225435588290575999112457431987469512093081629822514570835693147662288398962801339199055182994515781 5154 \pmod{n}$

关于解密过程，对于合法用户，其是知道 n 的两个素因子 p 和 q 的：

$p = 3490529510847650949147849619903898133417764638493387843990820577$

$q = 32769132993266709549961988190834461413177642967992942539798288533$

因此，可计算出

$$
\begin{aligned}
d &\equiv 1/e \\
&\equiv 1066986143685780244428687713289201547807099066339378628012262244966310631259117744708733401685974623065539685445132771090536060 95 \pmod{(p-1)(q-1)}
\end{aligned}
$$

因此，初始的明文 M 既可以通过算法 3.3 计算得到，也可以通过算法 3.3 和中国剩余定理结合得到：

$$
\begin{aligned}
M &\equiv C^d \\
&\equiv 200805001301070903002315180419000118050019172105011309190800151919090618010705 \pmod{n}
\end{aligned}
$$

即“THE MAGIC WORDS ARE SQUEAMISH OSSIFRAGE”。

注 3.6　在 RSA 之前，Pohlig 和 Hellman 于 1978 年[18]提出了一种私钥密码协议，该协议基于模素数 p，而不是模 $n=pq$。Pohlig-Hellman 体制原理如下：令 M 和 C 分别为明文和密文，通常选一个位数超过 200 的素数 p 和一个私钥 e，其中 $e \in \mathbb{Z}^+$ 且 $e \leqslant p-2$。计算 $d \equiv 1/e \pmod{(p-1)}$。当然，$p$ 和 d 都需保密。

(1) 加密：

$$C \equiv M^e \pmod{p}$$

这一过程对合法用户是容易的：

$$\{M, e, p\} \xrightarrow[\text{easy}]{\text{find}} \{C \equiv M^e \pmod{p}\}$$

(2) 解密：

$$M \equiv C^d \pmod{p}$$

对于合法用户，这一过程是容易的。其知道 (e, p)，因此 d 可以通过计算 e 的逆轻松得到。

(3) 密码分析：该体制的安全性依赖于离散对数问题的困难性。例如，对于密码分析者，其不知道 e 或者 d，因此需要计算：

$$e \equiv \log_M C \pmod{p}$$

注 3.7　RSA 密码体制的一个特别重要的优点是其也可以用来做数字签名。令 M 为要签名的文件，$n=pq$，p、q 为素数，(e,d) 为 RSA 密码体制中的公钥和私钥。则 RSA 密码体制的签名过程和签名验证过程就是前面所说的解密和加密过程，即将 d 用来签名，e 用来做签名验证(图 3.4)。

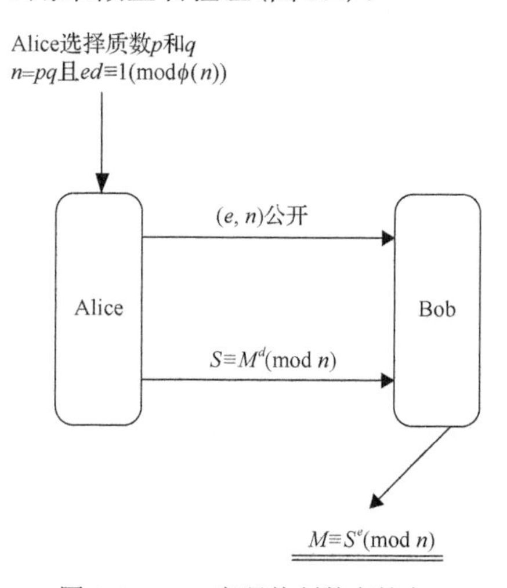

图 3.4　RSA 密码体制数字签名

(1)签名：

$$S \equiv M^d \pmod{n}$$

签名过程只能由合法用户进行，因为只有合法用户才有私钥 d。

(2)签名验证：

$$M \equiv S^e \pmod{n}$$

由于 (e,n) 是公开的，这一过程可以由任何人来做。当然，可以利用 RSA 密码体制加密和 RSA 密码体制签名一起在非安全网络中传送签名过的加密文档。

由上面的介绍可以看出，RSA 密码体制加密和解密的核心是

$$\left.\begin{aligned} C &\equiv M^e \pmod{n} \\ M &\equiv C^d \pmod{n} \end{aligned}\right\}$$

其中

$$\left.\begin{aligned} &ed \equiv 1\left(\bmod \phi(n)\right) \\ &n = pq,\ p,q\text{为素数} \end{aligned}\right\}$$

因此 RSA 函数可以定义为

$$f_{\mathrm{RSA}}: M \mapsto M^e \left(\bmod n\right)$$

定义 RSA 函数的逆为

$$f_{\mathrm{RSA}}^{-1}: M^e \mapsto M \left(\bmod n\right)$$

很明显，RSA 函数是一个单向陷门函数，其中

$$\left\{d, p, q, \phi(n)\right\} \tag{3.5}$$

是 RSA 函数的陷门信息。出于安全考虑，这组信息必须秘密保管，不能通过任何途径泄露部分或全部信息。假设 Bob 向 Alice 传送密文信息 C，Eve 截获了这一信息并试图破解它。由于 Eve 只知道(e,n,C)而不知道式(3.5)中的任何陷门信息，则 Eve 想通过 C 获得 M 是不可能的：

$$\left\{e, n, C \equiv M^e \left(\bmod n\right)\right\} \xrightarrow{\text{hard}} \left\{M \equiv C^d \left(\bmod n\right)\right\}$$

另一方面，对于 Alice，由于其知道 d，且

$$\{d\} \overset{\mathrm{P}}{\Leftrightarrow} \{p\} \overset{\mathrm{P}}{\Leftrightarrow} \{q\} \overset{\mathrm{P}}{\Leftrightarrow} \left\{\phi(n)\right\}$$

这就意味着其可以知道式(3.5)中的所有陷门信息，因此其可以很容易从 C 得到 M：

$$\left\{n, C \equiv M^e \left(\bmod n\right)\right\} \xrightarrow[\text{easy}]{\left\{d, p, q, \phi(n)\right\}} \left\{M \equiv C^d \left(\bmod n\right)\right\}$$

为什么想从 C 得到 M 对 Eve 是困难的呢？这是由于 Eve 面对的是一个计算困难题，即 RSA 问题[19]。

RSA 问题：给定 RSA 公钥(e,n)和 RSA 密文 C，还原 RSA 明文 M，即

$$\{e, n, C\} \rightarrow \{M\}$$

尽管从来没有证明或证伪，但是人们有如下猜想。

RSA 猜想：给定 RSA 公钥(e,n)和 RSA 密文 C，还原 RSA 明文 M 是困难的，即

$$\{e,n,C\} \xrightarrow{\text{hard}} \{M\}$$

但是对于 Alice，从密文 C 恢复明文 M 有多困难呢？这是 RSA 猜想的另一个版本，通常称为 RSA 假设，同样该假设从未被证明或证伪。

RSA 假设：给定 RSA 公钥 (e,n) 和 RSA 密文 C，还原 RSA 明文 M 和分解 RSA 模数 n 是一样困难的，即当 n 足够大且是随机产生的，M 和 C 是 0 到 $n-1$ 之间的随机整数时：

$$\text{IFP}(n) \Leftrightarrow \text{RSA}(M)$$

更准确地说，为

$$\text{IFP}(n) \overset{\text{P}}{\Leftrightarrow} \text{RSA}(M)$$

即若可以在多项式时间内分解整数 n，则可以在多项式时间内由密文 C 恢复出明文 M。也就是说，破译 RSA 密码体制和解决 IFP 是一样困难的。但是，正如我们之前所讨论的那样，没有人知道是否可以在多项式时间内解决 IFP。因此，RSA 密码体制只是假定安全的，而不是可证安全的，即

$$\text{IFP 是困难的} \to \text{RSA}(M) \text{是安全的}$$

真实的情形是

$$\text{IFP}(n) \overset{\surd}{\Rightarrow} \text{RSA}(M)$$

$$\text{IFP}(n) \overset{?}{\Leftarrow} \text{RSA}(M)$$

现在可以回过头来回答一下 Alice 从密文 C 恢复出明文 M 有多难。由 RSA 假设可知，破译 RSA 和解决 IFP 是一样困难的。目前已知的最快整数分解算法，即数域筛法，其运行时间为

$$O\left(\exp\left(c(\log n)^{1/3}(\log\log n)^{2/3}\right)\right)$$

其中，对于分解一般情况下整数 n 的一般数域筛法，即 GNFS，$c=(64/9)^{1/3}$，而对于分解特殊整数 n 的特殊数域筛法，即 SNFS，$c=(32/9)^{1/3}$。在 RSA 函数中，模数 n 通常选择的是一般的大合数 $n=pq$，其中 p、q 是同样比特长度的素数，因此 SNFS 是不适用的。这就意味着不能在多项式时间内破解 RSA 密码体

制，破解 RSA 密码体制需要亚指数时间，也就是说 RSA 密码体制是安全的，同样，这种安全也仅仅是假设安全的。因此，读者需要注意的是 RSA 问题是假定困难的，RSA 密码体制是假定安全的。

在 RSA 密码体制中，假定密码分析者 Eve：

(1) 知道公钥 (e,n) 和密文 C；

(2) 不知道陷门信息 $\{d,p,q,\phi(n)\}$ 的任何信息；

(3) 想知道 $\{M\}$ 。

即

$$\{e,n,C\equiv M^e(\bmod n)\}\xrightarrow{\text{Eve想知道}}\{M\}$$

很明显，从密文 C 得到明文 M(即破解 RSA 密码体制) 有如下几种方法：

(1) 用 QS/MPQS 或 NFS 等整数分解算法分解出 n 的素数 $\{p,q\}$，然后计算

$$M\equiv C^{1/e(\bmod (p-1)(q-1))}(\bmod n)$$

(2) 寻找 $\phi(n)$，然后计算

$$M\equiv C^{1/e(\bmod \phi(n))}(\bmod n)$$

(3) 运用 3.3 节介绍的 Shor 算法，寻找一个任意整数 $a\in[2,n-2]$ 模 n 的阶 (a,n)，然后计算

$$\{p,q\}=\gcd(a^{r/2}\pm 1,n),\quad M\equiv C^{1/e(\bmod (p-1)(q-1))}(\bmod n)$$

(4) 寻找密文 C 模 n 的阶 (C,n)，然后计算

$$M\equiv C^{1/e(\bmod(\mathrm{order}(C,n)))}(\bmod n)$$

(5) 计算在模 n 下，以 C 为底的离散对数 $\log_C M(\bmod n)$，然后计算

$$M\equiv C^{\log_C M(\bmod n)}(\bmod n)$$

由前面的介绍可知，RSA 密码体制用 M^e 来加密，其中 $e\geqslant 3$ (3 是 RSA 中最小的潜在公钥加密指数)；在这一意义下，可以称 RSA 加密为 M^e 加密。1979 年，Rabin[20]提出了一种基于 M^2 来加密的算法，而不是像 RSA 密码体制中用 M^e 来加密，其中 $e\geqslant 3$ 。下面给出 Rabin 密码体制的简要介绍(图 3.5)。

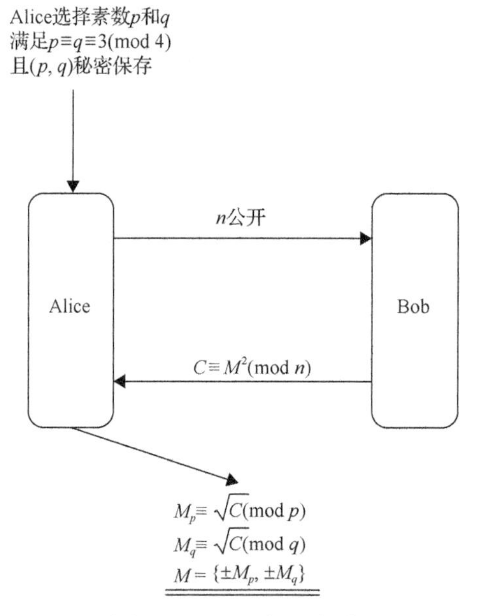

图 3.5　Rabin 密码体制

(1) 生成密钥：令 $n=pq$，其中 p、q 是奇素数，满足

$$p \equiv q \equiv 3 \pmod 4$$

(2) 加密：

$$C \equiv M^2 \pmod n$$

(3) 解密：利用中国剩余定理求解同余方程组

$$\begin{cases} M_p \equiv \sqrt{C} \pmod p \\ M_q \equiv \sqrt{C} \pmod q \end{cases}$$

得到 4 个解：$\{\pm M_p, \pm M_q\}$。真实的明文 M 是这 4 个值中的一个。

(4) 密码分析：若可以分解整数 n，则密码分析者可以计算得到密文 C 模 n 的 4 个根，从而由密文 C 得到明文 M。因此，破解 Rabin 密码体制和分解整数 n 是等价的。

例 3.7　令 M=31。

(1) 生成密钥：令 $n=11\times19$ 为公钥，将素数 $p=11$、$q=19$ 作为私钥保存。

(2) 加密：

$$C \equiv 31^2 \equiv 125 \pmod{209}$$

(3)解密：计算

$$\begin{cases} M_p \equiv \sqrt{125} \equiv \pm 2 \pmod p \\ M_q \equiv \sqrt{125} \equiv \pm 7 \pmod q \end{cases}$$

然后利用中国剩余定理求解

$$\begin{cases} M \equiv 2 \pmod{11} \\ M \equiv 7 \pmod{19} \end{cases} \Rightarrow M = 178$$

$$\begin{cases} M \equiv -2 \pmod{11} \\ M \equiv 7 \pmod{19} \end{cases} \Rightarrow M = 64$$

$$\begin{cases} M \equiv 2 \pmod{11} \\ M \equiv -7 \pmod{19} \end{cases} \Rightarrow M = 145$$

$$\begin{cases} M \equiv -2 \pmod{11} \\ M \equiv -7 \pmod{19} \end{cases} \Rightarrow M = 31$$

真实的明文 M 将在上述 4 个值中，实际上，M=31 为真实值。

Rabin 密码体制和 RSA 密码体制的不同之处还在于：RSA 密码体制的安全性是假定其与 IFP 的难解性是等价的，而 Rabin 密码体制及其变体 Rabin-Williams 密码体制的安全性与 IFP 的难解性等价是经过证明的。需要注意的是，如果 $n=pq$ 已知，则存在快速计算模 n 二次平方剩余的算法。考虑二次同余式

$$x^2 \equiv y \pmod p$$

素数 p 基本有三种情况：

(1) $p \equiv 3 \pmod 4$；

(2) $p \equiv 5 \pmod 8$；

(3) $p \equiv 1 \pmod 8$。

所有的这三种情况都可以由以下过程解出：

$$\begin{cases} \text{if } p \equiv 3 \pmod 4, \quad \text{then} \quad x \equiv \pm y^{\frac{p+1}{4}} \pmod p \\ \text{if } p \equiv 5 \pmod 8, \quad \text{then} \quad \begin{cases} \text{if } y^{\frac{p+1}{4}} = 1, \quad \text{then} \quad x \equiv \pm y^{\frac{p+3}{8}} \pmod p \\ \text{if } y^{\frac{p+1}{4}} \neq 1, \quad \text{then} \quad x \equiv \pm 2y(4y)^{\frac{p-5}{8}} \pmod p \end{cases} \end{cases}$$

3.2 节 习 题

1. RSA 函数 $M \mapsto C \bmod n$ 是单向陷门函数，这是因为在 $n=pq$ 的分解未知的情况下，将此函数反过来求解在计算上是不可行的。你是否能找出一些单向陷门函数并将其用来构造公钥密码体制，并给出你的判断。

2. 证明

$$M \equiv M^{ed} \pmod n$$

其中，$ed \equiv 1 \left(\bmod \phi(n)\right)$。

3. 令 $C_1 \equiv M_1^e \pmod n$，$C_2 \equiv M_2^e \pmod n$ 表示密文，C_1、C_2 如下，n 为下面的 RSA-129：

$$e = 9137$$

$$\begin{aligned} C_1 = {} & 4660490643506009639239112238711202373603916347008276824341038 \\ & 3296685073462027217982000297925067088337283567804532383891140 \\ & 719579 \end{aligned}$$

$$\begin{aligned} C_2 = {} & 6506409693851106974152831334247539664897855173581383677796350 \\ & 3738147209287793861787878189741574391857183608196124160093438 \\ & 830158 \end{aligned}$$

$$\begin{aligned} n = {} & 1143816257578888676692357799761466120102182967212423625625618 4 \\ & 2935706935245733897830597123563958705058989075147599290026879 5 \\ & 43541 \end{aligned}$$

恢复明文 M_1、M_2。

4. 令

$$e_1 = 9007$$

$$e_2 = 65537$$

$$\begin{aligned} n = {} & 11438162575788886766923577997614661201021829672124236256256184 \\ & 29357069352457338978305971235639587050589890751475992900268795 \\ & 43541 \end{aligned}$$

$$\begin{aligned} C_1 & \equiv M_1^{e_1} \pmod n \\ & \equiv 1042022509411962384136383826079741257744490847249295912574337 \\ & \quad\ 4588926529777171718241302464293807835197908994534340746416137 \\ & \quad\ 7977212 \end{aligned}$$

$$
\begin{aligned}
C_2 &\equiv M_2^{e_2} \pmod{n} \\
&\equiv 7645275072918870018071997051754457471094475731790989604134 09 \\
&\quad 874882855731902807834803090849780215633964907597506005194960 \\
&\quad 71304348
\end{aligned}
$$

恢复明文 M。

5. (Rivest) 令

$$k = 2^{2^t} \pmod{n}$$

其中

$$
\begin{aligned}
n = {} & 631446608307288889379935712613129233236329881833084137558899 07 \\
& 727019571289248855473084460557532065136183466288489480886635 00 \\
& 368480396588171361987660521897267810162280557475393838308261 75 \\
& 971321892666861177695452639157012069093997368008972127446466 64 \\
& 233191878068305520679512530700820202412462339824107377537051 27 \\
& 344494169501180975241890667963858754856319805507273709904397 11 \\
& 973361466670154390536015254337398252457931357531765364633198 90 \\
& 646514021339852658003419919039821928447102124648874593888535 82 \\
& 070318084289023209710907032396934919962778995323320184064522 47 \\
& 6463966355937367009369212758092086293198727008292431243681
\end{aligned}
$$

$$t = 79685186856218$$

计算 k(注意：要计算 k，需要首先计算 $2^t \left(\bmod \phi(n)\right)$，然而，要计算 $\phi(n)$ 需要首先分解 n)。

6. (Knuth) 令

$$\{C_1, C_2\} \equiv \{M_1^3, M_2^3\} \bmod n$$

其中

$$
\begin{aligned}
C_1 = {} & 687502836437089289878995350604407990716898140258583443035535 5 \\
& 882374792710800902930496305666512681123340562743326121428231 8 \\
& 720373118151963944261656899892436827122751237714587973722992 0 \\
& 41257530236659548756413821 71
\end{aligned}
$$

$$
\begin{aligned}
C_2 = {} & 713013988616927464542046650358646224728216664013755778567223 2 \\
& 197970115932208495578642497037753313173775326965348797392018 6 \\
& 888756782951903268163268881275006025182238844628661575836049 3 \\
& 16280566866996833345192946 63
\end{aligned}
$$

$$
\begin{aligned}
n = {} & 7790302288510159542362475654705578362485767620973983941084402 2\\
& 2213572872511709998585048387648131944340510932265136815168574 1\\
& 1993477558685427409422564450008791272325857493370618539583402 7\\
& 843405820888108548507873 7
\end{aligned}
$$

恢复明文$\{M_1, M_2\}$。注意：有两个已知的方法恢复$\{M_1, M_2\}$：

$$
\begin{aligned}
M_i &\equiv \sqrt[3]{C_i} \pmod{n} \\
M_i &\equiv C_i^d \pmod{n}
\end{aligned}
$$

其中，$i = 1, 2$。但是无论哪种方法，都需要首先找到n的分解。

7. RSA 密码体制的原始版本为

$$
C \equiv M^e \pmod{n}, \quad M \equiv C^d \pmod{n}
$$

其中

$$
ed \equiv 1 \left(\bmod \phi(n)\right)
$$

该密码体制是确定性的密码体制，也就是说即使在不同的时间，同样的明文都产生同样的密文，即

$$
\begin{aligned}
M_1 &\xrightarrow{\text{在时间}t_1\text{加密}} C_1 \\
M_1 &\xrightarrow{\text{在时间}t_2\text{加密}} C_1 \\
&\vdots \\
M_1 &\xrightarrow{\text{在时间}t\text{加密}} C_1
\end{aligned}
$$

而随机的密码体制在不同的时间加密，即使是相同的明文，其密文也不同，即

$$
\begin{aligned}
M_1 &\xrightarrow{\text{在时间}t_1\text{加密}} C_1 \\
M_1 &\xrightarrow{\text{在时间}t_2\text{加密}} C_2 \\
&\vdots \\
M_1 &\xrightarrow{\text{在时间}t\text{加密}} C_t
\end{aligned}
$$

其中，$C_1 \neq C_2 \neq \cdots \neq C_t$。请提出一种可以使 RSA 成为随机密码体制的方法。

8. 说明若 IFP 可以在多项式时间内求解，则 RSA 密码体制可以在多项式时间内破解。

9. 令

$$
\begin{aligned}
n = {} & 212902463182587575474978820162715174978067039632772162782333 83 \\
& 215384705704132501028901089769825481925825513509252609602369 98 \\
& 3944024335907529
\end{aligned}
$$

$$
\begin{aligned}
C & \equiv M^2 \pmod n \\
& = 512852050602434811881221098765406611221409068074373272906416 0 \\
& \quad 633920242479741450841196687149365272035106423411648279363932 0 \\
& \quad 42884271651389234
\end{aligned}
$$

恢复明文 M。

3.3　分解整数的 Shor 算法

正如在前两节中讨论的那样，目前还没有针对整数分解问题的有效算法，所以 RSA 密码体制及其他基于整数分解问题的密码体制都是安全的，即不可能在多项式时间内有效破解。然而，1994 年，Shor 提出了一种针对整数分解问题的量子多项式算法。若存在量子计算机，则该算法能够在多项式时间内解决整数分解问题，因此能够有效且完全地破解 RSA 密码体制及其他基于整数分解问题的密码体制。

3.3.1　量子寻阶算法

为了分解整数 n，Shor 算法的核心思想是寻找乘法群 $\mathbb{Z}_n^*$ 中一个随机元 x 的阶。为此，首先介绍与乘法群中元素的阶相关的一些基本概念。

定义 3.4　令 $G=\mathbb{Z}_n^*$ 表示一个有限的乘法群，$x \in G$ 是一个随机选取的整数(元素)。则元素 x 在群 G 中的阶，或者说元素 x 模 n 的阶，为使得公式

$$x^r \equiv 1 \pmod n$$

成立的最小正整数 r，通常记为 $\operatorname{order}(x,n)$。

例 3.8　令 $5 \in \mathbb{Z}_{104}^*$。由于 4 是使得

$$5^4 \equiv 1 \pmod{104}$$

成立的最小正整数，因此 $\operatorname{order}(5,104)=4$。

定理 3.3　G 为一个有限群，且 $x \in G$，x 的阶有限，记为 r。若 $x^k=1$，则 $r \mid k$。

例 3.9　令 $5 \in \mathbb{Z}_{104}^*$。$5^{24} \equiv 1 \pmod{104}$，$4 \mid 24$。

定义 3.5　G 为一个有限群，则群 G 中元素的个数称为群 G 的阶，记为 $|G|$。

例 3.10　$G=\mathbb{Z}_{104}^*$，则在 G 中有 48 个元素与 104 互素(整数 a 和 b 互素当且

仅当 $\gcd(a,b)=1$），即

$$1,3,5,7,9,11,15,17,19,21,23,25,27,29,31,33,35,37,41,43,45,47,49,51,53,55,57,59,\\ 61,63,67,69,71,73,75,77,79,81,83,85,87,89,93,95,97,99,101,103$$

因此，$|G|=48$，即群 G 的阶为 48。

定理 3.4（拉格朗日定理） G 为一个有限群，则元素 $x\in G$ 的阶整除群 G 的阶。

例 3.11 $G=\mathbb{Z}_{104}^{*}$，则群 G 的阶为 48，群元 $5\in G$ 的阶为 4，很明显 $4|48$。

推论 3.1 若有限群 G 的阶为 r，则对于任意 $x\in G$，有 $x^{r}=1$。

例 3.12 $G=\mathbb{Z}_{104}^{*}$ 且 $|G|=48$，则

$$\begin{aligned} 1^{48} &\equiv 1 \pmod{104} \\ 3^{48} &\equiv 1 \pmod{104} \\ 5^{48} &\equiv 1 \pmod{104} \\ 7^{48} &\equiv 1 \pmod{104} \\ &\vdots \\ 101^{48} &\equiv 1 \pmod{104} \\ 103^{48} &\equiv 1 \pmod{104} \end{aligned}$$

计算群 G 中元素 $x\in G$ 的阶在理论上是没有问题的：只需要一直乘，直到得到乘法群 G 中的单位元“1”。例如，令 $n=179359$，$x=3\in G$，$G=\mathbb{Z}_{179359}^{*}$，$\gcd(3,179359)=1$。求阶 $r=\mathrm{order}(3,179359)$，只需要一直做乘积，直到得到“1”：

$$\begin{array}{lllll} 3^{1} & \bmod & 179359 & = & 3 \\ 3^{2} & \bmod & 179359 & = & 9 \\ 3^{3} & \bmod & 179359 & = & 27 \\ & & & \vdots & \\ 3^{1000} & \bmod & 179359 & = & 31981 \\ 3^{1001} & \bmod & 179359 & = & 95943 \\ 3^{1002} & \bmod & 179359 & = & 108470 \\ & & & \vdots & \\ 3^{14716} & \bmod & 179359 & = & 99644 \\ 3^{14717} & \bmod & 179359 & = & 119573 \\ 3^{14718} & \bmod & 179359 & = & 1 \end{array}$$

因此，乘法群 $G=(\mathbb{Z}/179359\mathbb{Z})^*$ 中群元 3 的阶 r 为 14718，即 order(3,179359)=14718。

例 3.13　令

$$n=5515596313$$
$$e=1757316971$$
$$C=763222127$$
$$r=\text{order}(C,n)=114905160$$

则

$$\begin{aligned}M&\equiv C^{1/e \bmod r}\ (\bmod\, n)\\&\equiv 763222127^{1/1757316971 \bmod 114905160}\ (\bmod\, 5515596313)\\&\equiv 1612050119\end{aligned}$$

很明显，这一结果是正确的，因为

$$\begin{aligned}M^e&\equiv 1612050119^{1757316971}\\&\equiv 763222127\\&\equiv C\ (\bmod\, 5515596313)\end{aligned}$$

然而，需要强调的是，在实际中，n 通常是一个超过 200 位的大整数，因此对于群 G 中的任意群元 x，利用上述计算过程求 $x\in\mathbb{Z}_n^*$ 的阶并不实用，因为这可能需要计算 10^{150} 次乘法。即使在每秒运算 10000 亿次的超级计算机上做这些乘法，依然需要计算 3×10^{80} 年。因此，寻阶问题对于经典数字计算机是一个难解问题。然而，如果存在一台量子计算机，该问题对量子计算机则是可解问题。

需要指出的是，尽管求解很难，但是模幂运算是容易计算的。假定我们想计算 $x^e\ (\bmod\, n)$，其中 $x,e,n\in\mathbb{N}$。进一步假设 e 的二进制形式为

$$e=\beta_k 2^k+\beta_{k-1}2^{k-1}+\cdots+\beta_1 2^1+\beta_0 2^0$$

其中，每个 β_i（$i=0,1,2,\cdots,k$）为 0 或 1，则

$$\begin{aligned}x^e&=x^{\beta_k 2^k+\beta_{k-1}2^{k-1}+\cdots+\beta_1 2^1+\beta_0 2^0}\\&=\prod_{i=0}^{k}x^{\beta_i 2^i}\\&=\prod_{i=0}^{k}\left(x^{2^i}\right)^{\beta_i}\end{aligned}$$

进一步，由

$$x^{2^{i+1}} = \left(x^{2^i}\right)^2$$

可知，最终幂运算的值可以通过连续的平方和乘积运算得到。例如，计算 a^{100}，首先将$100_{10} = 1100100_2 := e_6e_5e_4e_3e_2e_1e_0$，接着计算

$$a^{100} = \left(\left(\left(\left(\left(\left(a^2\right)\cdot a\right)^2\right)^2\right)^2 \cdot a\right)^2\right)^2$$

$$\Rightarrow a, a^3, a^6, a^{12}, a^{24}, a^{25}, a^{50}, a^{100}$$

需要注意的是，对于每一个 e_i，若 e_i=1，则做平方和一个乘法运算(除了“e_6=1”时，只是将 a 写出来，如下所示)，否则，只做一次平方运算，即

e_6	1	a	a	初始化
e_5	1	$(a)^2\cdot a$	a^3	平方然后乘积
e_4	0	$\left((a)^2\cdot a\right)^2$	a^6	平方
e_3	0	$\left(\left((a)^2\cdot a\right)^2\right)^2$	a^{12}	平方
e_2	1	$\left(\left(\left((a)^2\cdot a\right)^2\right)^2\right)^2\cdot a$	a^{25}	平方然后乘积
e_1	0	$\left(\left(\left(\left((a)^2\cdot a\right)^2\right)^2\right)^2\cdot a\right)^2$	a^{50}	平方
e_0	0	$\left(\left(\left(\left(\left((a)^2\cdot a\right)^2\right)^2\right)^2\cdot a\right)^2\right)^2$	a^{100}	平方

下面给出上述过程的算法，该算法需要做 $O(\log e)$ 次算术运算和

$O\left((\log e)(\log n)^2\right)$次比特操作。

算法 3.4（快速模幂运算 $x^e(\bmod n)$）　该算法用来计算模幂运算

$$c \equiv x^e (\bmod n)$$

其中，$x,e,n \in \mathbb{N}$ 且 $n>1$。该算法最多需要$2\log e$次算术运算和$2\log e$次除法运算（当需要做模运算时才做除法，若只需要计算$c=x^e$，则可以省去除法）。

(1) 预计算：令

$$e_{\beta-1}e_{\beta-2}\cdots e_1e_0$$

为 e 的二进制表示(即 e 有 β 比特)。例如，对于 562=1000110010，有$\beta=10$且

1	0	0	0	1	1	0	0	1	0
↑	↑	↑	↑	↑	↑	↑	↑	↑	↑
e_9	e_8	e_7	e_6	e_5	e_4	e_3	e_2	e_1	e_0

(2) 初始化：指定$c \leftarrow 1$。

(3) 模幂：按以下方式计算$c \equiv x^e (\bmod n)$。

对于 i 从 $\beta-1$ 下降到 0，做以下操作：

①$c \leftarrow c^2 (\bmod n)$ (平方)；

②若 $e_i=1$，则$c \leftarrow c \cdot x (\bmod n)$ (乘积)。

(4) 退出：输出 c 并终止程序。

接下来介绍 Shor[21]提出的计算乘法群$\mathbb{Z}_n^*$中群元 x 阶的量子算法。Shor 算法的主要思想如下：①在量子计算机中创建两个量子寄存器，记为寄存器 1 和寄存器 2。当然，也可以在一个量子存储器中将存储器分成两部分。②在寄存器 1 中产生整数$a=0,1,2,3,\cdots$的叠加态，这些将用来计算$f(a)=x^a(\bmod n)$，在寄存器 2 中全部保持为 0。③对于寄存器 1 中的每一个 a，将$f(a)=x^a(\bmod n)$的计算结果存储在寄存器 2 中(由于 a 存储在寄存器 1 中，这一过程是可逆的)。④对寄存器 1 做量子傅里叶变换。⑤对两个寄存器进行测量，找出满足$x^r \equiv 1(\bmod n)$的阶 r。算法如下。

算法 3.5(量子寻阶算法)　给定任意整数 x 和 n，假定算法有两个量子寄存器，即寄存器 1 和寄存器 2，这两个寄存器存储的都是二进制整数。

(1) 初始化：寻找一个整数 q，满足 q 是 2 的幂次，如$q=2^t$且$n^2<q<2n^2$。

(2) 量子寄存器准备阶段：将寄存器 1 中的 t 个 qubit 制备在所有整数$a(\bmod q)$

的叠加态上，寄存器 2 的态制备在零态上，则量子计算机的态为

$$|\psi_1\rangle = \frac{1}{\sqrt{q}}\sum_{a=0}^{q-1}|a\rangle|0\rangle$$

注意两个寄存器的状态分别由$|\text{Register-1}\rangle$和$|\text{Register-2}\rangle$表示。这一步就是将寄存器 1 中每一个量子比特的态制备成叠加态：

$$\frac{1}{\sqrt{2}}(|0\rangle + |1\rangle)$$

(3) 选基：在区间$[2, n-2]$随机选一个整数 x，x 满足$\gcd(x,n)=1$。

(4) 产生幂次：将寄存器 2 的 t 个 qubit 中的态制备为$x^a \pmod n$，量子计算机的态$|\psi_2\rangle$为

$$|\psi_2\rangle = \frac{1}{\sqrt{q}}\sum_{a=0}^{q-1}|a\rangle\left|x^a \pmod n\right\rangle$$

由于所有的 a 都存储在寄存器 1 中，因此这一步骤是可逆的。

(5) 做量子傅里叶变换：对寄存器 1 做量子傅里叶变换，量子傅里叶变换将每一个状态$|a\rangle$映射为

$$\frac{1}{\sqrt{q}}\sum_{c=0}^{q-1}\exp(2\pi \mathrm{i}ac/q)|c\rangle$$

即做了一个酉变换，其中酉变换矩阵的(a,c)位置处的矩阵元为$\frac{1}{\sqrt{q}}\exp(2\pi \mathrm{i}ac/q)$。该作用之后量子计算机的态$|\psi_3\rangle$变为

$$|\psi_3\rangle = \frac{1}{q}\sum_{a=0}^{q-1}\sum_{c=0}^{q-1}\exp(2\pi \mathrm{i}ac/q)|c\rangle\left|x^a \pmod n\right\rangle$$

(6) 测量 x^a 的周期：观测寄存器 1 中的$|c\rangle$和寄存器 2 中的$\left|x^a \pmod n\right\rangle$，测量叠加态中的这两个量，可以分别在寄存器 1 和寄存器 2 中得到$|c\rangle$和某个$\left|x^k \pmod n\right\rangle$（$0<k<r$）。

(7) 提取 r：提取所需的 r 值。给定纯态$|\psi_3\rangle$，测量得到不同结果的概率由以下概率分布给出

$$\begin{aligned}\text{Prob}\left(c,x^k\left(\bmod n\right)\right)&=\left|\frac{1}{q}\sum_{\substack{a=0\\x^a\equiv x^k\left(\bmod n\right)}}^{q-1}\exp\left(2\pi \mathrm{i}ac/q\right)\right|^2\\&=\left|\frac{1}{q}\sum_{b=0}^{\lfloor q-k-1/r\rfloor}\exp\left(2\pi \mathrm{i}\left(br+k\right)c/q\right)\right|^2\\&=\left|\frac{1}{q}\sum_{b=0}^{\lfloor q-k-1/r\rfloor}\exp\left(2\pi \mathrm{i}b\{rc\}/q\right)\right|^2\end{aligned}$$

其中，$\{rc\}$ 为 $rc\left(\bmod q\right)$。正如文献[21]所证：

$$-\frac{r}{2}\leqslant\{rc\}\leqslant\frac{r}{2}\Rightarrow \text{对某个 } d，\ -\frac{r}{2}\leqslant rc-dq\leqslant\frac{r}{2}$$

$$\Rightarrow \text{Prob}\left(c,x^k\left(\bmod n\right)\right)>\frac{1}{3r^2}$$

因此

$$\left|\frac{c}{q}-\frac{d}{r}\right|\leqslant\frac{1}{2q}$$

由于 c/q 已知，r 可以通过 c/q 连分数展开得到。

(8) 退出：输出 r，算法结束。

定理 3.5(量子寻阶算法的复杂度)　乘法群 $\mathbb{Z}_n^*$ 中任意群元 x，算法 3.5 可以在多项式时间 $O\left(\left(\log n\right)^{2+\varepsilon}\right)$ 内求出阶 $\text{order}\left(x,n\right)$。

3.3.2　量子整数分解算法

可以通过在上述求阶的量子算法中加一个步骤，使之成为分解整数的算法。

算法 3.6(量子整数分解算法)　给定一个合数 n，通常 $n=pq$，p 和 q 为素数，在 $\mathbb{Z}_n^*$ 中随机选一个元素 $x\in\mathbb{Z}_n^*$，且 $\gcd\left(x,n\right)=1$，该算法将以大于 $1/2$ 的概率给出 n 的两个素因子 p、q。

(1)～(7) 预计算：与算法 3.5 中的步骤 (1)～(7) 一样。

(8) 求解：若 r 是一个奇数，则返回步骤 (3)，在 $\mathbb{Z}_n^*$ 中重新选择一个元素 $x\in\mathbb{Z}_n^*$。若 r 是一个偶数，则计算

$$\gcd\left(x^{r/2} \pm 1, n\right) = \{p, q\}$$

若 n 有两个素因数，则该计算成功的概率大于 1/2。

定理 3.6（分解整数的复杂度）　算法 3.6 可以在多项式时间 $O\left((\log n)^{2+\varepsilon}\right)$ 内分解整数 n。

2001 年 12 月 19 日，IBM 首次实验验证了 Shor 的量子整数分解算法[22]，正确将 15 分解为 3 和 5。尽管分解的数是很平凡的，但该实验具有较好的实际应用前景。下面以分解 15 作为一个例子，介绍量子整数分解算法的各个步骤。

例 3.14　令 n=15，该例子给出 Shor 量子算法分解 15 的步骤。

(1) 寻找一个整数 q，使得 $15^2 < q = 2^8 = 256 < 2\times 15^2$。

(2) 将两个量子寄存器的态全都初始化为 0：

$$|\psi_0\rangle = |0\rangle|0\rangle$$

(3) 对寄存器 1 做 Hadamard 操作，可得

$$H : |\psi_0\rangle \to |\psi_1\rangle = \frac{1}{\sqrt{256}}\sum_{a=0}^{255}|a\rangle|0\rangle$$

(4) 随机选取一个整数 $x = 7 \in [2,13]$，x 满足 $\gcd(7,15) = 1$。

(5) 对寄存器 2 做模幂，可得

$$\begin{aligned}
U_f : |\psi_1\rangle \to |\psi_2\rangle &= \frac{1}{\sqrt{q}}\sum_{a=0}^{q-1}|a\rangle|f(a)\rangle \\
&= \frac{1}{\sqrt{256}}\sum_{a=0}^{255}|a\rangle|7^a(\mathrm{mod}15)\rangle \\
&= \frac{1}{\sqrt{256}}\big[|0\rangle|1\rangle + |1\rangle|7\rangle + |2\rangle|4\rangle + |3\rangle|13\rangle + |4\rangle|1\rangle \\
&\quad + |5\rangle|7\rangle + |6\rangle|4\rangle + |7\rangle|13\rangle + |8\rangle|1\rangle + |9\rangle|7\rangle \\
&\quad + |10\rangle|4\rangle + |11\rangle|13\rangle + \cdots + |252\rangle|1\rangle + |253\rangle|7\rangle \\
&\quad + |254\rangle|4\rangle + |255\rangle|13\rangle\big]
\end{aligned}$$

(6) 对寄存器 2 进行测量。假定得到 $|4\rangle$，这就意味着寄存器 1 中的态都塌缩到了满足 $7^a \equiv 4(\mathrm{mod}15)$ 的叠加态上。寄存器 1 的态为

$$|\psi_3\rangle = \frac{1}{\sqrt{64}}\left(|2\rangle + |6\rangle + |10\rangle + |14\rangle + \cdots + |254\rangle\right)$$

(7) 对第一个寄存器做量子傅里叶变换：

$$
\begin{aligned}
&\mathrm{QFT}\left(|\psi_3\rangle\right)\\
&=\mathrm{QFT}\left(\frac{1}{\sqrt{64}}\left(|2\rangle+|6\rangle+|10\rangle+|14\rangle+\cdots+|254\rangle\right)\right)\\
&=\frac{1}{\sqrt{64}}\mathrm{QFT}\left(|2\rangle+|6\rangle+|10\rangle+|14\rangle+\cdots+|254\rangle\right)\\
&=\frac{1}{\sqrt{64}}\frac{1}{\sqrt{256}}\left(\sum_{c=0}^{255}\mathrm{e}^{\frac{2\pi\mathrm{i}2c}{256}}|c\rangle+\sum_{c=0}^{255}\mathrm{e}^{\frac{2\pi\mathrm{i}6c}{256}}|c\rangle+\sum_{c=0}^{255}\mathrm{e}^{\frac{2\pi\mathrm{i}10c}{256}}|c\rangle+\cdots+\sum_{c=0}^{255}\mathrm{e}^{\frac{2\pi\mathrm{i}254c}{256}}|c\rangle\right)\\
&=\frac{1}{8\sqrt{256}}\left(\sum_{c=0}^{255}\mathrm{e}^{\frac{2\pi\mathrm{i}2c}{256}}|c\rangle+\sum_{c=0}^{255}\mathrm{e}^{\frac{2\pi\mathrm{i}6c}{256}}|c\rangle+\sum_{c=0}^{255}\mathrm{e}^{\frac{2\pi\mathrm{i}10c}{256}}|c\rangle+\cdots+\sum_{c=0}^{255}\mathrm{e}^{\frac{2\pi\mathrm{i}254c}{256}}|c\rangle\right)\\
&=\frac{1}{2}|0\rangle-\frac{1}{2}|64\rangle+\frac{1}{2}|128\rangle-\frac{1}{2}|192\rangle
\end{aligned}
$$

(8) 对寄存器 1 进行测量，该测量以 1/4 的概率分别给出 0、64、128、192。假定通过测量得到了 c=192，则计算连分数展开：

$$\frac{c}{q}=\frac{192}{256}=\frac{1}{1+\frac{1}{3}}\text{，其中收敛子为}\left[0,1,\frac{3}{4}\right]$$

因此，$r=4=\mathrm{order}(7,15)$，故

$$\gcd\left(x^{r/2}\pm1,n\right)=\gcd\left(7^2\pm1,15\right)=\{5,3\}$$

这就给出了 15 的素因数分解 $15=3\times5$。

3.3.3 破解 RSA 密码体制的量子算法

上述量子寻阶算法(算法 3.5)和量子整数分解算法(算法 3.6)还可以进一步扩展为破解 RSA 密码体制的量子算法。

算法 3.7(破解 RSA 密码体制的量子算法)　令 n=pq 为 RSA 函数中的模数，$C\equiv M^e(\bmod n)$ 为密文，(e,n) 为公钥，满足 $ed\equiv1(\bmod(p-1)(q-1))$。则通过首先运行算法 3.6，该算法可以有效破解 RSA 密码体制。

(1)～(8) 预计算：步骤 (1)～(8) 和算法 3.6 一样。

(9) 计算私钥 d：一旦分解了 n，找到了 p 和 q，则计算

$$d\equiv1/e\left(\bmod(p-1)(q-1)\right)$$

(10)破解：只要知道了 d，则可以通过计算

$$M \equiv C^d \pmod n$$

得到 RSA 函数的明文。

定理 3.7(破解 RSA 密码体制算法的复杂度)　算法 3.7 可以在多项式时间 $O\left((\log n)^{2+\varepsilon}\right)$ 内破解 RSA 密码体制。

然而，如果仅仅是为了从 RSA 函数密文 C 中恢复明文 M，那么可以直接寻找 C 在 $\mathbb{Z}_n^*$ 中的阶，而无须分解整数 n。

定理 3.8　令 C 为 RSA 函数中的密文，$\text{order}(C,n)$ 为 $C \in \mathbb{Z}_n^*$ 的阶，则

$$d \equiv 1/e\left(\text{mod}\ \ \text{order}(C,n)\right)$$

推论 3.2　令 C 为 RSA 函数中的密文，$\text{order}(C,n)$ 为 $C \in \mathbb{Z}_n^*$ 的阶，则

$$M \equiv C^{1/e(\text{mod}\ \ \text{order}(C,n))} \pmod n$$

因此，若想从 RSA 函数密文 C 中恢复明文 M，只需找到 C 在 $\mathbb{Z}_n^*$ 中的阶。下面给出这一算法。

算法 3.8(量子求阶算法用来破解 RSA 密码体制)　给定 RSA 函数密文 C 和模数 n，该算法首先寻找 C 在 $\mathbb{Z}_n^*$ 中的阶，使得 $C^r \equiv 1 \pmod n$，然后从密文 C 中恢复明文 M。假定量子计算机有两个量子寄存器，即寄存器 1 和寄存器 2，这两个寄存器存储的整数都是二进制形式。

(1)初始化：寻找一个整数 q，满足 q 是 2 的幂次，如 $q = 2^t$，且 $n^2 < q < 2n^2$。

(2)量子寄存器准备阶段：将寄存器 1 中的 t 个 qubit 制备在所有整数 $a \pmod q$ 的叠加态上，寄存器 2 的态制备在零态上，则量子计算机的态为

$$|\psi_1\rangle = \frac{1}{\sqrt{q}}\sum_{a=0}^{q-1}|a\rangle|0\rangle$$

注意：两个寄存器的状态分别由 $|\text{Register-1}\rangle$ 和 $|\text{Register-2}\rangle$ 表示。这一步就是将寄存器 1 中每一个量子比特的态制备成叠加态

$$\frac{1}{\sqrt{2}}\left(|0\rangle + |1\rangle\right)$$

(3)产生幂次：将寄存器 2 的 t 个 qubit 中的态制备为 $C^a \pmod n$，量子计算

机的态$|\psi_2\rangle$为

$$|\psi_2\rangle = \frac{1}{\sqrt{q}}\sum_{a=0}^{q-1}|a\rangle\left|C^a(\bmod n)\right\rangle$$

由于所有的 a 都存储在寄存器 1 中，这一步骤是可逆的。

(4) 做量子傅里叶变换：对寄存器 1 做量子傅里叶变换，傅里叶变换将每一个状态$|a\rangle$映射为

$$\frac{1}{\sqrt{q}}\sum_{c=0}^{q-1}\exp(2\pi\mathrm{i}ac/q)|c\rangle$$

即做了一个酉变换，其中酉变换矩阵的(a,c)位置处的矩阵元为$\frac{1}{\sqrt{q}}\exp(2\pi\mathrm{i}ac/q)$。该作用之后量子计算机的态$|\psi_3\rangle$变为

$$|\psi_3\rangle = \frac{1}{q}\sum_{a=0}^{q-1}\sum_{c=0}^{q-1}\exp(2\pi\mathrm{i}ac/q)|c\rangle\left|C^a(\bmod n)\right\rangle$$

(5) 探测 C^a 的周期：观测寄存器 1 中的$|c\rangle$和寄存器 2 中的$\left|C^a(\bmod n)\right\rangle$，测量叠加态中的这两个量，可以分别在寄存器 1 和寄存器 2 中得到$|c\rangle$和某个$\left|x^k(\bmod n)\right\rangle$（$0<k<r$）。

(6) 提取 r：提取所需的 r 值。给定纯态$|\psi_3\rangle$，测量得到不同结果的概率由以下概率分布给出：

$$\begin{aligned}\mathrm{Prob}\left(c,C^k(\bmod n)\right) &= \left|\frac{1}{q}\sum_{\substack{a=0\\C^a\equiv C^k(\bmod n)}}^{q-1}\exp(2\pi\mathrm{i}ac/q)\right|^2\\ &= \left|\frac{1}{q}\sum_{b=0}^{\lfloor q-k-1/r\rfloor}\exp\left(2\pi\mathrm{i}(br+k)c/q\right)\right|^2\\ &= \left|\frac{1}{q}\sum_{b=0}^{\lfloor q-k-1/r\rfloor}\exp\left(2\pi\mathrm{i}b\{rc\}/q\right)\right|^2\end{aligned}$$

其中，$\{rc\}$为$rc(\bmod q)$。正如文献[21]所证：

$$-\frac{r}{2} \leqslant \{rc\} \leqslant \frac{r}{2} \Rightarrow \text{对某个 } d,\ -\frac{r}{2} \leqslant rc - dq \leqslant \frac{r}{2}$$

$$\Rightarrow \text{Prob}\left(c, C^k \left(\bmod n\right)\right) > \frac{1}{3r^2}$$

因此

$$\left|\frac{c}{q} - \frac{d}{r}\right| \leqslant \frac{1}{2q}$$

由于 c/q 已知，因此 r 可以通过 c/q 连分数展开得到。

(7) 破解密码：一旦得到 r，即 $r = \text{order}(C, n)$，则通过计算

$$M \equiv C^{1/e(\bmod r)} \left(\bmod n\right)$$

可以从密文 C 中恢复明文 M。

定理 3.9(量子求解算法破解 RSA 密码体制的算法复杂度)　算法 3.8 可以在多项式时间 $O\left((\log n)^{2+\varepsilon}\right)$ 内通过寻找阶 $\text{order}(C, n)$ 由密文 C 中恢复明文 M。

注 3.8　上述寻阶破解密码算法首先通过求得阶 $\text{order}(C, n)$，然后通过阶的信息由密文 C 恢复明文 M，而没有去分解 n。

3.3 节 习 题

1. 证明：在 Shor 算法中，若有

$$\left|\frac{c}{2^m} - \frac{d}{r}\right| \leqslant \frac{1}{2n^2}$$

和

$$\left|\frac{c}{2^m} - \frac{d_1}{r_1}\right| \leqslant \frac{1}{2n^2}$$

则

$$\frac{d}{r} = \frac{d_1}{r_1}$$

2. 证明：当 r 不整除 2^n 时，Shor 算法[23]只需要重复 $O(\log\log r)$ 次就可以得到较高的成功概率。

3. 令 $0 < s \leqslant m$。固定整数 x_0 使得 $0 \leqslant x_0 \leqslant 2^s$，证明：

$$\sum_{\substack{0 \leqslant c \leqslant 2^m \\ c \equiv c_0 \left(\operatorname{mod} 2^s\right)}} \mathrm{e}^{2\pi i c x/2^m} = \begin{cases} 0, & x \neq 0\left(\operatorname{mod} 2^{m-s}\right) \\ 2^{m-s}\, \mathrm{e}^{2\pi i c x_0/2^m}, & x \equiv 0\left(\operatorname{mod} 2^{m-s}\right) \end{cases}$$

4. 目前有许多 Shor 算法的经典模拟算法，如 Schneiderman 等[24]给出了一种基于 Maple 的模拟算法，Browne[25]基于 Schneiderman 等[24]的工作提出了一种快速模拟量子傅里叶变换的经典算法。请基于 Java(C/C++、Mathematica 或 Maple)写出一段模拟 Shor 分解整数及离散对数的经典算法。

5. Shor 算法运行时间是多项式的，你能发现其他与 Shor 算法不同的多项式时间的量子分解算法吗？

6. Shor 算法属于 BQP 算法。你能设计一种属于 P 的量子整数分解算法吗？

3.4　量子整数分解算法的其他变体

我们希望能够在一台量子计算机上运行完整的 Shor 算法，然而实际情况是，截至目前，还没有一台实用的量子计算机可以运行该算法，因此要想运行完整版本的 Shor 算法，目前来说是不可能的。所以，人们研究并提出了利用不同技巧改进后的 Shor 算法以及编译版本的 Shor 算法。接下来给出一些这样的算法。

(1) 文献[26]提出了一种编译版本的 Shor 算法并利用光子 qubit 实现了对 15 的分解。

(2) 文献[27]提出了另外一种编译版本的 Shor 算法并利用量子纠缠实现了对 15 的分解。

(3) 文献[28]提出了一种利用约瑟夫森结相位量子比特处理器分解整数的方法。

(4) 文献[29]利用瞬时 Talbot 效应在实验上分解了 19403。

(5) 有些经典分解算法中用到了高斯和，Gilowski 等[30]在冷原子系统中提出了一种量子版本的高斯和方法，并实验实现了对 263193 的分解。

(6) 文献[31]利用核磁共振系统实现了分解 21 的量子绝热算法。

(7) 文献[32]利用偶极耦合的核磁共振系统实现了分解 143 的量子绝热算法。

(8) 利用文献[32]中的方法，Dattani 和 Bryans[33]指出可以利用 4 个 qubit 的量子计算机实现对 156153 的分解。

(9) Geller 等[34]针对 Shor 算法提出了一种简化版本的量子线路，并给出了用 8 个 qubit 就可以分解 51 和 85 的例子。

(10) 文献[35]提出了循环利用 qubit 的方法，并成功实现了对 21 的分解。

(11) 文献[36]实现了在光学芯片上分解 15 的 Shor 算法。

(12) Shor 算法中的瓶颈是快速模幂运算，Martkov 和 Saeedi[37]通过线路融合方法提出了一种快速版本的 Shor 算法。

(13) 文献[38]提出了一种有趣的基于波的分解整数方法，并以实现 157575 和 52882363 的分解作为例子进行了简要讨论。

(14) 文献[39]提出了一种快速、高度并行版本的 Shor 算法，其声称只要有小规模的量子计算机，就可能实现对数百万位整数的分解。

(15) Smolin 等[40]提出了一种量子计算思想：寻找满足 $a^2 \equiv 1(\bmod n)$ 的整数 a，而不是像之前那样计算 $\mathbb{Z}_n^*$ 中元素 a 的阶 r，即 $a^r \equiv 1(\bmod n)$，一旦找到满足条件的 a，若 $n = pq$，接下来就会以大于 1/2 的概率得到 $\gcd(a \pm 1, n) = \{p, q\}$。

(16) Parker 和 Plenio[41]提出了一种可以利用一个纯态 qubit 和 $\log n$ 个混合态 qubit 分解整数 n 的有效量子算法。

(17) 减少 Shor 算法所需的 qubit 数目有助于构造实用的量子计算机，Seifert[42]提出了一种通过丢番图近似从而以较少 qubit 分解整数的量子算法。

随着时间的推移，研究成果也会越来越多，而且通过新的或改进的量子整数分解算法分解的整数也会越来越大，很可能最终能够实现实际应用。下面简要介绍文献[32]中提到的 Shor 算法的变体。

现在很多经典分解整数算法，如连分数方法(CFRAC)、二次筛法(QS)、数域筛法(NFS)，都是基于事实 $n=pq$，若能找到一组整数 (x, y) 满足同余方程 $x^2 \equiv y^2 (\bmod n)$，则能以较大的概率计算出 $\gcd(x \pm y, n) = \{p, q\}$。众所周知，所有基于这一思想的经典算法都需要运行亚指数时间。很自然地会有以下疑问：能否对寻找 (x, y) 的过程实现指数(更准确地说是超多项式的)或多项式时间的加速？答案是：多项式的加速是可能的，而指数的加速是很难的。接下来介绍一种能够实现多项式加速的寻找整数对 (x, y) 的量子算法[43]；实际上，这包含两个新的算法：寻找 x 的算法 3.9 和寻找 y 的算法 3.10。

算法 3.9 该算法尝试寻找满足同余方程 $x^2 \equiv y^2 (\bmod n)$ 的正整数对 (x, y)，从而在 $n = pq$ 时能够通过计算 $\gcd(x \pm y, n) = \{p, q\}$ 来分解 n。根据量子力学基本定理，尽管可以通过一次计算得到整数对 (x, y)，但是当对 x 进行测量时，y 的态会被破坏，因此该算法只能找到满足要求的 x。

(1) 寻找一个整数 q，q 为 2 的幂次，如 2^t，$t = \lfloor \log n \rfloor$。

(2) 将两个量子寄存器(记为 Reg1 和 Reg2)初始化为 0：

$$|\psi_0\rangle = |0\rangle|0\rangle$$

(3) 对 Reg1 做 Hadamard 变换，得到

$$H: |\psi_0\rangle \to |\psi_1\rangle = \frac{1}{\sqrt{q}} \sum_{x=0}^{q-1} |x\rangle|0\rangle$$

(4) 对 Reg2 做模幂运算，得到

$$U_f : |\psi_1\rangle \to |\psi_2\rangle = \frac{1}{\sqrt{q}}\sum_{x=0}^{q-1}|x\rangle|f(x)\rangle$$
$$= \frac{1}{\sqrt{q}}\sum_{x=0}^{q-1}|x\rangle|x^2(\bmod n)\rangle$$

(5) 对 Reg2 做有条件的相位操作——当态相同时改变相位为–1，即当态 $|x\rangle$、$|y\rangle$ 满足 $x^2 \equiv y^2(\bmod n)$ 时 $|x\rangle \to -|x\rangle, |y\rangle \to -|y\rangle$，因此

$$|\psi_2\rangle \to |\psi_3\rangle = \frac{1}{\sqrt{q}}\sum_{x=0}^{q-1}(-1)^{\delta_{x^2(\bmod n), y^2(\bmod n)}}|x\rangle|x^2(\bmod n)\rangle$$

(6) 对 Reg2 做幺正操作 U，其中 $U:|x\rangle|b\rangle \to |x\rangle|b \oplus x^2(\bmod n)\rangle$，可得

$$|\psi_3\rangle \to |\psi_4\rangle = \frac{1}{\sqrt{q}}\sum_{x=0}^{q-1}(-1)^{\delta_{x^2(\bmod n), y^2(\bmod n)}}|x\rangle|0\rangle$$

(7) 对 Reg1 做 Hadamard 变换。

(8) 对 Reg1 做有条件的相位操作——除了 $|0\rangle^{\otimes t}$，其他计算基矢都做 $|x\rangle \to -|x\rangle$ 操作。

(9) 对 Reg1 做 Hadamard 变换。

(10) 对 Reg1 进行测量，假定观测到 $|x\rangle$，实际上，由量子力学基本定理可知，态 $|x\rangle$ 和满足关系 $x^2 \equiv y^2(\bmod n)$ 的态 $|y\rangle$ 可以以相同的概率被观测到，但是当观测到 x 时，y 就被破坏了。在这种情况下，继续运行算法 3.10。

注 3.9　当满足关系 $x^2 \equiv y^2(\bmod n)$ 的 x 被观测到时，根据量子力学基本定理，值 y 就马上被破坏掉了，因此不能同时测量得到 y。理想情况下，可以继续运行算法 3.9 来测量 y，但是这需要用指数次的时间才能测量到。为了加速这一计算过程，令 $a=x^2$，因此平方同余方程 $x^2 \equiv y^2(\bmod n)$ 就变成二次剩余方程 $y^2 \equiv a(\bmod n)$。在这一情况下，可以用下面的量子算法求解平方剩余问题，即求解满足方程 $y^2 \equiv a(\bmod n)$ 的 y。

算法 3.10　该算法尝试找到满足方程 $y^2 \equiv a(\bmod n)$ 的 y，其中 $a=x^2$ 是在算法 3.9 中得到的。

(1) 寻找一个整数 q，q 为 2 的幂次，如 2^t，$t = \left\lceil \log \frac{n}{2} \right\rceil$。

(2) 将两个量子寄存器 Reg1 和 Reg2 初始化为 0：

$$|\psi_0\rangle = |0\rangle|0\rangle$$

(3) 对 Reg1 做 Hadamard 变换，得到

$$H:|\psi_0\rangle \to |\psi_1\rangle = \frac{1}{\sqrt{q}}\sum_{y=0}^{q-1}|y\rangle|0\rangle$$

(4) 对 Reg2 做模幂运算，得到

$$U_f:|\psi_1\rangle \to |\psi_2\rangle = \frac{1}{\sqrt{q}}\sum_{x=0}^{q-1}|y\rangle|f(y)\rangle$$

$$= \frac{1}{\sqrt{q}}\sum_{y=0}^{q-1}|y\rangle|y^2(\bmod n)\rangle$$

(5) 对 Reg2 做有条件的相位操作——当态为 $|a\rangle$ 时 $|y^2(\bmod n)\rangle \to -|y^2(\bmod n)\rangle$，因此

$$|\psi_2\rangle \to |\psi_3\rangle = \frac{1}{\sqrt{q}}\sum_{y=0}^{q-1}(-1)^{\delta_{a,y^2(\bmod n)}}|y\rangle|y^2(\bmod n)\rangle$$

(6) 对 Reg2 做幺正操作 U，其中 $U:|y\rangle|b\rangle \to |y\rangle|b \oplus y^2(\bmod n)\rangle$，可得

$$|\psi_3\rangle \to |\psi_4\rangle = \frac{1}{\sqrt{q}}\sum_{y=0}^{q-1}(-1)^{\delta_{a,y^2(\bmod n)}}|y\rangle|0\rangle$$

(7) 对 Reg1 做 Hadamard 变换。

(8) 对 Reg1 做有条件的相位操作——除了 $|0\rangle^{\otimes t}$，其他计算基矢都做 $|x\rangle \to -|x\rangle$ 操作。

(9) 对 Reg1 做 Hadamard 变换。

(10) 对 Reg1 进行测量，假定观测到 $|y\rangle$，如果 y 满足 $y^2 \equiv a(\bmod n)$，则 y 是方程 $y^2 \equiv a(\bmod n)$ 的解，否则，需要重新运行几次算法。实际上，可以较高的概率观测到满足同余方程 $y^2 \equiv a(\bmod n)$ 的 y。

下面以分解 n=15 或 n=21 为例模拟验证上述两个算法的运算过程。

例 3.15　令 n=15。首先运行算法 3.9。

(1) 寻找一个整数 q，q 为 2 的幂次，如 2^t，$t = \lfloor \log 15 \rfloor = 3$。

(2) 将两个量子寄存器 Reg1 和 Reg2 初始化为 0：

$$|\psi_0\rangle = |0\rangle|0\rangle$$

(3) 对 Reg1 做 Hadamard 变换，得到

$$H:|\psi_0\rangle \to |\psi_1\rangle = \frac{1}{\sqrt{8}}\sum_{x=0}^{7}|x\rangle|0\rangle$$

(4) 对 Reg2 做模幂运算，得到

$$U_f:|\psi_1\rangle \to |\psi_2\rangle = \frac{1}{\sqrt{8}}\sum_{x=0}^{7}|x\rangle|f(x)\rangle$$
$$= \frac{1}{\sqrt{8}}\sum_{x=0}^{7}|x\rangle|x^2(\mathrm{mod}15)\rangle$$

(5) 对 Reg2 做有条件的相位操作——当态相同时改变相位为–1，即态 $|2\rangle$、$|7\rangle$ 满足 $2^2 \equiv 7^2(\mathrm{mod}15)$，因此有 $|4\rangle \to -|4\rangle$，可得

$$|\psi_2\rangle \to |\psi_3\rangle = \frac{1}{\sqrt{8}}\sum_{x=0}^{7}(-1)^{\delta_{x^2(\mathrm{mod}15),y^2(\mathrm{mod}15)}}|x\rangle|x^2(\mathrm{mod}15)\rangle$$
$$= \frac{1}{\sqrt{8}}(|0\rangle|0\rangle + |1\rangle|1\rangle - |2\rangle|4\rangle + |3\rangle|9\rangle + |4\rangle|1\rangle + |5\rangle|10\rangle + |6\rangle|6\rangle - |7\rangle|4\rangle)$$

(6) 对 Reg2 做幺正操作 U，其中 $U:|x\rangle|b\rangle \to |x\rangle|b \oplus x^2(\mathrm{mod}15)\rangle$，可得

$$|\psi_3\rangle \to |\psi_4\rangle = \frac{1}{\sqrt{8}}\sum_{x=0}^{7}(-1)^{\delta_{x^2(\mathrm{mod}15),y^2(\mathrm{mod}15)}}|x\rangle|0\rangle$$
$$= \frac{1}{\sqrt{8}}(|0\rangle + |1\rangle - |2\rangle + |3\rangle + |4\rangle + |5\rangle + |6\rangle - |7\rangle)|0\rangle$$

(7) 对 Reg1 做 Hadamard 变换。

$$\begin{aligned}
&H:|\psi_4\rangle \to |\psi_5\rangle \\
&= H\left(\frac{1}{\sqrt{8}}(|000\rangle + |001\rangle - |010\rangle + |011\rangle + |100\rangle + |101\rangle + |110\rangle - |111\rangle)\right) \\
&= \frac{1}{\sqrt{8}}H(|000\rangle + |001\rangle - |010\rangle + |011\rangle + |100\rangle + |101\rangle + |110\rangle - |111\rangle) \\
&= \frac{1}{\sqrt{8}}\frac{1}{\sqrt{8}}\big[(|0\rangle + |1\rangle)\otimes(|0\rangle + |1\rangle)\otimes(|0\rangle + |1\rangle) + (|0\rangle + |1\rangle)\otimes(|0\rangle + |1\rangle)\otimes(|0\rangle - |1\rangle) \\
&\quad - (|0\rangle + |1\rangle)\otimes(|0\rangle - |1\rangle)\otimes(|0\rangle + |1\rangle) + (|0\rangle + |1\rangle)\otimes(|0\rangle - |1\rangle)\otimes(|0\rangle - |1\rangle) \\
&\quad + (|0\rangle - |1\rangle)\otimes(|0\rangle + |1\rangle)\otimes(|0\rangle + |1\rangle) + (|0\rangle - |1\rangle)\otimes(|0\rangle + |1\rangle)\otimes(|0\rangle - |1\rangle) \\
&\quad + (|0\rangle - |1\rangle)\otimes(|0\rangle - |1\rangle)\otimes(|0\rangle + |1\rangle) - (|0\rangle - |1\rangle)\otimes(|0\rangle - |1\rangle)\otimes(|0\rangle - |1\rangle)\big] \\
&= \frac{1}{2}(|000\rangle + |010\rangle - |101\rangle + |111\rangle)
\end{aligned}$$

(8) 对 Reg1 做有条件的相位操作——除了 $|0\rangle^{\otimes t}$，其他计算基矢都做 $|x\rangle \to -|x\rangle$ 操作。

$$|\psi_6\rangle = \frac{1}{2}(|000\rangle - |010\rangle + |101\rangle - |111\rangle)$$

(9) 对 Reg1 做 Hadamard 变换。

$$\begin{aligned}
&H : |\psi_6\rangle \to |\psi_7\rangle \\
&= H\left(\frac{1}{2}(|000\rangle - |010\rangle + |101\rangle - |111\rangle)\right) \\
&= \frac{1}{4\sqrt{2}}\big[(|0\rangle + |1\rangle) \otimes (|0\rangle + |1\rangle) \otimes (|0\rangle + |1\rangle) - (|0\rangle + |1\rangle) \otimes (|0\rangle - |1\rangle) \otimes (|0\rangle + |1\rangle) \\
&\quad + (|0\rangle - |1\rangle) \otimes (|0\rangle + |1\rangle) \otimes (|0\rangle - |1\rangle) - (|0\rangle - |1\rangle) \otimes (|0\rangle - |1\rangle) \otimes (|0\rangle - |1\rangle)\big] \\
&= \frac{1}{4\sqrt{2}}(4|010\rangle + 4|111\rangle) = \frac{1}{\sqrt{2}}(|010\rangle + |111\rangle)
\end{aligned}$$

(10) 对 Reg1 做测量，假定观测到 $|010\rangle$，实际上，态 $|010\rangle$ 和态 $|111\rangle$ 可以以相同的概率被观测到，但是由量子力学基本定理可知，我们只能观测到二者中的一个，如观测到第一个态，即通过观测得到 $x = |010\rangle = 2$，接着继续运行算法 3.10。

例 3.16 对于 n=15 继续运行算法 3.10。在算法 3.9 运行结束时，观测到了态 $x = |010\rangle$，即得到了 x=2。接下来令 a=x^2。算法 3.10 尝试找到满足同余方程 $y^2 \equiv a(\bmod 15)$ 的解 y，其中 $a = x^2 = 4$。

(1) 寻找一个整数 q，q 为 2 的幂次，如 2^t，$t = \left\lceil \log\frac{15}{2} \right\rceil = 3$。

(2) 将两个量子寄存器 Reg1 和 Reg2 初始化为 0：

$$|\psi_0\rangle = |0\rangle|0\rangle$$

(3) 对 Reg1 做 Hadamard 变换，得到

$$H : |\psi_0\rangle \to |\psi_1\rangle = \frac{1}{\sqrt{8}}\sum_{y=0}^{7}|y\rangle|0\rangle$$

(4) 对 Reg2 做模幂运算，得到

$$U_f:|\psi_1\rangle \to |\psi_2\rangle = \frac{1}{\sqrt{8}}\sum_{y=0}^{7}|y\rangle|f(y)\rangle$$
$$= \frac{1}{\sqrt{8}}\sum_{y=0}^{7}|y\rangle|y^2(\bmod 15)\rangle$$

(5) 对 Reg2 做有条件的相位操作——当态为$|4\rangle$时改变相位为–1，因此

$$|\psi_2\rangle \to |\psi_3\rangle = \frac{1}{\sqrt{8}}\sum_{y=0}^{7}(-1)^{\delta_{4,y^2(\bmod n)}}|y\rangle|y^2(\bmod 15)\rangle$$
$$= \frac{1}{\sqrt{8}}(|0\rangle|0\rangle + |1\rangle|1\rangle - |2\rangle|4\rangle + |3\rangle|9\rangle + |4\rangle|1\rangle + |5\rangle|10\rangle + |6\rangle|6\rangle - |7\rangle|4\rangle)$$

(6) 对 Reg2 做幺正操作 U，其中$U:|y\rangle|b\rangle \to |y\rangle|b\oplus y^2(\bmod 15)\rangle$，可得

$$|\psi_3\rangle \to |\psi_4\rangle = \frac{1}{\sqrt{8}}\sum_{y=0}^{7}(-1)^{\delta_{4,y^2(\bmod 15)}}|y\rangle|0\rangle$$
$$= \frac{1}{\sqrt{8}}(|0\rangle + |1\rangle - |2\rangle + |3\rangle + |4\rangle + |5\rangle + |6\rangle - |7\rangle)|0\rangle$$

(7) 对 Reg1 做 Hadamard 变换。

$$H:|\psi_4\rangle \to |\psi_5\rangle$$
$$= H\left(\frac{1}{\sqrt{8}}(|000\rangle + |001\rangle - |010\rangle + |011\rangle + |100\rangle + |101\rangle + |110\rangle - |111\rangle)\right)$$
$$= \frac{1}{\sqrt{8}}H(|000\rangle + |001\rangle - |010\rangle + |011\rangle + |100\rangle + |101\rangle + |110\rangle - |111\rangle)$$
$$= \frac{1}{\sqrt{8}}\frac{1}{\sqrt{8}}\big[(|0\rangle+|1\rangle)\otimes(|0\rangle+|1\rangle)\otimes(|0\rangle+|1\rangle) + (|0\rangle+|1\rangle)\otimes(|0\rangle+|1\rangle)\otimes(|0\rangle-|1\rangle)$$
$$-(|0\rangle+|1\rangle)\otimes(|0\rangle-|1\rangle)\otimes(|0\rangle+|1\rangle) + (|0\rangle+|1\rangle)\otimes(|0\rangle-|1\rangle)\otimes(|0\rangle-|1\rangle) + (|0\rangle-|1\rangle)$$
$$\otimes(|0\rangle+|1\rangle)\otimes(|0\rangle+|1\rangle) + (|0\rangle-|1\rangle)\otimes(|0\rangle+|1\rangle)\otimes(|0\rangle-|1\rangle) + (|0\rangle-|1\rangle)\otimes(|0\rangle-|1\rangle)$$
$$\otimes(|0\rangle+|1\rangle) - (|0\rangle-|1\rangle)\otimes(|0\rangle-|1\rangle)\otimes(|0\rangle-|1\rangle)\big]$$
$$= \frac{1}{2}(|000\rangle + |010\rangle - |101\rangle + |111\rangle)$$

(8) 对 Reg1 做有条件的相位操作——除了$|0\rangle^{\otimes t}$，其他计算基矢都做$|x\rangle \to -|x\rangle$操作。

$$|\psi_6\rangle = \frac{1}{2}(|000\rangle - |010\rangle + |101\rangle - |111\rangle)$$

(9) 对 Reg1 做 Hadamard 变换:

$$
\begin{aligned}
&H:|\psi_6\rangle \to |\psi_7\rangle \\
&= H\left(\frac{1}{2}(|000\rangle - |010\rangle + |101\rangle - |111\rangle)\right) \\
&= \frac{1}{4\sqrt{2}}\big[(|0\rangle+|1\rangle)\otimes(|0\rangle+|1\rangle)\otimes(|0\rangle+|1\rangle) - (|0\rangle+|1\rangle)\otimes(|0\rangle-|1\rangle)\otimes(|0\rangle+|1\rangle) \\
&\quad + (|0\rangle-|1\rangle)\otimes(|0\rangle+|1\rangle)\otimes(|0\rangle-|1\rangle) - (|0\rangle-|1\rangle)\otimes(|0\rangle-|1\rangle)\otimes(|0\rangle-|1\rangle)\big] \\
&= \frac{1}{4\sqrt{2}}(4|010\rangle + 4|111\rangle) = \frac{1}{\sqrt{2}}(|010\rangle + |111\rangle)
\end{aligned}
$$

(10) 对 Reg1 做测量。在最坏的情况下，假定观测到 $|010\rangle$，即 $y = |010\rangle = 2 = x$，这个 y 对于我们是无用的，因此需要继续运行算法 3.10 几次以便观测到态 $y = |111\rangle = 7$；实际上，观测到态 $|010\rangle$ 和态 $|111\rangle$ 的概率是一样的，即 $P(|010\rangle) = P(|111\rangle) = 1/2$。当然，也有可能第一次运行算法就得到 $y = |111\rangle = 7$，在这一情况下我们得到了需要的 y，就不需要再次运行该算法了。因此，在算法 3.10 运行结束时，得到 $x = |010\rangle = 2$ 和 $y = |111\rangle = 7$，满足 $x^2 \equiv y^2 \pmod{15}$。

(11) 既然得到了需要的整数对 (x, y)，我们可以在经典计算机上有效地计算出 $\gcd(2 \pm 7, 15) = (3, 5)$，得到相应的素因数分解 $15 = 3 \times 5$。

3.4 节 习 题

1. Smolin 等[40]讨论了一种简化版本的 Shor 算法，该算法通过寻找满足同余关系 $a^2 \equiv 1 \pmod{n}$ 的整数 a，而不是像之前那样计算 $\mathbb{Z}_n^*$ 中元素 a 的阶 r，即 $a^r \equiv 1 \pmod{n}$，来分解整数 n。请简述该简化版本的 Shor 算法及该算法的复杂度。

2. 用文献[26]提出的编译版本的 Shor 算法给出分解整数 21 的计算过程。

3. 运用文献[33]的量子分解方法模拟分解整数 291311，该方法的复杂度是多少？

4. 运用文献[32]的编译版本的 Shor 算法，提出一种基于该方法的分解比 143 大的整数的实验证明方案。

5. 基于经典数域筛分解方法，开发相应版本的量子算法。

6. 基于经典 Pollard 的 ρ 分解方法，开发相应版本的量子算法。

3.5 本章要点及进阶阅读

素数理论是数论及数学领域中一门最悠久的分支，整数分解问题是该领域中一个最古老的数论难题。尽管该问题的首次清晰阐明是在高斯的著作《算术研究》[44]中，但其根源可以向上追溯到欧几里得的《几何原本》[45]。随着现代公钥密码学的发明，整数分解问题在构造难以破译的公钥密码体制及协议方面有着重要的应用，如RSA(见文献[46]和[47])、Rabin签名协议[20]及零知识证明[48]等。整数分解问题是目前比较热门的研究领域，关于其应用研究也有很多，因此在该领域中有很多好的参考文献，建议读者阅读文献[49]～[62]。

基于IFP的密码体制在公钥密码里有着重要的地位。特别地，RSA是现今网络世界中最著名且广泛应用的密码体制。想了解更多关于基于IFP的密码学知识，请参考文献[63]～[78]。

1994年，Shor发现了量子分解算法[21,23,79-81]，引发了学术界对该领域的研究兴趣，从而引发了大量研究。量子计算机为计算理论提供了一条崭新的途径，人们在量子计算机上首次证明了可以在多项式时间内有效求解IFP。目前关于量子计算尤其是关于量子整数分解算法有很多好的参考资料。读者若想了解更多关于量子计算机和量子计算的知识，建议阅读文献[22]、[27]、[39]、[82]～[101]。费曼被称为量子计算之父，有关他的关于量子计算的原始思想可阅读文献[102]和[103]。

除了用量子计算分解整数，人们也提出了其他类型的经典计算分解算法，如基于分子DNA的整数分解和攻击算法。Chang等[104]提出了针对大整数的并行分子DNA分解算法，并在文献[105]中提出了针对RSA密码体制的破译算法。

参 考 文 献

[1] Lehman R S. Factoring large integers. Mathematics of Computation, 1974, 28(126): 637-646

[2] McKee J F. Turning Euler's factoring methods into a factoring algorithm. Bulletin of the London Mathematical Society, 1996, 28(4): 351-355

[3] Shanks D. Analysis and improvement of the continued fraction method of factorization. Abstract 720-10-43, Notices of the AMS, 1975, 22: A-68

[4] Pollard J M. Theorems on factorization and primality testing. Proceedings Cambridge Philosophical Society, 1974, 76(3): 521-528

[5] Strassen V. Einige resultate über berechnungs komplexität. Jahresbericht der Deutschen Mathematiker-Vereinigung, 1976/1997, 78: 1-84

[6] Coppersmith D. Small solutions to polynomial equations, and low exponent RSA vulnerability. Journal of Cryptology, 1997, 10(4): 233-260

[7] Shanks D. Class number, a theory of factorization, and genera. Proceedings of Symposium of Pure Mathematics, 1971: 415-440

[8] Morrison M A, Brillhart J. A method of factoring and the factorization of F_7. Mathematics of Computation, 1975, 29(129): 183-205

[9] Pomerance C. The quadratic sieve factoring algorithm. Proceedings of Eurocrypt 1984, Lecture Notes in Computer Science, 1985, 209: 169-182

[10] Lenstra A K, Lenstra H W Jr. The Development of the Number Field Sieve. Lecture Notes in Mathematics. Berlin: Springer, 1993

[11] Knuth D E. The Art of Computer Programming Ⅲ: Sorting and Searching. 2nd ed. Reading: Addison-Wesley, 1998

[12] Brent R P. An improved Monte Carlo factorization algorithm. BIT Numerical Mathematics, 1980, 20(2): 176-184

[13] Pollard J M. A Monte Carlo method for factorization. BIT Numerical Mathematics, 1975, 15(3): 331-332

[14] Lenstra H W Jr. Factoring integers with elliptic curves. Annals of Mathematics, 1987, 126(3): 649-673

[15] Ireland K, Rosen M. A Classical Introduction to Modern Number Theory. 2nd ed. Heidelberg: Springer, 1990

[16] Montgomery P L. A survey of modern integer factorization algorithms. CWI Quarterly, 1994, 7(4): 337-394

[17] Grobchadl J. The Chinese remainder theorem and its application in a high-speed RSA crypto chip. Proceedings of the 16th Annual Computer Security Applications Conference, 2000: 384-393

[18] Pohlig S C, Hellman M E. An improved algorithm for computing logarithms over GF(p) and its cryptographic significance. IEEE Transactions on Information Theory, 1978, 24(1): 106-110

[19] Rivest R L, Kaliski B. RSA problem//van Tilborg H C A. Encyclopedia of Cryptography and Security. Berlin: Springer, 2005

[20] Rabin M. Digitalized signatures and public-key functions as intractable as factorization. Technical Report MIT/LCS/TR-212. Cambridge: MIT Laboratory for Computer Science, 1979

[21] Shor P. Algorithms for quantum computation: Discrete logarithms and factoring. Proceedings of the 35th Annual Symposium on Foundations of Computer Science, 1994: 124-134

[22] Vandersypen L M K, Steffen M, Breyta G, et al. Experimental realization of Shor's quantum factoring algorithm using nuclear magnetic resonance. Nature, 2001, 414(6866): 883-887

[23] Shor P. Polynomial-time algorithms for prime factorization and discrete logarithms on a quantum computer. SIAM Journal on Computing, 1997, 26(5): 1484-1509

[24] Schneiderman J F, Stanley M E, Aravind P K. A Pseudo-simulation of Shor's quantum factoring algorithm. arXiv: quant-ph/0206101v1, 2002

[25] Browne D E. Efficient classical simulation of the quantum fourier transform. New Journal of Physics, 2007, 9(146): 1-7

[26] Lu C, Browne D, Yang T, et al. Demonstration of a compiled version of Shor's quantum algorithm using photonic qubits. Physical Review Letters, 2007, 99(25), 250504: 1-4

[27] Lanyon B P, Weinhold T J, Langford N K, et al. Experimental demonstration of a compiled version of Shor's algorithm with quantum entanglement. Physical Review Letters, 2007, 99(25), 250505: 1-4

[28] Lucero E, Barends R, Chen Y, et al. Computing prime factors with a Josephson phase qubit quantum processor. Nature Physics, 2012, 8(10): 719-723

[29] Bigourd D, Chatel B, Schleich W P, et al. Factorization of numbers with the temporal Talbot effect: Optical implementation by a sequence of shaped ultrashort pulse. Physical Review Letters, 2008, 100(3), 030202: 1-4

[30] Gilowski M, Wendrich T, Müller T, et al. Gauss sum factoring with cold atoms. Physical Review Letters, 2008, 100(3), 030201: 1-4

[31] Peng X, Liao Z, Xu N, et al. Quantum adiabatic algorithm for factorization and its experimental implementation. Physical Review Letters, 2008, 101(22), 220405: 1-4

[32] Xu N, Zhu J, Lu D, et al. Quantum factorization of 143 on a dipolar-coupling nuclear magnetic resonance system. Physical Review Letters, 2012, 108(13), 130501: 1-5

[33] Dattani N S, Bryans N. Quantum factorization of 56153 with only 4 qubits. arXiv: 1411.6758v3 [quantum-ph], 2014

[34] Geller M R, Zhou Z. Factoring 51 and 85 with 8 qubits. Scientific Reports, 2007, 3(3023): 1-5

[35] Martín-López E, Laing A, Lawson T, et al. Experimental realization of Shor's quantum factoring algorithm using qubit recycling. Nature Photonics, 2012, 6(11): 773-776

[36] Politi A, Matthews J C F, O'Brient J L. Shor's quantum algorithm on a photonic chip. Science, 2009, 325(5945): 122

[37] Martkov I, Saeedi M. Fast quantum number factoring via circuit synthesis. Physical Review A, 2012, 87(1), 012310: 1-5

[38] Zubairy M S. Factoring numbers with waves. Science, 2007, 318(5824): 5541-5555

[39] Zalka C. Fast versions of Shor's quantum factoring algorithm. arXiv: /9806084v1 [quantum-ph], 1998

[40] Smolin J A, Smith G, Vargo A. Oversimplifying quantum factoring. Nature, 2013, 499(7457): 163-165

[41] Parker S, Plenio M B. Efficient factorization a single pure qubit and log N mixed qubit. Physical Review Letters, 2004, 85(14): 3049-3052

[42] Seifert J P. Using fewer qubits in Shor's factorization algorithm via simultaneous diophantine approximation. Lecture Notes in Computer Science, 2001, 2020: 319-327

[43] Yan S Y, Wang Y H. New quantum algorithm for finding the solution x, y in $x^2 \equiv y^2 \pmod{n}$. Wuhan: Wuhan University, 2015
[44] Gauss C F. Disquisitiones Arithmeticae. Berlin: Springer-Verlag, 1801
[45] Euclid. The Thirteen Books of Euclid's Elements. 2nd ed. New York: Dover, 1956
[46] Gardner M. Mathematical games: A new kind of cipher that would take millions of years to break. Scientific American, 1977, 237(2): 120-124
[47] Rivest R L, Shamir A, Adleman L. A method for obtaining digital signatures and public key cryptosystems. Communications of the ACM, 1978, 21(2): 120-126
[48] Goldwasser S, Micali S, Rackoff C. The knowledge complexity of interactive proof systems. SIAM Journal on Computing, 1989, 18(1): 186-208
[49] Adleman L M. Algorithmic number theory: The complexity contribution. Proceedings of the 35th Annual IEEE Symposium on Foundations of Computer Science, 1994: 88-113
[50] Atkins D, Graff M, Lenstra A K, et al. The magic words are squeamish ossifrage. Advances in Cryptology: ASIACRYPT 1994, Lecture Notes in Computer Science, 1995, 917: 261-277
[51] Agrawal M, Kayal N, Saxena N. Primes is in P. Annals of Mathematics, 2006, 160(2): 781-793
[52] Bressound D M. Factorization and Primality Testing. Berlin: Springer, 1989
[53] Buhler J P, Stevenhagen P. Algorithmic Number Theory. Cambridge: Cambridge University Press, 2008
[54] Cohen H. A Course in Computational Algebraic Number Theory. Berlin: Springer, 1993
[55] Cormen T H, Ceiserson C E, Rivest R L. Introduction to Algorithms. 3rd ed. Cambridge: Massachusetts Institute of Technology, 2009
[56] Crandall R, Pomerance C. Prime Numbers: A Computational Perspective. 2nd ed. New York: Springer, 2005
[57] Dixon J D. Factorization and primality tests. American Mathematical Monthly, 1984, 91(6): 333-352
[58] Kleinjung T, Aoki K, Franke J, et al. Factorization of a 768-bit RSA modulus. Advances in Cryptology: Crypto 2010, Lecture Notes in Computer Science, 2010, 6223: 333-350
[59] Lenstra A K. Integer factoring. Designs Codes and Cryptography, 2000, 19(2-3): 101-128
[60] Pomerance C. A tale of two sieves. Notices of the AMS, 1996, 43(12): 1473-1485
[61] Riesel H. Prime Numbers and Computer Methods for Factorization. Boston: Birkhäuser, 1990
[62] Yan S Y. Primality Testing and Integer Factorization in Public-Key Cryptography. 2nd ed. New York: Springer, 2009
[63] Blum M, Goldwasser S. An efficient probabilistic public-key encryption scheme that hides all partial information. Advances in Cryptography: Crypto 1984, Lecture Notes in Computer Science, 1985, 196: 289-302

[64] Boneh D. Twenty years of attacks on the RSA cryptosystem. Notices of the AMS, 1999, 46(2): 203-213

[65] Coron J S, May A. Deterministic polynomial-time equivalence of computing the RSA secret key and factoring. Journal of Cryptology, 2007, 20(1): 39-50

[66] Goldreich O. Foundations of Cryptography: Basic Tools. Cambridge: Cambridge University Press, 2001

[67] Goldreich O. Foundations of Cryptography: Basic Applications. Cambridge: Cambridge University Press, 2004

[68] Goldwasser S, Micali S. Probabilistic encryption. Journal of Computer and System Sciences, 1984, 28(2): 270-299

[69] Hinek M J. Cryptanalysis of RSA and its Variants. London/West Palm Beach: Chapman & Hall/CRC, 2009

[70] Hoffstein J, Pipher J, Silverman J H. An Introduction to Mathematical Cryptography. New York: Springer, 2008

[71] Katzenbeisser S. Recent Advances in RSA Cryptography. Dordrecht: Kluwer Academic, 2001

[72] Konheim A G. Computer Security and Cryptography. Chichester: Wiley, 2007

[73] McKee J F, Pinch R. Old and new deterministic factoring algorithms. Algorithmic Number Theory, Lecture Notes in Computer Science, 1996, 1122: 217-224

[74] Mollin R A. RSA and Public-Key Cryptography. Boca Raton: Chapman & Hall/CRC, 2003

[75] Montgomery P L. Speeding Pollard's and elliptic curve methods of factorization. Mathematics of Computation, 1987, 48(177): 243-264

[76] Trappe W, Washington L. Introduction to Cryptography with Coding Theory. 2nd ed. Englewood Cliffs: Prentice-Hall, 2006

[77] Wiener H. Cryptanalysis of short RSA secret exponents. IEEE Transactions on Information Theory, 1990, 36(3): 553-558

[78] Yan S Y. Cryptanalyic Attacks on RSA. New York: Springer, 2008

[79] Shor P. Quantum computing. Documenta Mathematica, 1998: 467-486

[80] Shor P. Introduction to quantum algorithms. Mathematics, 2000, 58: 143-159

[81] Shor P. Why Haven't more quantum algorithms been found? Journal of the ACM, 2003, 50(1): 87-90

[82] Adleman L M, de Marrais J, Huang M D A. Quantum computability. SIAM Journal on Computing, 1997, 26(5): 1524-1540

[83] Bennett C H, Bernstein E, Brassard G, et al. Strengths and weakness of quantum computing. SIAM Journal on Computing, 1997, 26(5): 1510-1523

[84] Bennett C H, Di Vincenzo D P. Quantum information and computation. Nature, 2000, 404(6775): 247-255

[85] Bernstein E, Vazirani U. Quantum complexity theory. SIAM Journal on Computing, 1997, 26(5): 1411-1473

[86] Chuang I L, Laflamme R, Shor P, et al. Quantum computers, factoring, and decoherence. Science, 1995, 270(5242): 1633-1635

[87] Deutsch D. Quantum theory, the Church-Turing principle and the universal quantum computer. Proceedings of the Royal Society A: Mathematical Physical and Engineering Sciences, 1985, 400(1818): 96-117

[88] Ekert A, Jozsa R. Quantum computation and Shor's factoring algorithm. SIAM Journal on Computing, 1997, 26(5): 1510-1523

[89] Grustka J. Quantum Computing. New York: McGraw-Hill, 1999

[90] Lomonaco S J Jr. Shor's quantum factoring algorithm. American Mathematical Society, 2002, 58: 1-19

[91] Mermin N D. Quantum Computer Science. Cambridge: Cambridge University Press, 2007

[92] Nielson M A, Chuang I L. Quantum Computation and Quantum Information. 10th ed. Cambridge: Cambridge University Press, 2010

[93] Simon D R. On the power of quantum computation. SIAM Journal on Computing, 1997, 26(5): 1471-1483

[94] van Meter R, Itoh K M. Fast quantum modular exponentiation. Physical Review A, 2005, 71(5), 052320: 1-12

[95] van Meter R, Munro W J, Nemoto K. Architecture of a quantum multicomputer implementing Shor's algorithm. Theory of Quantum Computation, Communication and Cryptography, Lecture Notes in Computer Science, 2008, 5106: 105-114

[96] Vazirani U V. On the power of quantum computation. Philosophical Transactions of the Royal Society of London A, 1998, 356(1743): 1759-1768

[97] Vazirani U V. A survey of quantum complexity theory. Proceedings of Symposia in Applied Mathematics, 2002, 58: 193-220

[98] Watrous J. Quantum Computational Complexity. New York: Springer, 2009: 7174-7201

[99] Williams C P. Explorations in Quantum Computation. 2nd ed. New York: Springer, 2011

[100] Yanofsky N S, Mannucci M A. Quantum Computing for Computer Scientists. Cambridge: Cambridge University Press, 2008

[101] Yao A C. Quantum circuit complexity. Proceedings of Foundations of Computer Science, 1993: 352-361

[102] Feynman R P. Simulating physics with computers. International Journal of Theoretical Physics, 1982, 21(6): 467-488

[103] Feynman R P. Feynman Lectures on Computation. Reading: Addison-Wesley, 1996

[104] Chang W L, Guo M, Ho M S H. Fast parallel molecular algorithms for DNA-based computation: Factoring integers. IEEE Transactions on Nanobioscience, 2005, 4(2): 149-163

[105] Chang W L, Lin K W, Guo M Y, et al. Molecular solutions of the RSA public-key cryptosystem on a DNA-based computer. Journal of Supercomputing, 2012, 61(3): 642-672

第4章 针对离散对数问题的量子计算

提出好想法的前提是提出很多想法。

莱纳斯·鲍林(Linus Pauling 1901—1994)

1954年诺贝尔化学奖获得者

1976年，Diffie、Hellman和Merkle于斯坦福首次提出以数论中的计算困难问题即离数对数问题(DLP)作为构造密码协议的数学基础，隶属于英国国家通信总局的Ellis、Cocks和Williamson也在1970～1976年提出了类似的思想。今天，DLP已经广泛应用于构造密码体制和数字签名，这些体制的安全性严重依赖于DLP的困难性。本章讨论针对求解DLP的量子算法，并介绍其在椭圆曲线上的推广，即ECDLP。

4.1 针对离散对数问题的经典算法

4.1.1 基本概念

根据求解难度的不同等级，可以将DLP分为三大类，如图4.1所示。

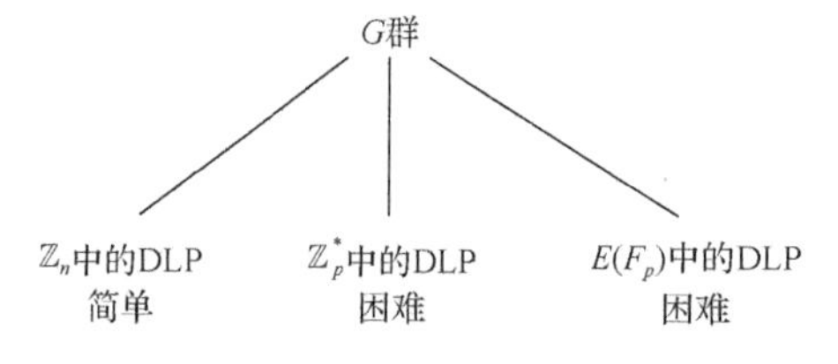

图4.1 三种类型的离散对数问题

(1)加法群$G=\mathbb{Z}_n$中的DLP是易解问题：考虑阶为100的加法(循环)群$G=\mathbb{Z}_{100}$，寻找

$$n \equiv \log_3 17 \pmod{100}$$

即寻找

$$3n \equiv 17 \pmod{100}$$

这一类型的DLP可以用欧几里得算法在多项式时间内计算出乘法逆元，如下所示：

$$
\begin{aligned}
n &= (3^{-1} \bmod 100) \times 17 \pmod{100} \\
&= 67 \times 17 \pmod{100} \\
&= 39 \pmod{100}
\end{aligned}
$$

(2) 乘法群 $G = \mathbb{Z}_n^*$ 中的 DLP 是难解问题(注意当 $n = p$ 或 $n = p^k$，即为素数或素数幂次时，G 为一个域)：考虑阶为 100 的乘法(循环)群 $G = \mathbb{Z}_{101}^*$，寻找

$$n \equiv \log_3 17 \pmod{101}$$

即寻找

$$3^n \equiv 17 \pmod{101}$$

这一类型的 DLP 一般是困难的，即没有多项式时间的算法可以求解它。

当然，对于上述构造的小整数例子，可以通过穷举搜索发现：

$$\log_3 17 \equiv 70 \pmod{101}$$

(3) 椭圆曲线群中的 DLP 也是难解问题(注意可能是群 $G = E(\mathbb{Z}_n)$ 或 $G = E(\mathbb{Q})$)，考虑下面有限域上的椭圆曲线群：

$$E \setminus F_{101} : y^3 \equiv x^3 + 7x + 12 \pmod{101}$$

其中，$\{P(-1,2), Q(31,86)\} \in E(F_{101})$。寻找 $k \equiv \log_P Q \pmod{101}$ 使得

$$Q \equiv kP \pmod{101}$$

这一类型的 DLP 一般也是困难的，即没有多项式时间的算法可以求解它。同样，对于上述构造的小整数例子，可以通过穷举搜索发现

$$\log_P Q \equiv 78 \pmod{101}$$

在本章后面的几节中，只考虑针对乘法群 $\mathbb{Z}_n^*$ 或有限域 F_{p^k}（$k \geqslant 1$）上的 DLP 的经典和量子算法；$E(F_p)$ 上的 ECDLP 将在第 5 章讨论。

4.1.2　Shanks 的大步小步算法

设 G 是阶为 n 的有限循环群，a 是 G 的生成元，$b \in G$。一种直观的算法是：通过连续计算 a 的幂次直到得到 b，这需要 $O(n)$ 次群操作。例如，为了求解 $x \equiv \log_2 15 \pmod{19}$，对于 $x = 0,1,2,\cdots,19-1$，依次计算 2^x，直到对于某个 x，

$2^x \bmod 19 = 15$，见表 4.1。

表 4.1　2^x(mod19) 的值

x	0	1	2	3	4	5	6	7	8	9	10	11
2^x(mod19)	1	2	4	8	16	13	7	14	9	18	17	15

因此，$\log_2 15(\bmod 19)=11$。很明显，当 n 很大时，该算法是无效的。本节首先介绍一类平方根算法，该算法又称为大步小步算法，针对 DLP，该算法比上述直观算法更好。该算法是由 Daniel Shanks(1917—1996 年)提出的，适用于求解任何群上的 DLP[1]。

设 $m=\lfloor\sqrt{n}\rfloor$。大步小步算法是基于以下事实：如果 $x=\log_a b$，则可以将 x 唯一地表示成

$$x=i+jm,\quad 0\leqslant i,j<m$$

例如，若 $11=\log_2 15(\bmod 19)$，则 $a=2$，$b=15$，$m=5$，因此可将 11 写成 $11=i+5j$，$0\leqslant i,j<m$。很明显这里 $i=1$，$j=2$，因此有 $11=1+5\times 2$。同样，对于 $14=\log_2 6(\bmod 19)$，可将 14 表示成 $14=4+5\times 2$；对于 $17=\log_2 10(\bmod 19)$，可将 17 表示成 $17=2+5\times 3$。下面给出该算法的详细步骤。

算法 4.1(Shanks 的小步大步算法)　该算法计算以 a 为底、y 关于模 n 的离散对数 x，即求解 x 使得 $y\equiv a^x(\bmod n)$。

(1) 初始化：计算 $s=\lfloor\sqrt{n}\rfloor$。

(2) 计算小步：计算第一个序列对 (ya^r,r)，其中 $r=0,1,2,\cdots,s-1$，用 S 表示为

$$S=\left\{(y,0),(ya,1),\left(ya^2,2\right),\left(ya^3,3\right),\cdots,\left(ya^{s-1},s-1\right)(\bmod n)\right\}$$

根据 S 中序列对的第一个元素 ya^r 的大小对集合 S 中的元素进行排序。

(3) 计算大步：计算第二个序列对 (a^{ts},ts)，其中 $t=1,2,\cdots,s$，用 T 表示为

$$T=\left\{\left(a^s,1s\right),\left(a^{2s},2s\right),\left(a^{3s},3s\right),\cdots,\left(a^{s^2},s^2\right)(\bmod n)\right\}$$

根据 T 中序列对的第一个元素 a^{ts} 的大小对集合 T 中的元素进行排序。

(4) 搜索、对比和计算：在集合 S 和 T 中搜索满足 $ya^r=a^{ts}$ 的 ya^r 和 a^{ts}，其中 ya^r 在 S 中，a^{ts} 在 T 中，然后计算 $x=ts-r$，则 x 就是 $\log_a y(\bmod n)$ 的值。

该算法需要存储规模为 $O(m)$ 的表格（$m=\lfloor\sqrt{n}\rfloor$，其中 n 是模数）。运用搜索算法，搜索集合 S 和 T 需要 $O(m\log m)$ 次操作，因此这一算法计算离散对数所需要的时间量级为 $O(\sqrt{n}\log n)$，存储空间量级为 $O(\sqrt{n})$。需要注意的是，Shanks 的思想最初是针对计算群 G 中任意群元 g 的阶的，这里运用其思想来求解离散对数。另外需要注意的是，该算法适用于任意群，但是当群的阶大于 10^{40} 时，该算法就行不通了。

例 4.1　计算 $x=\log_2 6(\bmod 19)$，即满足 $6=2^x(\bmod 19)$ 的 x。由算法 4.1 可知，可以做如下计算：

(1) $y=6$，$a=2$，$n=19$，$s=\lfloor\sqrt{19}\rfloor=4$。

(2) 计算小步：

$$
\begin{aligned}
S&=\{(y,0),(ya,1),(ya^2,2),(ya^3,3)(\bmod 19)\}\\
&=\{(6,0),(6\times 2,1),(6\times 2^2,2),(6\times 2^3,3)(\bmod 19)\}\\
&=\{(6,0),(12,1),(5,2),(10,3)\}\\
&=\{(5,2),(6,0),(10,3),(12,1)\}
\end{aligned}
$$

(3) 计算大步：

$$
\begin{aligned}
T&=\{(a^s,s),(a^{2s},2s),(a^{3s},3s),(a^{4s},4s)(\bmod 19)\}\\
&=\{(2^4,4),(2^8,8),(2^{12},12),(2^{16},16)(\bmod 19)\}\\
&=\{(16,4),(9,8),(11,12),(5,16)\}\\
&=\{(5,16),(9,8),(11,12),(16,4)\}
\end{aligned}
$$

(4) 对比和计算：S 和 T 中的共同元素是 5，在 S 和 T 中分别对应 $r=2$ 和 $st=16$，因此 $x=ts-r=16-2=14$，即 $\log_2 6(\bmod 19)=14$ 或 $2^{14}(\bmod 19)=6$。

例 4.2　计算 $x=\log_{59}67(\bmod 113)$，即满足 $67=59^x(\bmod 113)$ 的 x。由算法 4.1 可知，做如下计算。

(1) $y=67$，$a=59$，$n=113$，$s=\lfloor\sqrt{113}\rfloor=10$。

(2) 计算小步：

$$
\begin{aligned}
S&=\{(y,0),(ya,1),(ya^2,2),(ya^3,3),\cdots,(ya^9,9)(\bmod 113)\}\\
&=\{(67,0),(67\times 59,1),(67\times 59^2,2),(67\times 59^3,3),(67\times 59^4,4),\\
&\quad(67\times 59^5,5),(67\times 59^6,6),(67\times 59^7,7),(67\times 59^8,8),(67\times 59^9,9)(\bmod 113)\}\\
&=\{(67,0),(111,1),(108,2),(44,3),(110,4),(49,5),(66,6),(52,7),(17,8),(99,9)\}\\
&=\{(17,8),(44,3),(49,5),(52,7),(66,6),(67,0),(99,9),(108,2),(110,4),(111,1)\}
\end{aligned}
$$

(3)计算大步：

$$
\begin{aligned}
T&=\{(a^s,s),(a^{2s},2s),(a^{3s},3s),\cdots,(a^{10s},10s)(\bmod 113)\}\\
&=\{(59^{10},10),(59^{2\times 10},2\times 10),(59^{3\times 10},3\times 10),(59^{4\times 10},4\times 10),(59^{5\times 10},5\times 10),\\
&\quad(59^{6\times 10},6\times 10),(59^{7\times 10},7\times 10),(59^{8\times 10},8\times 10),(59^{9\times 10},9\times 10),\\
&\quad(59^{10\times 10},10\times 10)(\bmod 113)\}\\
&=\{(72,10),(99,20),(9,30),(83,40),(100,50),(81,60),(69,70),\\
&\quad(109,80),(51,90),(56,100)\}\\
&=\{(9,30),(51,90),(56,100),(69,70),(72,10),(81,60),(83,40),\\
&\quad(99,20),(100,50),(109,80)\}
\end{aligned}
$$

(4)对比和计算：S 和 T 中的共同元素是99，在 S 和 T 中分别对应 $r=9$ 和 $st=20$，因此 $x=ts-r=20-9=11$，即 $\log_{59}67(\bmod 113)=11$ 或 $59^{11}(\bmod 113)=67$。

求解离散对数的 Shanks 大步小步算法是一种典型的平方根方法。1978 年，Pollard 也提出了两种平方根方法求解离散对数，即 ρ 分解方法和 λ 方法。与 Shanks 的大步小步算法相比，Pollard 的方法是一种概率算法，但是不需要预计算数列 S 和 T。Pollard 的方法需要 $O(n)$ 次群操作，同样，当群的阶大于 10^{40} 时，该算法不可行。

4.1.3 Silver-Pohlig-Hellman 算法

1978 年，Pohlig 和 Hellman 提出了一种特殊的算法求解有限域 $\mathrm{GF}(q)$ 上的离散对数，即众所周知的 Silver-Pohlig-Hellman 算法，该算法需要 $O(\sqrt{p})$ 次运算和相同规模的存储空间，其中 p 是 $q-1$ 的最大素因数。Pohlig 和 Hellman 证明，若

$$
q-1=\prod_{i=1}^{k}p_i^{\alpha_i}
$$

其中，p_i是不同的素数；α_i是自然数。则有限域$\mathrm{GF}(q)$上的离散对数可以在首先做

$$O\left(\sum_{i=1}^{k} p_i^{r_i}\log p_i^{r_i}+\log q\right)$$

次预计算后，再消耗

$$O\left(\log q\sum_{i=1}^{k}\left(1+\log p_i^{r_i}\right)\right)$$

比特的存储空间，并做

$$O\left(\sum_{i=1}^{k}\left(\log q+p_i^{1-r_i}\left(1+\log p_i^{r_i}\right)\right)\right)$$

次的域运算后计算得到，其中$r_1,r_2,\cdots,r_k$为满足条件$0\leqslant r_i\leqslant 1$的实数。若$q$是光滑的，即$q-1$的所有素因数都很小，则该算法的计算效率会很高。接下来给出该算法的详细步骤。

算法 4.2（Silver-Pohlig-Hellman 算法）　该算法计算离散对数$x=\log_a b(\bmod q)$。

(1) 将$q-1$写成素因数分解形式：

$$q-1=p_1^{\alpha_1}p_2^{\alpha_2}\cdots p_k^{\alpha_k}$$

(2) 对于给定域，预计算出表$r_{p_i,j}$：

$$r_{p_i,j}=a^{j(q-1)/p_i}(\bmod q)，\quad 0\leqslant j<p_i$$

对于给定的域，只需要做一次这样的预计算。

(3) 计算b关于以a为底模q的离散对数，即计算$x=\log_a b(\bmod q)$。

(3.1) 用与大步小步算法类似的思想，计算每个$x\left(\bmod p_i^{\alpha_i}\right)$的离散对数，为了计算$x\left(\bmod p_i^{\alpha_i}\right)$，考虑将其用$p_i$进制表示为

$$x\left(\bmod p_i^{\alpha_i}\right)=x_0+x_1p_i+\cdots+x_{\alpha_i-1}p_i^{\alpha_i-1}$$

其中，$0\leqslant x_n\leqslant p_i-1$。

(3.1.1) 为了得到x_0，通过计算$b^{(q-1)/p_i}$求解出满足关系

$$b^{(q-1)/p_i}(\bmod q)=r_{p_i,j}$$

的 j ，并令 $x_0 = j$ 。上式是可能的，这是由于

$$b^{(q-1)/p_i} \equiv a^{x(q-1)/p_i} \equiv a^{x_0(q-1)/p_i} \pmod q = r_{p_i,x_0}$$

(3.1.2) 为了得到 x_1 ，令 $b_1 = ba^{-x_0}$ ，若对于某个 j ，有

$$b_1^{(q-1)/p_i^2} \pmod q = r_{p_i,j}$$

则令 $x_1 = j$ 。这同样是可能的，因为

$$b_1^{(q-1)/p_i^2} \equiv a^{(x-x_0)(q-1)/p_i^2} \equiv a^{(x_1+x_2p_i+\cdots)(q-1)/p_i} \equiv a^{x_1(q-1)/p_i} \pmod q = r_{p_i,x_1}$$

(3.1.3) 为了得到 x_2 ，令 $b_2 = ba^{-x_0-x_1p_i}$ ，计算

$$b_2^{(q-1)/p_i^3} \pmod q$$

这一过程可以类似地进行下去，直到得到所有的 $x_0, x_1, \cdots, x_{\alpha_i-1}$ 。

(3.2) 运用中国剩余定理由同余方程组 $x\left(\bmod p_i^{\alpha_i}\right)$ 计算得到 x 。

接下来以一个具体例子说明上述算法工作的具体流程。

例 4.3 计算离散对数 $x = \log_2 62 \pmod{181}$ ，这里 $a = 2$ ， $b = 62$ ， $q = 181$ （2 是 F_{181}^* 的生成元）。按照上述算法的步骤做如下计算。

(1) 将 $q-1$ 写成素因数分解形式：

$$180 = 2^2 \times 3^2 \times 5$$

(2) 对于给定域 F_{181}^* ，用下式预计算出表 $r_{p,j}$ ：

$$r_{p_i,j} = a^{j(q-1)/p_i} \pmod q, \quad 0 \leqslant j < p_i$$

对于这个域，只需要做一次这样的预计算。

(2.1) 计算：

$$r_{p_1,j} = a^{j(q-1)/p_1} \pmod q = 2^{90j} \pmod{181}, \quad 0 \leqslant j < p_i = 2$$
$$r_{2,0} = 2^{90\times 0} \pmod{181} = 1$$
$$r_{2,1} = 2^{90\times 1} \pmod{181} = 180$$

(2.2) 计算：

$$r_{p_2,j} = a^{j(q-1)/p_2}\left(\bmod q\right) = 2^{60j} \bmod 181,\ 0 \leqslant j < p_2 = 3$$

$$r_{3,0} = 2^{60\times 0}\left(\bmod 181\right) = 1$$

$$r_{3,1} = 2^{60\times 1}\left(\bmod 181\right) = 48$$

$$r_{3,2} = 2^{60\times 2}\left(\bmod 181\right) = 132$$

(2.3) 计算：

$$r_{p_3,j} = a^{j(q-1)/p_3}\left(\bmod q\right) = 2^{36j}\left(\bmod 181\right),\ 0 \leqslant j < p_3 = 5$$

$$r_{5,0} = 2^{36\times 0}\left(\bmod 181\right) = 1$$

$$r_{5,1} = 2^{36\times 1}\left(\bmod 181\right) = 59$$

$$r_{5,2} = 2^{36\times 2}\left(\bmod 181\right) = 42$$

$$r_{5,3} = 2^{36\times 3}\left(\bmod 181\right) = 125$$

$$r_{5,4} = 2^{36\times 4}\left(\bmod 181\right) = 135$$

如下所示得到 $r_{p_i,j}$ 的表格（表 4.2）。

表 4.2　利用 Silver-Pohlig-Hellman 算法求解 $x = \log_2 62(\bmod 181)$ 中 $r_{p_i,j}$ 的值

p_i	j				
	0	1	2	3	4
2	1	180			
3	1	48	132		
5	1	59	42	125	135

当所有的 p_i 都很小时，能够得到上面的表。

(3) 计算 62 关于以 2 为底模 181 的离散对数，即计算 $x = \log_2 62\left(\bmod 181\right)$，其中 $a = 2$，$b = 62$。

(3.1) 利用

$$x\left(\bmod p_i^{\alpha_i}\right) = x_0 + x_1 p_i + \cdots + x_{\alpha_i - 1} p_i^{\alpha_i - 1},\quad 0 \leqslant x_n \leqslant \alpha_i - 1$$

计算每个 $x\left(\bmod p_i^{\alpha_i}\right)$ 的离散对数。

(3.1.1) 计算 $x\left(\bmod p_1^{\alpha_1}\right)$ 的离散对数，即 $x\left(\bmod 2^2\right)$：

$$x\left(\bmod 180\right) \Leftrightarrow x\left(\bmod 2^2\right) = x_0 + 2x_1$$

(3.1.1.1) 为了得到 x_0，计算：

$$b^{(q-1)/p_1}(\bmod q) \equiv 62^{180/2}(\bmod 181) = 1 = r_{p_1,j} = r_{2,0}$$

因此，$x_0 = 0$。

(3.1.1.2)为了得到x_1，首先计算$b_1 = ba^{-x_0} = b = 62$，然后计算

$$b_1^{(q-1)/p_1^2}(\bmod q) \equiv 62^{180/4}(\bmod 181) = 1 = r_{p_1,j} = r_{2,0}$$

因此，$x_1 = 0$。故

$$x\left(\bmod 2^2\right) = x_0 + 2x_1 \Rightarrow x(\bmod 4) = 0$$

(3.1.2)计算$x \bmod p_2^{\alpha_2}$的离散对数，即$x\left(\bmod 3^2\right)$：

$$x(\bmod 180) \Leftrightarrow x\left(\bmod 3^2\right) = x_0 + 3x_1$$

(3.1.2.1)为了得到x_0，计算：

$$b^{(q-1)/p_2}(\bmod q) \equiv 62^{180/3}(\bmod 181) = 48 = r_{p_2,j} = r_{3,1}$$

因此，$x_0 = 1$。

(3.1.2.2)为了得到x_1，首先计算$b_1 = ba^{-x_0} = 62 \times 2^{-1} = 31$，然后计算：

$$b_1^{(q-1)/p_2^2}(\bmod q) \equiv 31^{180/3^2}(\bmod 181) = 1 = r_{p_2,j} = r_{3,0}$$

因此，$x_1 = 0$。故

$$x\left(\bmod 3^2\right) = x_0 + 3x_1 \Rightarrow x(\bmod 9) = 1$$

(3.1.3)计算$x\left(\bmod p_3^{\alpha_3}\right)$的离散对数，即$x\left(\bmod 5^1\right)$：

$$x(\bmod 180) \Leftrightarrow x\left(\bmod 5^1\right) = x_0$$

为了得到x_0，计算：

$$b^{(q-1)/p_3}(\bmod q) \equiv 62^{180/5}(\bmod 181) = 1 = r_{p_3,j} = r_{5,0}$$

因此，$x_0 = 0$。故

$$x(\bmod 5) = x_0 \Rightarrow x(\bmod 5) = 0$$

(3.2)在$x(\bmod 180)$中找到满足

$$\begin{cases} x(\bmod 4)=0 \\ x(\bmod 9)=1 \\ x(\bmod 5)=0 \end{cases}$$

的解。只需要运用中国剩余定理求解同余方程组

$$\begin{cases} x\equiv 0(\bmod 4) \\ x\equiv 1(\bmod 9) \\ x\equiv 0(\bmod 5) \end{cases}$$

即可得到。上述同余方程组的解为 $x=100$（例如，可以用 Maple 函数 CHREM([0,1,0][4,9,5]) 很容易计算出）。因此，同余方程 $x(\bmod 180)$ 的解为 100，即 $x=\log_2 62(\bmod 181)=100$。

4.1.4　针对离散对数问题的 ρ 方法

第 3 章介绍了求解 IFP 的 Pollard ρ 方法[2]，本节继续讨论针对 DLP 的 ρ 算法[3]，其预期运行时间在规模上与大步小步算法是一样的，只是会消耗一些可以忽略的存储空间。假定想找到满足

$$\alpha^x\equiv\beta(\bmod n)$$

的 x。首先设群元 α 在乘法群 $\mathbb{Z}_n^*$ 中的阶为 r。在针对 DLP 的 ρ 算法中，将群 $G=\mathbb{Z}_n^*$ 分成三个规模相近的子集 G_1、G_2 和 G_3。对于 $i\geqslant 0$，并按如下方式定义群元序列 $\{x_i\}$：$x_0, x_1, x_2, x_3, \cdots$：

$$\begin{cases} x_0=1 \\ x_{i+1}=f(x_i)=\begin{cases} \beta x_i, & x_i\in G_1 \\ x_i^2, & x_i\in G_2 \\ \alpha x_i, & x_i\in G_3 \end{cases} \end{cases} \tag{4.1}$$

运用上述方式，相应地可以产生如下两组整数数列 $\{a_i\}$ 和 $\{b_i\}$：

$$\begin{cases} a_0=0 \\ a_{i+1}=\begin{cases} a_i, & x_i\in G_1 \\ 2a_i, & x_i\in G_2 \\ a_i+1, & x_i\in G_3 \end{cases} \end{cases} \tag{4.2}$$

和

$$\begin{cases} b_0 = 0 \\ b_{i+1} = \begin{cases} b_i + 1, & x_i \in G_1 \\ 2b_i, & x_i \in G_2 \\ b_i, & x_i \in G_3 \end{cases} \end{cases} \tag{4.3}$$

和针对 IFP 的 ρ 方法一样，寻找两个群元 x_i 和 x_{2i} 使得 $x_i = x_{2i}$，即

$$\alpha^{a_i}\beta^{b_i} = \alpha^{a_{2i}}\beta^{b_{2i}}$$

因此

$$\beta^{b_i - b_{2i}} = \alpha^{a_{2i} - a_i} \tag{4.4}$$

若 $b_i \neq b_{2i} \pmod r$，则对式(4.4)的两边同时以 α 为底取对数可得

$$x = \log_\alpha \beta \equiv \frac{a_{2i} - a_i}{b_i - b_{2i}} \pmod r \tag{4.5}$$

相应地，ρ 算法可以表述如下。

算法 4.3（针对 DLP 的 ρ 算法）　该算法寻找满足

$$\alpha^x \equiv \beta \pmod n$$

的 x。步骤如下：

```
令 x_0 = 1， a_0 = 0， b_0 = 0
对于 i = 1,2,…
用式(4.1)～式(4.3)计算(x_i, a_i, b_i)和(x_2i, a_2i, b_2i)
若 x_i = x_2i，则
令 d ← b_i − b_2i mod n
若 d = 0，则结束程序，计算失败
否则计算 x ≡ d^(-1)(a_2i − a_i)(mod r)
输出 x
```

例 4.4　求解使得方程 $89^x \equiv 618 \pmod{809}$ 成立。

令 G_1、G_2 和 G_3 分别为

$$G_1 = \{x \in \mathbb{Z}_{809}^* : x \equiv 1 \pmod 3\}$$

$$G_2 = \{x \in \mathbb{Z}_{809}^* : x \equiv 0 \pmod 3\}$$

$$G_3 = \{x \in \mathbb{Z}_{809}^* : x \equiv 2 \pmod 3\}$$

对于 $i = 1, 2, \cdots$，计算 (x_i, a_i, b_i) 和 (x_{2i}, a_{2i}, b_{2i}) 直到得到 $x_i = x_{2i}$，如表 4.3 所示。

表 4.3　利用 ρ 算法求解 $x = \log_{89} 618 (\bmod 809)$ 的过程值

i	(x_i, a_i, b_i)	(x_{2i}, a_{2i}, b_{2i})
1	(618,0,1)	(76,0,2)
2	(76,0,2)	(113,0,4)
3	(46,0,3)	(488,1,5)
4	(113,0,4)	(605,4,10)
5	(349,1,4)	(422,5,11)
6	(488,1,5)	(683,7,11)
7	(555,2,5)	(451,8,12)
8	(605,4,10)	(344,9,13)
9	(451,5,10)	(112,11,13)
10	(**422**,5,11)	(**422**,11,15)

当 $i = 10$ 时，找到一对满足要求的数：

$$x_{10} = x_{20} = 422$$

由于 89 在 $\mathbb{Z}_{809}^*$ 中的阶为 101，因此

$$x \equiv \frac{a_{2i} - a_i}{b_i - b_{2i}} \equiv \frac{11-5}{11-15} \equiv 49 \pmod r$$

很明显

$$89^{49} \equiv 618 \pmod{809}$$

4.1.5　Index Calculus 算法

1979 年，Adleman[4]针对求解 $\mathbb{Z}_n^*$ 中的离散对数问题提出了一种通用的、亚指数时间算法，其中 n 为合数，该算法称为 Index Calculus 算法，其预期运行时间为

$$O\left(\exp\left(c\sqrt{\log n \log\log n}\right)\right)$$

实际上，Index Calculus 算法是一大类算法，包括针对 IFP 的 CFRAC 算法、QS 算法和 NFS 算法。下面介绍一种求解 $\mathbb{Z}_p^*$ 中 DLP 的 Index Calculus 算法，其中 p 是素数。

算法 4.4（针对 DLP 的 Index Calculus 算法） 该算法寻找满足

$$k \equiv \log_\beta \alpha \pmod p \quad 或 \quad \alpha \equiv \beta^k \pmod p$$

的整数 k。

(1) 预计算。

(1.1) 选择分解基：选择分解基 Γ，基 Γ 集合中的元素为前 m 个素数，即

$$\Gamma = \{p_1, p_2, \cdots, p_m\}$$

其中，$p_m \leqslant B$，称 B 为分解基的界。

(1.2) 计算 $\beta^e \bmod p$：$e \leqslant p-2$ 中随机选择一组指数集合 e，计算 $\beta^e \bmod p$，并将其分解为素数的幂次形式。

(1.3) 光滑性：收集上述 $\beta^e \bmod p$ 中相对于 B 的光滑数，即可分解为

$$\beta^e \bmod p = \prod_{i=1}^{m} p_i^{e_i}, \quad e_i \geqslant 0 \tag{4.6}$$

当上述关系成立时，可得

$$e \equiv \sum_{j=1}^{m} e_j \log_\beta p_j \pmod{p-1} \tag{4.7}$$

(1.4) 重复：重复(1.3)，至少找到 m 个满足关系(4.7)的 e，并计算 $\log_\beta p_j$，$j = 1, 2, \cdots, m$。

(2) 计算 $k \equiv \log_\beta \alpha \pmod p$。

(2.1) 对于式(4.7)中的每一个 e，通过求解 m 个关于未知数 $\log_\beta p_j$ 的线性同余方程组确定每一个 $\log_\beta p_j$ 的值，$j = 1, 2, \cdots, m$。

(2.2) 计算 $\alpha\beta^r \pmod p$：随机选择一个指数 $r \leqslant p-2$ 并计算 $\alpha\beta^r \bmod p$。

(2.3) 在基 B 上分解 $\alpha\beta^r \pmod p$：

$$\alpha\beta^r \pmod p = \prod_{j=1}^{m} p_j^{r_j}, \quad r_j \geqslant 0 \tag{4.8}$$

若式(4.8)不能在基 B 上分解，则返回步骤(2.2)；若能在基 B 上分解，则

$$\log_\beta \alpha \equiv -r + \sum_{j=1}^{m} r_j \log_\beta p_j$$

例 4.5（针对 DLP 的 Index Calculus 算法）　求

$$x \equiv \log_{22} 4 \pmod{3361}$$

使得

$$4 \equiv 22^x \pmod{3361}$$

成立。

(1) 预计算。

(1.1) 选择分解基：选择分解基 $\varGamma$，基中为前 4 个素数

$$\varGamma = \{2,3,5,7\}$$

其中，$p_4 \leqslant 7$ 为分解基的界。

(1.2) 计算 $22^e \pmod{3361}$：随机在 $e \leqslant 3359$ 中选择一组指数集合 e，计算 $22^e \pmod{3361}$，并将其分解为素数的幂次形式：

$$22^{48} \equiv 2^5 \times 3^2 \pmod{3361}$$
$$22^{100} \equiv 2^6 \times 7 \pmod{3361}$$
$$22^{186} \equiv 2^9 \times 5 \pmod{3361}$$
$$22^{2986} \equiv 2^3 \times 3 \times 5^2 \pmod{3361}$$

(1.3) 光滑性：上述 4 个式子都是相对于 $B = 7$ 光滑的，即

$$48 \equiv 5\log_{22} 2 + 2\log_{22} 3 \pmod{3360}$$
$$100 \equiv 6\log_{22} 2 + \log_{22} 7 \pmod{3360}$$
$$186 \equiv 9\log_{22} 2 + \log_{22} 5 \pmod{3360}$$
$$2986 \equiv 3\log_{22} 2 + \log_{22} 3 + 2\log_{22} 5 \pmod{3360}$$

(2) 计算 $k \equiv \log_\beta \alpha \pmod{p}$。

(2.1) 可解得

$$\log_{22} 2 \equiv 1100 \pmod{3360}$$
$$\log_{22} 3 \equiv 2314 \pmod{3360}$$
$$\log_{22} 5 \equiv 366 \pmod{3360}$$
$$\log_{22} 7 \equiv 220 \pmod{3360}$$

(2.2) 计算 $4\times 22^{r}\pmod p$：随机选择一个指数 $r=754\leqslant 3659$ 并计算 $4\times 22^{754}\pmod{3361}$。

(2.3) 在基 B 上分解 $4\times 22^{754}\pmod{3361}$：

$$4\times 22^{754}\equiv 2\times 3^{2}\times 5\times 7\pmod{3361}$$

因此

$$\begin{aligned}\log_{22}4&\equiv -754+\log_{22}2+2\log_{22}3+\log_{22}5+\log_{22}7\\&\equiv 2200\end{aligned}$$

即

$$22^{2200}\equiv 4\pmod{3361}$$

例 4.6 求 $k\equiv\log_{11}7\pmod{29}$ 使得 $11^{k}\equiv 7\pmod{29}$ 成立。

(1) 选择分解基：令分解基 $\Gamma=\{2,3,5\}$。

(2) 计算并分解 $\beta^{e}\pmod p$：随机在 $e<p$ 中选择一组指数 e，如下计算并分解 $\beta^{e}\pmod p=11^{e}\pmod{29}$：

$$\begin{aligned}&11^{2}\equiv 5\pmod{29} &&(成功)\\&11^{3}\equiv 2\times 13\pmod{29} &&(失败)\\&11^{5}\equiv 2\times 7\pmod{29} &&(失败)\\&11^{6}\equiv 3^{2}\pmod{29} &&(成功)\\&11^{7}\equiv 2^{2}\times 3\pmod{29} &&(成功)\\&11^{9}\equiv 2\pmod{29} &&(成功)\end{aligned}$$

(3) 求解关于 $\log_{\beta}p_i$ 的同余方程组：

$$\begin{aligned}&\log_{11}5\equiv 2\pmod{28}\\&\log_{11}3\equiv 3\pmod{28}\\&\log_{11}2\equiv 9\pmod{28}\\&2\times\log_{11}2+\log_{11}3\equiv 7\pmod{28}\\&\log_{11}3\equiv 17\pmod{28}\end{aligned}$$

(4) 计算并分解 $\alpha\beta^{r}\pmod p$：随机选择一个指数 $e<p$，如下所示，计算并分解 $\alpha\beta^{r}\pmod p=7\times 11^{e}\pmod{29}$：

$$7 \times 11 \equiv 19 \pmod{29} \qquad (\text{失败})$$
$$7 \times 11^2 \equiv 2 \times 3 \pmod{29} \qquad (\text{成功})$$

因此

$$\log_{11} 7 \equiv \log_{11} 2 + \log_{11} 3 - 2 \equiv 24 \pmod{28}$$

即

$$11^{24} \equiv 7 \pmod{29}$$

Adleman 的方法提出之后的十年，该算法及其变体一直是求解 DLP 的最快算法。直到 1993 年，情况才发生了变化，Gordon[5]于 1993 年提出了一种求解有限域 F_p 上 DLP 的算法。该算法是基于针对 IFP 的数域筛法提出的，与 IFP 一样，该算法求解 DLP 的预期运行时间同样为

$$O\left(\exp\left(c(\log p)^{1/3}(\log\log p)^{2/3}\right)\right)$$

该算法可简述如下：

算法 4.5（Gordon 的 NFS）　该算法的输入为整数 a、b、p，其中 p 是素数，目的是求解 x 使得 $a^x \equiv b \pmod p$ 成立，算法基本过程如下。

(1) 预计算：针对离散对数问题，选择一组小的有理素数构成的分解基，对于某个给定的 p，该过程只需做一次。

(2) 计算独立对数：对每个 $b \in F_p$，求解其模一系列“中等规模”素数的对数。

(3) 计算最终的对数：将所有独立对数联合（利用中国剩余定理）得到 b 的对数。更多关于算法的细节，感兴趣的读者可以阅读 Gordon 的文章[5]。

例 4.7　下面给出利用数域筛法（NFS）及其变体求解离散对数的记录及例子。

(1) Jeljeli 等（NUMTTHRY List，2014 年 6 月 11 日）利用 NFS 求解了如下模 180 十进制位（596 二进制位）素数的离散对数。令

$$y \equiv g^k \pmod p$$

其中

$$\begin{aligned} p &= \text{RSA-180} + 625942 \\ &= 191147927718986609689229466631454649812986246276667354 8 \\ &\quad 641885036388072607034367990587762013651351612781342582 9 \\ &\quad 612810920004670291298456875280033022177775277395740454 0 \\ &\quad 495707852046983 \end{aligned}$$

$$
\begin{aligned}
g &= 5 \\
y &= 135066410865995223349603216278805969938881475605667027 5\\
&\quad 2448514385152651060485953383394028715057190944179820728 \\
&\quad 2164471551373680419703964191743046496589274256239341020 \\
&\quad 8643832021103729587257623585096431105640735015081875106 \\
&\quad 7659462920556368552947521350085287941637732853390610975 \\
&\quad 054433499981115005697723689092756 3
\end{aligned}
$$

离散对数 k 为

$$
\begin{aligned}
k &= \log_g y \pmod p \\
&= 1386705661268235848796258613263333263123639438256210392 \\
&\quad 2021558334615378333627255995552197035730130291204631078 \\
&\quad 2908659450758549108092918331352215751346054755216673005 \\
&\quad 939933186397777
\end{aligned}
$$

（2）Kleinjung（NUMTTHRY List，2007 年 2 月 5 日）利用 NFS 求解了如下模 160 十进制位（530 二进制位）素数的离散对数。其中

$$
\begin{aligned}
p &= \lfloor 10^{159}\pi \rfloor + 119849 \\
&= 3141592653589793238462643383279502884197169399375105820 \\
&\quad 9749445923078164062862089986280348253421170679821480865 \\
&\quad 13282306647093844609550582231725359408128481237299 \\
g &= 2 \\
y &= \lfloor 10^{159}\mathrm{e} \rfloor \\
&= 2718281828459045235360287471352662497757247093699959574 \\
&\quad 9669676277240766303535475945713821785251664274274663919 \\
&\quad 32003059921817413596629043572900334295260595630738
\end{aligned}
$$

离散对数 k 为

$$
\begin{aligned}
k &= \log_g y \pmod p \\
&= 8298971646503489705186468026407578440249614693231264721 \\
&\quad 9853184518689598402644834266625285046612688143761738165 \\
&\quad 39426243075376793196367115610535260824235136655 96
\end{aligned}
$$

（3）Matyukhin 等（NUMTTHRY List，2006 年 12 月 22 日）利用 NFS 求解了如

下模 135 十进制位(448 二进制位)素数的离散对数。其中

$$
\begin{aligned}
p &= \left\lfloor 2^{446}\pi \right\rfloor + 63384 \\
&=5708577991479139431420732981594532907473762955504519051 \\
&\quad 1386537591186591858802294523702070250020343761541967996 \\
&\quad 16599283697789614224486479 \\
g &= 7 \\
y &= 11
\end{aligned}
$$

离散对数 k 为

$$
\begin{aligned}
k &= \log_g y \pmod p \\
&=2638094154425326843577938327776267044837001100509616312 \\
&\quad 4033661054514364572303487227503001638396257384118164938 \\
&\quad 89215403106849600742712
\end{aligned}
$$

(4) Joux 等(NUMTTHRY List, 2005 年 6 月 18 日)利用 NFS 求解了如下模 130 十进制位(431 二进制位)素数的离散对数。其中

$$
\begin{aligned}
p &= \left\lfloor 10^{129}\pi \right\rfloor + 38914 \\
&=3141592653589793238462643383279502884197169399375105820 \\
&\quad 9749445923078164062862089986280348253421170679821480865 \\
&\quad 1328230664709383523 \\
g &= 2 \\
y &= 2718281828459045235360287471352662497757247093699959574 \\
&\quad 9669676277240766303535475945713821785251664274274663919 \\
&\quad 32003059921817413596
\end{aligned}
$$

离散对数 k 为

$$
\begin{aligned}
k &= \log_g y \pmod p \\
&=2113848822378679565759046301222860744437727641443507757 \\
&\quad 7308395472009525854952021287542101183764223613733010791 \\
&\quad 9426669776684829109
\end{aligned}
$$

4.1.6　利用函数域筛法求解小特征域上的离散对数

令 F_{p^k} 为有限域，p^k 是素数的幂次，且 $k \geqslant 1$，有限域的阶为 Q。记

$$L_Q(c,a)=L_Q\left(O\left(\exp\left(c(\log Q)^a(\log\log Q)^{1-a}\right)\right)\right)$$

则对于中等规模及大规模的素数 p，求解有限域 F_{p^k} 上 DLP 的最快算法还是数域筛法，针对一般的数，该算法的复杂度为

$$L_Q\left(\left(\frac{128}{9}\right)^{1/3},\frac{1}{3}\right)$$

针对特殊的数，该算法的复杂度为

$$L_Q\left(\left(\frac{64}{9}\right)^{1/3},\frac{1}{3}\right)$$

然而，对于小的素数 p，特别是针对小特征有限域上的 DLP，函数域筛法(FFS)（见文献[6]）的运行时间为

$$L_Q\left(\left(\frac{32}{9}\right)^{1/3},\frac{1}{3}\right)$$

该算法相比 NFS 稍微快一点。

在 Joux 等[7,8]工作的基础上，Gologlu 等[9]提出了针对小特征有限域上离散对数的 FFS 改进算法，其时间复杂度为

$$L_Q\left(\left(\frac{4}{9}\right)^{1/3},\frac{1}{3}\right)$$

同时，其还利用该算法求解了 $F_{2^{1971}}$ 和 $F_{2^{3164}}$ 上的离散对数。Joux[10]也提出了一种 Index Calculus 算法，对于规模为 $Q=p^k$ 的小特征域上的离散对数，该算法的时间复杂度为

$$L_Q\left(c,\frac{1}{4}+o(1)\right)$$

另外，Barbulescu 等提出了一种针对小特征有限域上离散对数的运算速度更快的算法，称为准多项式算法，其复杂度为 $O\left(n^{\log n}\right)$，其中 n 是输入的比特尺寸。

例 4.8　下面给出几个最近利用 FFS 及其变体和 NFS 求解小特征有限域上离散对数问题的例子。

(1) 2014 年 1 月 Zumbragel 等(NUMTTHRY List，2014 年 1 月 31 日）利用 FFS、

消耗 400000 核心小时(core hour)后求解了下面这个在特征为 2 的有限域 $F_{2^{9234}}$ 上的离散对数：

1257796316510563582835232315320414281340553097781591888015419891
9721124146930407233594105928196200545405167260702976152219143859
7799624559498662885074482976278137978653961187602785963521103901
1535260445346035354229315737970748103980003954956383664556300359
9252955992990210867971589545353496625057851714199506077426599152
4792845518304065011291857676049431740583950086769895048042412499
2381486947135040691585318036322784283286505743723222916012003228
1226467877876081274484646301418536802296978437736273809003923457
2180767410866981269956062794778194643992127088248677776489553382
8493394889992989962386501745697746362950392394311310347359197438
4794219264175350281501136918454807256425587825289840674579126351
6167802691986577569907675128884496679163247930275647343962891386
2368132872316967065146189182179993653077613471266557374194141389
3918400092260108486064404849439510367029755672281052702454897269
3586872490585889878730302060379980252429326932534897750851376453
5408533816752555623074363282273238382125649384955044575726720070
4023453809568866932319532625265069373355244398627702509614524786
8633522829296001336186272609625969376764069784226295307238307237
4264096235400623822401578608559222986042028807542464936596853381
8633933400666435527002108916902131975754468875080918181498169221
8272071085945801198188215225189053189071240027777779380846406126
3498814807607931620053047743133851882485672097644274780107358940
6770953706872827831279003639075078401078283635730539702158853291
1202038661810787660497029723000030845524041816028956585972678604
6788491755695501878920244414400633071559033890492681437639473689
6314117770940966821906053021036005949095191401131744517201908271
0670812085264876243869799462402025806494110519018518730219749634
9547073658091928610271053635873086802217940591502232862169337148
5249437271276510973943413724909960988554289204834158776406285141
1710702962094503959808889404280988818589685078948586446234034482
0074003816791560798398920964170638732149972484698800065754685048
2405689080003957242722281882144664819226958009658934028125816541
7108679966128981321541721321473

72590961173740830801241942125210659439961063363459160880859647302
37143461966258884823172777634064884093572681538733294903310065807
85678288079185481076831613191857815421115194794969864570034744985
16010990774805928451103832851762638647963524177986039219241231993
05002617587987732118511884198709669875335497927462129668711620468
64446618106160170209322189167238854166963380163378506252137281731
58748135473789828963349610061212235868983167849418321400146054733
61593596572512749882671779148934982863203394192182717739176364396
13324554287610224404525212307785056810461628707919731127095852418
87283847881669191194373349483920170984988952264442328316871533916
28646508894309460287818373470378767297858757572603

(2) 下面在有限域 $F_{3^{2395}} = F_{(4^{479})^5}$ 上的 3796bit 的离散对数：

77505588309444688883926502525134195106654673359423275661795094781
62100521513497892136169254531868849080347908279137658196354900390
64549867418890052769323571492159084777305468528471176288203760651
49535155948391315068830375294252999708082054887926813577325480888
10214865840557638578562739705556907694008232973066293462433770649
45406995423174157468474800166506794795531779808097780548025560211
29564151634653332361630361612835510743393721187917852710681067543
94547160460711088939964483155435722546934168473033179427318725272
10679215932698342472719828852892088509456849503867133033112427319
12854342662964589632571637782776220760760823673502138428497219034
06144006720815440449238920557641092436103031596737885884237055588
42738734115305172373596435722205711435175019406137919975700734056
17095817229836805624052758773516846104312439037228717205677060849
46904254911966901259773507365843097443729343081121960690575079307
62668499229307611483965949654230441206800936422812331741331322998
14145152846675883466792733884157371392343737650965235587269785417
44523158025959589543518783121064616279296755145058161579075485840
6581643175264075781190106248059254483

于 2014 年 9 月由 Pierrot 等（NUMTTHRY List，2014 年 9 月 15 日）利用 8600 个 CPU 小时求解得到。

(3) 下面在特征为 2 的有限域 $F_{2^{6168}} = F_{(2^{257})^{24}}$ 上的离散对数

46540126455313376736666691974797369174080208019895995952996575833
06659295851011825323078991749810407859370356657847932659202430103
10280270908733113443497535707468938130765937538614277595176682050
74815823154581092327483069421449713046370516754358552736181456654
26426496097160234133400059813586843660319076215425590491133491195
90964506643565574541978457160668934080970416111086483769489807981
82139669466905171202899208230061978018904685935285810639454110901
89916767133143892547833363446762266548669171291935615228704999435
2667585939913423425594615552854732

于 2013 年 5 月由 Joux (NUMTTHRY List，2013 年 5 月 21 日) 发现。

(4) 下面在特征为 2 的有限域 $F_{2^{1279}}$ 上的离散对数问题由 Kleinjung 等 (NUMTTHRY List，2014 年 10 月 17 日) 求解得到。求得的离散对数为

32127507603835424427178878443532254182701902338894775065205090052
51151805661482432193924349687140554198064504993379500428095843726
91453133999605576037085342759765883954703008707139154520404779119
38859944095242430184230926341514308445171377785591941489754947715
37228921138598346875362703070651041102748164857763667856599890811
247759947699602938086144581217406940091918470212637857540496

4.1 节 习 题

1. 利用穷举法寻找下面在 $\mathbb{Z}_{1009}^*$ 上的离散对数 k (若存在)：

(1) $k \equiv \log_3 57 \pmod{1009}$；

(2) $k \equiv \log_{11} 57 \pmod{1009}$；

(3) $k \equiv \log_3 20 \pmod{1009}$。

2. 利用大步小步算法求解下列离散对数 k：

(1) $k \equiv \log_5 96 \pmod{317}$；

(2) $k \equiv \log_{37} 15 \pmod{123}$；

(3) $k \equiv \log_5 57105961 \pmod{58231351}$。

3. 利用 Silver-Pohlig-Hellman 算法求解下列离散对数 k：

(1) $3^k \equiv 2 \pmod{65537}$；

(2) $5^k \equiv 57105961 \pmod{58231351}$。

4. 利用 Pollard 的 ρ 算法求解下列离散对数 k 使得：

(1) $2^k \equiv 228 \pmod{383}$；

(2) $5^k \equiv 3 \pmod{2017}$。

5. 令分解基为 $\varGamma = \{2,3,5,7\}$，利用 Index Calculus 算法求解离散对数 k：

$$k \equiv \log_2 37 \pmod{131}$$

6. 利用 Index Calculus 算法求解离散对数问题：

$$k \equiv \log_7 13 \pmod{2039}$$

其中，分解基为 $\varGamma = (2,3,5,7,11)$。

7. 令

$$\begin{aligned} p = {} & 31415926535897932384626433832795028841971693993751058209749445 \\ & 9230781640628620899862803482534211706798214808651328230664709 \\ & 38446095505822317253594081284811237299 \end{aligned}$$

$x = 2$

$$\begin{aligned} y = {} & 27182818284590452353602874713526624977572470936999595749669676 \\ & 2772407663035354759457138217852516642742746639193200305992181 \\ & 741359662904357290033429526059563073 8 \end{aligned}$$

(1) 利用 Gordon 的 Index Calculus 算法（算法 4.5）求解离散对数 k 使得

$$y \equiv x^k \pmod{p}$$

(2) 若 k 如下所示，请验证其是否为满足要求的离散对数：

829897164650348970518646802640757844024961469323126472198531845186895984026448342666252850466126881437617381653942624307537679319636711561053526082423513665596

4.2 基于离散对数问题的密码体制

正如 4.1 节讨论的那样，在经典计算机上 DLP 的求解是困难的，目前所有的针对 DLP 的已知算法效率都是低下的。因此，正如 IFP 对 RSA 密码体制一样，DLP 的这种求解困难性也可以用来构造密码体制。事实上，世界上第一套公钥密码体制——1976 年提出的 Diffie-Hellman-Merkle (DHM) 密钥交换协议[11]，其安全性就直接依赖于 DLP 的难解性。接下来简要介绍 Diffie-Hellman-Merkle 协议及其他基于 Diffie-Hellman-Merkle 的密码体制。

4.2.1　Diffie-Hellman-Merkle 密钥交换协议

1976 年，Diffie 和 Hellman[11]首次提出了公钥密码学的概念及思想，并基于难以求解的 DLP 提出了首套公钥密码体制。1978 年，Merkle 在其开创性工作[12]中称该体制为公开密钥分配体制，而不是一套公钥密码体制。该公钥分配协议并不直接传送秘密信息，而是为通信双方通过公开信道分配一套私钥，然后利用该私钥通过传统的密钥密码体制交换信息。因此，Diffie-Hellman-Merkle 协议的一个优势就在于其可以利用 DES 或 AES 这样的快速加密方案进行快速加密，同时具有公钥密码的一个主要优点。Diffie-Hellman-Merkle 密钥交换协议工作过程如图 4.2 所示。

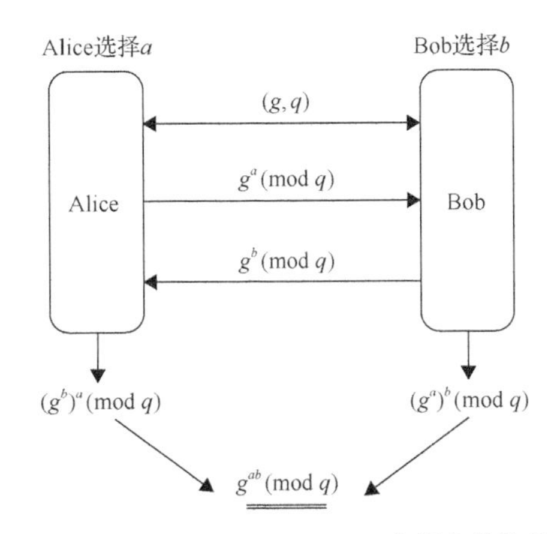

图 4.2　Diffie-Hellman-Merkle 密钥交换协议

(1) 将素数 p 及其原根 g 公开(假定所有用户一致同意在某个给定有限域 F_q 上)。

(2) Alice 随机选择一个数 $a\in\{1,2,\cdots,q-1\}$，并将 $g^a(\bmod q)$ 发送给 Bob。

(3) Bob 随机选择一个数 $b\in\{1,2,\cdots,q-1\}$，并将 $g^b(\bmod q)$ 发送给 Alice。

(4) Alice 和 Bob 都计算 $g^{ab}(\bmod q)$ 并将其作为私钥用于之后的通信中。

很明显，窃听者仅仅知道 g、q、$g^a(\bmod q)$ 和 $g^b(\bmod q)$，因此如果窃听者能够求解 DLP，则其可以计算 $g^{ab}(\bmod q)$，从而可以知道通信内容。因此，若窃听者能够从其所知道的 g、q、$g^a(\bmod q)$ 和 $g^b(\bmod q)$ 中得到整数 a，则其可以轻松地破解 Diffie-Hellman-Merkle 体制。所以，Diffie-Hellman-Merkle 体制的安全性依赖于以下假设。

Diffie-Hellman-Merkle 假设：从 g、q、$g^a(\bmod q)$ 和 $g^b(\bmod q)$ 中计算出

$g^{ab}\pmod q$ 在计算上是不可行的，即

$$\left\{g,q,g^a\pmod q,g^b\pmod q\right\}\xrightarrow{\text{计算困难的}}\left\{g^{ab}\pmod q\right\}$$

相应地，Diffie-Hellman-Merkle 假设依赖于以下 DLP 假设：

$$\left\{g,q,g^a\pmod q\right\}\xrightarrow{\text{计算困难的}}\{a\}$$

或

$$\left\{g,q,g^b\pmod q\right\}\xrightarrow{\text{计算困难的}}\{b\}$$

理论上可能存在利用关于 $g^a\pmod q$ 和 $g^b\pmod q$ 的信息得到 $g^{ab}\pmod q$ 的方法。但是截至目前，还没有一种方法在未求解离散对数问题：

$$\left\{g,q,g^a\pmod q\right\}\xrightarrow{\text{求解}}\{a\}$$

或

$$\left\{g,q,g^b\pmod q\right\}\xrightarrow{\text{求解}}\{b\}$$

的前提下能够直接通过 $g^a\pmod q$ 和 $g^b\pmod q$ 的信息得到 $g^{ab}\pmod q$ 的方法。若 a 或者 b 可以有效地求解出来，则

$$\left\{g,q,b,g^a\pmod q\right\}\xrightarrow{\text{容易计算}}\left\{\left(g^a\right)^b\equiv g^{ab}\pmod q\right\}$$

或

$$\left\{g,q,b,g^b\pmod q\right\}\xrightarrow{\text{容易计算}}\left\{\left(g^b\right)^a\equiv g^{ab}\pmod q\right\}$$

因此可以轻松破解 Diffie-Hellman-Merkle 协议。

例 4.9　下面以文献[13]中提出的 Diffie-Hellman-Merkle 挑战问题作为例子进行说明。

(1) p 是下面的素数：

$$\begin{aligned}p=\ &2047062703855328380597445351669742748036083943401234596957986\\&7459152659137268522951065284733970579762207550506983104348665\\&1682279\end{aligned}$$

(2) Alice 随机选择一个整数 $a(\bmod p)$，计算 $7^a(\bmod p)$ 并将结果传送给 Bob，同时将 a 作为秘密保存。

(3) Bob 接收到的信息是

$$
\begin{aligned}
7^a \equiv\ & 127402180119973946824269244334322849749382042586931621654557 7\\
& 35290322914679095998681860978813046595166455458144280588076766\\
& 6033781(\bmod p)
\end{aligned}
$$

(4) Bob 随机选择一个整数 $b(\bmod p)$，计算 $7^b(\bmod p)$ 并将结果传送给 Alice，同时将 b 作为秘密保存。

(5) Alice 接收到的信息是

$$
\begin{aligned}
7^b \equiv\ & 1801622852874531024447828348367998950159670466953466973130251\\
& 2173405995377205847595817691062538069210165184866236213793402\\
& 6803049(\bmod p)
\end{aligned}
$$

(6) 现在 Alice 和 Bob 都可以计算私钥 $7^{ab}(\bmod p)$。

1989 年 McCurley(以玩笑形式)提出以 100 美元作为悬赏奖金,用于奖励第一个能够从上述通信过程中得到私钥的个人或组织。

例 4.10　McCurley 的 129 位离散对数挑战于 1998 年 1 月 25 日被德国的两位计算机学者用 NFS 攻破,其中一位是来自 凯泽斯劳滕工业大学工程数学和经济数学研究所的 Weber，另一位是来自波恩 Debis 安全服务公司的 Denny[14]。解出的 McCurley 离散对数问题为

$$
\begin{aligned}
a \equiv\ & 3812728041119001413807839150792963419399864355101867028556137 5\\
& 1650455239669294039221021725140532709288726639426370063532797 7\\
& 40808(\bmod p)
\end{aligned}
$$

$$
\begin{aligned}
(7^b)^a \equiv\ & 6185869085965188327359333166520379042679876430695217134591 4\\
& 6222184952599815614487782075749218290977740833879185045794 6\\
& 749734
\end{aligned}
$$

正如我们在之前提到过的那样,Diffie-Hellman-Merkle 协议并不直接用来进行秘密通信，而是为了进行密钥交换。事实上，还有很多基于 DLP 的密码体制可以用来直接传送秘密信息。

4.2.2　ElGamal 密码体制

1985 年，师从斯坦福大学 Hellman 教授攻读博士学位的 ElGamal[15]提出了首个

基于 DLP 的公钥密码体制(图 4.3)，在该体制中，明文 M 可以通过计算离散对数

$$M \equiv \log_{M^e} M \pmod q$$

直接得到。ElGamal 密码体制的具体流程如下：

(1) 将素数 q 及原根 $g \in F_q^*$ 公开。

(2) Alice 随机选择一个整数 a 作为私钥，其中

$$a \in \{1, 2, \cdots, q-1\}$$

公开的加密密钥为 $\{g, q, g^a \pmod q\}$。

(3) 现在假定 Bob 想向 Alice 发送一条消息，其随机选择整数 $b \in \{1, 2, \cdots, q-1\}$，并将下面 F_q 上的一对数发送给 Alice：

$$\left(g^b, Mg^{ab}\right)$$

其中，M 是要发送的消息。

(4) 由于 Alice 拥有私钥 a，其可以通过先计算 $g^{ab} \pmod q$，然后将其收到的第二项中除掉 $g^{ab} \pmod q$，从而得到明文，即

$$M \equiv Mg^{ab} / g^{ab} \pmod q$$

(5) 密码分析：通过求解 DLP

$$a \equiv \log_g x \pmod{q-1}$$

得到私钥 a，使得

$$x \equiv g^a \pmod q$$

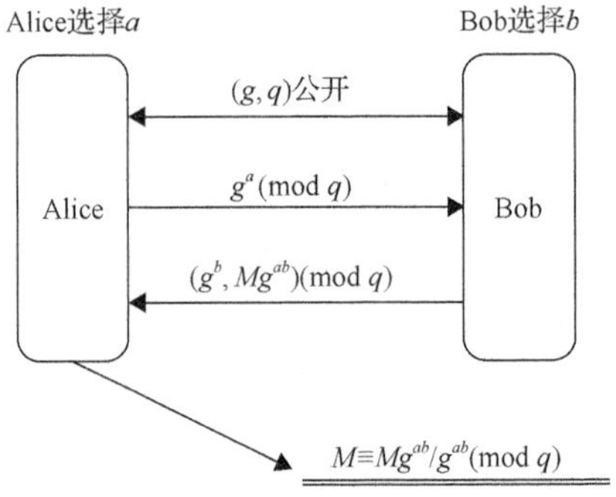

Alice选择a

Bob选择b

(g, q)公开

Alice

$g^a \pmod q$

Bob

$(g^b, Mg^{ab}) \pmod q$

$M \equiv Mg^{ab}/g^{ab} \pmod q$

图 4.3　ElGamal 密码体制

注 4.1　任何人只要能够求解 F_q 上的 DLP，就可以通过公开的加密密钥 g^a 求得私钥 a，从而破解该密码体制。理论上可能存在利用 g^a 和 g^b 的信息得到 g^{ab} 从而不用求解离散对数而破解密文的方法。但是正如我们在 Diffie-Hellman-Merkle 协议中看到的那样，目前还没有一种方法能够在未求解 DLP 的前提下仅通过 g^a 和 g^b 的信息就直接得到 g^{ab} 的方法。因此，Diffie-Hellman-Merkle 密钥交换体制和 ElGamal 密码体制的安全性是等价的。

4.2.3　Massey-Omura 密码体制

另外一种常见的基于有限域 F_q 上离散对数问题的公钥密码体制是 Massey-Omura 密码体制，其中 $q = p^r$， p 是素数。该密码体制是由 Massey 和 Omura 于 1986 年[16]提出的，该方案是在 Shamir 于 1980 年左右提出的三步密码协议基础上所做的进一步改进，在 Shamir 的原始算法中，发送方和接收方不交换任何密码，而是要求双方都有一对私钥用来加密和解密。具体到 Massey-Omura 密码体制，详细流程如图 4.4 所示。

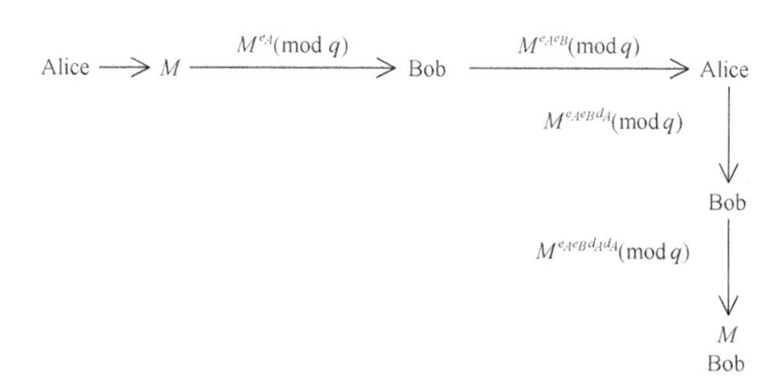

图 4.4　Massey-Omura 密码体制

(1) 给定一个所有用户都同意的有限域 F_q，其中 $q = p^r$ 为某个素数的幂次。

(2) 每个用户都在 0 ～ $q-1$ 随机选择一个整数 e，满足 $\gcd(e,q-1)=1$，并通过广义欧几里得算法计算 $d = e^{-1}(\bmod(q-1))$。这一步结束后，Alice 和 Bob 分别拥有 (e_A,d_A)、(e_B,d_B) 作为私钥。

(3) 现在假定用户 Alice 想向用户 Bob 发送一条保密消息 M，则其通过以下步骤来做：

(3.1) Alice 首先将 M^{e_A} 发送给 Bob。

(3.2) Bob 接收到 Alice 发送的信息后，将 $M^{e_Ae_B}$ 发送给 Alice（需要注意的是，在现阶段 Bob 无法读取 Alice 的信息 M）。

(3.3) Alice 将 $M^{e_Ae_Bd_A} = M^{e_B}$ 发送给 Bob。

(3.4) Bob 计算出 $M^{e_B d_B} = M$，即恢复了 Alice 最初发送的信息 M。

(4) 密码分析：Eve 想从 Alice 和 Bob 的三步通信中读取信息 M 是困难的，除非其能够有效求解通信过程中的 DLP。

Massey-Omura 密码体制也可以详细地描述如下：

$$\begin{array}{ccc} \text{Alice} & \xleftrightarrow{F_q} & \text{Bob} \\ \text{选择 } e_A \in [0, q-1] & & \text{选择 } e_B \in [0, q-1] \\ \text{满足 } \gcd(e_A, q-1) = 1 & & \text{满足 } \gcd(e_B, q-1) = 1 \\ \text{计算 } d_A = e_A^{-1} (\bmod (q-1)) & & \text{计算 } d_B = e_B^{-1} (\bmod (q-1)) \\ & \xrightarrow{M^{e_A} (\bmod q)} & \\ & \xleftarrow{M^{e_A e_B} (\bmod q)} & \\ & \xrightarrow{M^{e_A e_B d_A} (\bmod q)} & \\ & & \downarrow \\ & & M \equiv M^{e_A e_B d_A d_B} (\bmod q) \end{array}$$

例 4.11　令

$$\begin{aligned} p &= 800000000000001239 \\ M &= 20210519040125 \text{ (Tuesday)} \\ e_A &= 6654873997 \\ e_B &= 7658494001 \end{aligned}$$

则

$$\begin{aligned} d_A &\equiv \frac{1}{e_A} \equiv 700944467784489003933 (\bmod (p-1)) \\ d_B &\equiv \frac{1}{e_B} \equiv 142525182504220129233 (\bmod (p-1)) \\ M^{e_A} &\equiv 569643324033831187224 (\bmod p) \\ M^{e_A e_B} &\equiv 376718048875415850224 (\bmod p) \\ M^{e_A e_B d_A} &\equiv 505511517435654478654 (\bmod p) \\ M^{e_A e_B d_A d_B} &\equiv 20210519040125 (\bmod p) \\ &\downarrow \\ &M \end{aligned}$$

4.2.4　基于离散对数问题的数字签名

ElGamal 密码体制同样可以用来做数字签名[15]，这类数字签名协议的安全性依赖于有限域上离散对数问题的难解性。

算法 4.6（ElGamal 数字签名协议）　该算法为消息 m 产生数字签名 $S=(a,b)$。假定 Alice 想向 Bob 传输签名的消息，则步骤如下。

(1) 产生 ElGamal 密钥，Alice 采用如下做法：

(1.1) 选择一个素数 p 和两个随机整数 g 和 x，且 g 和 x 都小于 p。

(1.2) 计算 $y \equiv g^x \pmod p$。

(1.3) 公布 (y,g,p)（g 和 p 都可以在一组用户中共享），将 x 作为私钥保存。

(2) 产生 ElGamal 数字签名，Alice 采用如下做法：

(2.1) 随机选择一个满足关系 $\gcd(k,q-1)=1$ 的整数 k。

(2.2) 计算

$$\left.\begin{aligned} a &\equiv g^k \pmod p \\ b &\equiv k^{-1}(m-xa)\left(\operatorname{mod}(p-1)\right) \end{aligned}\right\}$$

现在 Alice 产生了一个签名 (a,b)，其必须将随机整数 k 作为秘密保存。

(3) ElGamal 数字签名验证：为了验证 Alice 的签名，Bob 通过计算

$$y^a a^b \equiv g^m \pmod p$$

来确认。

1991 年 8 月，隶属美国政府的美国国家标准与技术研究院提出了一种数字签名算法。这就是目前大家所熟知的 DSA，即数字签名算法。DSA 也是美国联邦信息处理标准颁发的第 186 号标准（FIPS186），又称为数字签名标准（DSS）[17]。DSA 还是首个由政府认证的数字签名协议。人们期待 DSA/DSS 发挥和数据加密标准（DES）类似的作用。DSA/DSS 与 Schonr 提出的签名协议很像，也与 ElGamal 签名协议很像。DSA 可以用在电子邮件、电子资金转账、电子数据交换、软件分发、数据存储以及其他所有对数据完整性和数据授权有要求的场合。DSA/DSS 包含以下两个主要过程：

(1) 签名产生过程（利用私钥）；

(2) 签名验证过程（利用公钥）。

在签名产生过程中，为了对数据进行压缩，有时也称为消化数据，通常会用到单向散列函数，然后对消化（压缩）后的数据进行签名。接着将数字签名和签名后的数据一同发送给接收方。接收方利用发送方的公钥对接收到的数字签名进行

验证。在签名验证过程中，一定要用和之前相同的单向散列函数。下面给出DSA/DSS的详细描述。

算法 4.7（DSA） 该算法是ElGamal签名协议的一种变形，其为消息m产生数字签名$S=(r,s)$。

(1)生成DSA密钥。为了生成DSA密钥，发送方采用如下做法：

(1.1)选择一个512bit的素数p（该素数将被公开）。

(1.2)选择一个能够整除$p-1$的160bit的素数q（该素数也将被公开）。

(1.3)在群$\mathbb{Z}/p\mathbb{Z}$中选择一个乘法阶为q的群元$g\in\mathbb{Z}/p\mathbb{Z}$，即$g^q\equiv 1(\bmod p)$。

(1.4)选择一个单向函数H，H将消息映射为160bit的值。

(1.5)选择一个密钥x，其中$0<x<q$。

(1.6)产生公钥y，其中$y\equiv g^x(\bmod p)$。

显而易见，密钥x是公钥y以g为底模p的离散对数。

(2)DSA 产生。为了给消息m签名，发送方通过随机选择整数$k\in\mathbb{Z}/p\mathbb{Z}$并计算

$$\left.\begin{aligned} r &\equiv \left(g^k(\bmod p)\right)(\bmod q) \\ s &\equiv k^{-1}\left(H(m)+xr\right)(\bmod q) \end{aligned}\right\}$$

产生的签名为(r,s)。

(3)DSA验证。为了验证签名(r,s)的真伪，接收方首先计算

$$t\equiv s^{-1}(\bmod q)$$

然后计算

$$r\equiv\left(g^{H(m)t}y^{rt}(\bmod p)\right)(\bmod q) \tag{4.9}$$

若式(4.9)成立，则签名得到确认，接受签名。若同余式(4.9)不成立，则消息要么是签名过程中出现错误，要么是被非法签名的。在这种情况下，通常将消息作为无效消息。

然而，对于美国国家标准与技术研究院提出的DSA，美国计算机协会收到了很多正面和负面的评价，其中对DSA的正面评价集中在以下几条：

(1)美国政府终于认识到了公钥密码学的效用，实际上，DSA 是唯一一个由政府公开提出的签名算法。

(2)DSA基于合理的、熟悉的数论概念，其对金融服务业尤其有用。

(3)DSA中的签名很短（只有320bit），且密钥产生过程可以做得很有效。

(4)在签名过程中，可以在不知道消息m时，就将r计算出来，即可以有一个

“预计算”过程。

对 DSA 的负面评价集中在：

(1) DSA 不包含密钥交换过程，也不能用来进行密钥分发及加密。

(2) DSA 中的密钥太短了，其模数或密钥规模被严格限制为 512bit，这太短了，应该至少增长到 1024bit。

(3) DSA 与现存的国际标准不匹配，例如，国际标准组织如国际标准化组织(ISO)、国际电报电话咨询委员会(CCITT)、环球同业银行金融电讯协会(SWIFT)等都将 RSA 密码体制作为标准。

然而无论如何，DSA 是目前唯一已知的公开的政府数字签名标准。

4.2 节 习 题

1. 在 McCurley 的 DLP 中：

$$\begin{aligned}7^b \equiv\ & 18016228528745310244478283483679989501596704669534669731302512\\ & 17340599537720584759581769106253806921016518486623621379340268\\ & 03049 \pmod p\end{aligned}$$

$$\begin{aligned}p =\ & 20470627038553283805974453516697427480360839434012345969579867\\ & 45915265913726852295106528473397057976220755050698310434866516\\ & 82279\end{aligned}$$

(1) 求解离散对数 b；

(2) 计算 $\left(7^a\right)^b \pmod p$；

(3) 验证第(2)中的计算结果 $\left(7^a\right)^b \pmod p$ 是否与 Weber 和 Denny 的结论吻合，即验证

$$\left(7^a\right)^b \equiv \left(7^b\right)^a \pmod p$$

是否成立。

2. 令 Diffie-Hellman-Merkle 协议中的参数如下：

$$\begin{aligned}p =\ & 10000000000000000000000000000000000000000000000000000000000000\\ & 00000000002047062703855328380597445351669742748036083943401234\\ & 59695798674591526591372685229510652847339705797622075505069831\\ & 043486651682889\end{aligned}$$

$$13^x \equiv 108519459267489303215368977875116015362914115512159637357974 1$$
$$3754705002845778243766667887267761228059356952326614812573 20$$
$$374720986213610649202854763331054158130244119857377415713708 7$$
$$44163529915144626 \pmod{p}$$

$$13^y \equiv 522002084001565230804843872480767603621983222550170142672568$$
$$737458667077499227771880919869778498287278358483829459489565$$
$$477648733256999727232277536865712330583074769780041785503 65$$
$$511987192742641223 71 \pmod{p}$$

(1) 求解离散对数 x；

(2) 求解离散对数 y；

(3) 计算 $\left(13^x\right)^y \pmod{p}$；

(4) 计算 $\left(13^y\right)^x \pmod{p}$。

3. 在 ElGamal 密码体制中，Alice 将 $\left(p, g, g^a\right)$ 公开，其中 p 是素数：

$$p = 1000000000000000000000000000000000000000000000000000000000000$$
$$000000000002047062703855328380597445351669742748046083943401 2$$
$$345969579867459152659137268522951065284733970579762207550506 9$$
$$831043486651683281$$

$$g = 137$$

$$g^a = 152192663976681019592833161514263206836744518581110634576769$$
$$050615795569256793550994428565649100694385549614388735928661$$
$$950422196794512676225936419253780225375372526399843535000717$$
$$745310900273315236 76$$

其中，$a \in \{1, 2, \cdots, p\}$ 且必须作为秘密保存。则 Bob 可以通过 Alice 的公钥信息向 Alice 发送加密信息 $C = \left(g^b, Mg^{ab}\right)$，其中：

$$g^b \equiv 595476756014583223023656041337202206960527469404733550460497 4$$
$$413791437414218363404323065365907081646746246663690438438200 1$$
$$528769925211730081006654249356412826389882146691842217779072 6$$
$$11842406374051259$$

$$Mg^{ab} \equiv 4958786188281511383043041844766490753023726445360329447984952773672153355770786431468633064462459966056008783414765112903810620149108556012648495266834088332326374206552553549698164286521681700295 9760$$

(1) 求解离散对数 a，并计算 $\left(g^b\right)^a \pmod p$；

(2) 求解离散对数 b，并计算 $\left(g^a\right)^b \pmod p$；

(3) 通过计算

$$M \equiv Mg^{ab} \Big/ \left(g^b\right)^a \pmod p$$

或

$$M \equiv Mg^{ab} \Big/ \left(g^a\right)^b \pmod p$$

对密文 C 解密。

4. 令

$$p = 14197$$
$$(e_A, d_A) = (13, 13105)$$
$$(e_B, d_B) = (17, 6681)$$
$$M = 1511 (\text{OK})$$

计算：

$$M^{e_A} \pmod p$$
$$M^{e_A e_B} \pmod p$$
$$M^{e_A e_B d_A} \pmod p$$
$$M^{e_A e_B d_A d_B} \pmod p$$

并验证 $M \equiv M^{e_A e_B d_A d_B} \pmod p$ 是否成立。

5. 令

$$p = 20000000000000002559$$
$$M = 201514042625151811 (\text{To New York})$$
$$e_A = 6654873997$$
$$e_B = 7658494001$$

(1) 计算：

$$d_A \equiv 1/e_A \pmod{p-1}$$
$$d_B \equiv 1/e_B \pmod{p-1}$$

(2) 计算：

$$M^{e_A} \pmod{p}$$
$$M^{e_A e_B} \pmod{p}$$
$$M^{e_A e_B d_A} \pmod{p}$$
$$M^{e_A e_B d_A d_B} \pmod{p}$$

(3) 验证 $M \equiv M^{e_A e_B d_A d_B} \pmod{p}$ 是否成立。

6. 假定在 ElGamal 密码体制中，选定随机整数 k 来对两条不同的消息进行签名，令

$$b_1 \equiv k^{-1}(m_1 - xa)(\mathrm{mod}(p-1))$$

$$b_2 \equiv k^{-1}(m_2 - xa)(\mathrm{mod}(p-1))$$

其中

$$a \equiv g^k \pmod{p}$$

(1) 证明 k 可以通过

$$(b_1 - b_2)k \equiv (m_1 - m_2)(\mathrm{mod}(p-1))$$

求解得到。

(2) 证明可以通过 k 的信息来确定私钥 x。

7. 证明破解 Diffie-Hellman-Merkle 密钥交换协议或任意基于 DLP 的密码体制的难度通常等价于求解 DLP 的难度。

4.3　针对离散对数问题的量子算法

4.3.1　基本概念

在 DLP 中，希望在式子：

$$g^r \equiv x \pmod{p}$$

中找到 r，其中 g 是乘法群 $\mathbb{Z}_p^*$ 中的生成元。假定 g 在乘法群 $\mathbb{Z}_p^*$ 中的阶是已知的，如为 k，即

$$g^k \equiv 1 (\bmod p)$$

注意在量子整数分解算法中，试图寻找满足

$$g^r \equiv 1 (\bmod p)$$

的 r，其中 r 是 g 在 F_{p-1} 中的阶。在量子离散对数算法中，我们试图寻找满足

$$g^r \equiv x (\bmod p)$$

的 r，其中 r 是 x 以 g 为底、在 F_{p-1} 中的离散对数，即

$$r \equiv \log_g x (\bmod p-1)$$

r 在两种量子算法中的意义是不同的。然而，由于

$$g^r \equiv x (\bmod p)$$

可以定义二元函数(和之前量子算法中 $f(a) = g^a \equiv 1 (\bmod p)$ 一样)

$$f(a,b) = g^a x^{-b} \equiv 1 (\bmod p)$$

使得

$$a - br \equiv k (\bmod (p-1))$$

上式之所以成立，是因为

$$\begin{aligned} g^a x^{-b} &\equiv g^a (g^r)^{-b} \\ &\equiv g^a g^{-br} \\ &\equiv g^{a-br} \\ &\equiv g^k (\bmod p) \end{aligned}$$

因此，在量子离散对数算法中，还需要进一步通过计算

$$r \equiv (a-k) b^{-1} (\bmod (p-1))$$

来求解 r。这只是一个简单的求逆问题。Shor[18]证明可以在多项式时间内求出 r。

当然，如果 $p-1$ 是光滑的(即 $p-1$ 必须有小的素因数)，本来就可以通过 Pohlig-Hellman 算法[19]在多项式时间内求解 $\mathbb{Z}_p^*$ 上的 DLP(称这种情形下的 DLP 为易解 DLP)。然而，对于一般的 p，目前还没有针对 DLP 的经典多项式算法(这种情形的 DLP 称为难解的 DLP)。下面分别针对易解的 DLP 和难解的 DLP 介绍相应的量子攻击算法。

4.3.2 易解离散对数问题的量子算法

针对易解 DLP 的量子攻击算法，本质上讲就是 Pohlig-Hellman 算法的量子版本或者量子类似算法。为了计算

$$g^r \equiv x \pmod p$$

中的离散对数 r，可以利用 Pohlig-Hellman 算法在多项式时间内通过经典计算机求解，其中 g 是乘法群 $\mathbb{Z}_p^*$ 中的生成元，p 是素数且 $p-1$ 是光滑的。因此，对于这种容易求解的 DLP，利用量子计算机求解该问题似乎没有优势。然而，这可以作为一个例子说明下面的事实：对于某些问题，量子计算机可以和经典计算机做得一样好。

算法 4.8(针对易解 DLP 的量子算法) 给定 $g, x \in \mathbb{N}$，p 是素数。若存在 r 使得 $g^r \equiv x \pmod p$，则该算法可以找到这样的 r，该算法用到了三个量子寄存器。具体过程如下：

(1) 量子系统的初始态为

$$|\psi_0\rangle = |0\rangle|0\rangle|0\rangle$$

对第一、第二个寄存器做模 $p-1$ 的傅里叶变换，用 A_{p-1} 表示，则经过该操作，量子计算机的状态变为

$$\begin{aligned}|\psi_1\rangle &= \frac{1}{\sqrt{p-1}}\sum_{a=0}^{p-2}|a\rangle \cdot \frac{1}{\sqrt{p-1}}\sum_{b=0}^{p-2}|b\rangle|0\rangle \\ &= \frac{1}{p-1}\sum_{a=0}^{p-2}\sum_{b=0}^{p-2}|a,b,0\rangle\end{aligned}$$

(2) 将计算结果 $g^a x^{-b} \pmod p$ 存储在第三个寄存器中，a、b 还在相应的第一、第二个寄存器中(在量子图灵机模型中称为磁带)，因此该过程是可逆的。量子计算机的状态变为

$$|\psi_2\rangle = \frac{1}{p-1}\sum_{a=0}^{p-2}\sum_{b=0}^{p-2}\left|a,b,g^a x^{-b}(\bmod p)\right\rangle$$

(3) 应用傅里叶变换 A_{p-1}，$|a\rangle \to |c\rangle$ 的概率幅为

$$\sqrt{\frac{1}{p-1}}\exp\left(\frac{2\pi \mathrm{i}ac}{p-1}\right)$$

$|b\rangle \to |d\rangle$ 的概率幅为

$$\sqrt{\frac{1}{p-1}}\exp\left(\frac{2\pi \mathrm{i}bd}{p-1}\right)$$

因此，态 $|a,b\rangle$ 变为

$$\frac{1}{(p-1)}\sum_{c=0}^{p-2}\sum_{d=0}^{p-2}\exp\left(\frac{2\pi \mathrm{i}}{p-1}(ac+bd)\right)|c,d\rangle$$

量子计算机的状态为

$$|\psi_3\rangle = \frac{1}{(p-1)^2}\sum_{a,b,c,d=0}^{p-2}\exp\left(\frac{2\pi \mathrm{i}}{p-1}(ac+bd)\right)\left|c,d,g^a x^{-b}(\bmod p)\right\rangle$$

(4) 对量子计算机进行测量，并提取出所需信息。测量后得到态 $\left|c,d,g^k(\bmod p)\right\rangle$ 的概率为

$$\mathrm{Prob}\left(c,d,g^k\right) = \left|\frac{1}{(p-1)^2}\sum_{\substack{a=0,\,b=0 \\ a-rb\equiv k(\bmod p-1)}}^{p-2}\exp\left(\frac{2\pi \mathrm{i}}{p-1}(ac+bd)\right)\right|^2 \tag{4.10}$$

其中，求和是对所有满足关系

$$a - rb \equiv k(\bmod(p-1))$$

的 (a,b) 进行的。

(5) 将

$$a \equiv k + rb(\bmod(p-1))$$

代入式 (4.10) 中，可得

$$\mathrm{Prob}\left(c,d,g^k\right)=\left|\frac{1}{(p-1)^2}\sum_{b=0}^{p-2}\exp\left(\frac{2\pi\mathrm{i}}{p-1}\left(kc+b\left(d+rc\right)\right)\right)\right|^2$$

注意，若 $d+rc\neq 0\left(\bmod\left(p-1\right)\right)$，则上式中计算出的概率为 0。因此，当且仅当 $d+rc\equiv 0\left(\bmod\left(p-1\right)\right)$ 时，其出现的概率不等于零，因此

$$r\equiv -dc^{-1}\left(\bmod\left(p-1\right)\right)$$

(6) 经过上述过程，可以得到一个随机的整数 c 及 $d\equiv -rc\left(\bmod\left(p-1\right)\right)$。因此，若 $\gcd\left(c,p-1\right)=1$，则可以由欧几里得算法求出 c 的乘法逆，从而得到 r。更重要的是，$\gcd\left(c,p-1\right)=1$ 的机会

$$\frac{\phi\left(p-1\right)}{p-1}>\frac{1}{\log p}$$

事实上

$$\liminf\frac{\phi\left(p-1\right)}{p-1}\approx\frac{\mathrm{e}^{-\gamma}}{\log\log p}$$

因此，只需要做 $\log p$ 的多项式规模次实验，就可以以较高的概率得到 r。

4.3.3 针对一般情形离散对数问题的量子算法

4.3.2 节介绍了量子计算机在求解数学问题时，即在求解特殊情况的 DLP 时，其与经典计算机的表现是一致的。然而，量子计算机还可以在多项式时间内求解一般情形下的 DLP，而这类问题在经典计算机上通常是不能在多项式时间内有效求解的。下面给出该类问题的量子算法。

特殊情形 DLP 是基于 $p-1$ 是光滑的这样一个事实。对于一般的情形，通过随机选择一个满足条件 $p\leqslant q\leqslant 2p$ 的光滑数 q 从而将原来特殊情形 DLP 中的限制条件去掉。可以证明，满足条件的 q：q 没有大于 $c\log q$ 的素数幂次形式的因数，这样的 q 是可以在多项式时间内找到的，其中 c 是与 p 无关的常数。

算法 4.9（针对一般情形 DLP 的量子算法）　令 g 为群 $\mathbb{Z}_p^*$ 的生成元，$x\in\mathbb{Z}_p$。该算法可以找到 r 使得 $g^r\equiv x\left(\bmod p\right)$。

(1) 随机选择一个光滑数 q，其中 $p\leqslant q\leqslant 2p$。注意在这里没有要求 $p-1$ 是光滑的。

(2) 和特殊情形下的量子算法一样，对第一、第二个寄存器做模 $p-1$ 的傅里

叶变换，经过该步操作，量子计算机的状态变为

$$|\psi_1\rangle = \frac{1}{p-1}\sum_{a=0}^{p-2}\sum_{b=0}^{p-2}|a,b\rangle$$

(3) 可逆的计算 $g^a x^{-b} (\bmod p)$，量子计算机的状态为

$$|\psi_2\rangle = \frac{1}{p-1}\sum_{a=0}^{p-2}\sum_{b=0}^{p-2}\left|a,b,g^a x^{-b} (\bmod p)\right\rangle$$

(4) 应用傅里叶变换 A_q，与之前一样，$|a\rangle \to |c\rangle$ 的概率幅为

$$\sqrt{\frac{1}{q}}\exp\left(\frac{2\pi \mathrm{i} ac}{q}\right)$$

$|b\rangle \to |d\rangle$ 的概率幅为

$$\sqrt{\frac{1}{q}}\exp\left(\frac{2\pi \mathrm{i} bd}{q}\right).$$

因此，态 $|a,b\rangle$ 变为

$$\frac{1}{q}\sum_{c=0}^{q-1}\sum_{d=0}^{q-1}\exp\left(\frac{2\pi \mathrm{i}}{q}(ac+bd)\right)|c,d\rangle$$

量子计算机的状态为 $|\psi_3\rangle$

$$|\psi_3\rangle = \frac{1}{(p-1)q}\sum_{a,b=0}^{p-2}\sum_{c,d=0}^{q-1}\exp\left(\frac{2\pi \mathrm{i}}{q}(ac+bd)\right)\left|c,d,g^a x^{-b} (\bmod p)\right\rangle$$

(5) 对量子计算机进行测量，并提取出所需信息。观测到状态 $\left|c,d,g^k (\bmod p)\right\rangle$ 的概率几乎和特殊情形下是一样的：

$$\mathrm{Prob}\left(c,d,g^k\right) = \left|\frac{1}{(p-1)q}\sum_{\substack{a,b \\ a-rb\equiv k(\bmod (p-1))}}\exp\left(\frac{2\pi \mathrm{i}}{q}(ac+bd)\right)\right|^2 \tag{4.11}$$

其中，求和是对所有满足关系

$$a - rb \equiv k(\bmod (p-1))$$

进行的求和。

(6) 利用关系

$$a = k + rb - (p-1)\left\lfloor \frac{br+k}{p-1} \right\rfloor$$

代入式(4.11)中，得到概率幅为

$$\frac{1}{(p-1)q}\sum_{b=0}^{p-2}\exp\left(\frac{2\pi i}{q}\left(brc + kc + bd - c(p-1)\left\lfloor \frac{br+k}{p-1} \right\rfloor\right)\right)$$

因此式(4.11)的求和为

$$\left|\frac{1}{(p-1)q}\sum_{b=0}^{p-2}\exp\left(\frac{2\pi i}{q}\left(brc + kc + bd - c(p-1)\left\lfloor \frac{br+k}{p-1} \right\rfloor\right)\right)\right|^2$$

这就是观测到状态$\left|c, d, g^k \pmod p\right\rangle$的概率。

(7)可以证明，某些c、d对会以高概率出现，且满足

$$\left| rc + d - \frac{r}{p-1}\left(c(p-1) \pmod q\right) \right| \leqslant \frac{1}{2}$$

一旦得到这样的c、d，则r就可以计算出来。这是由于在公式

$$\left| d + \frac{r\left(c(p-1) - \left(c(p-1) \pmod q\right)\right)}{p-1} \right| \leqslant \frac{1}{2}$$

中，r是唯一的未知数。

同样注意到

$$q \mid \left(c(p-1) - \left(c(p-1) \pmod q\right)\right)$$

则同时在式子两边除以q，可得

$$\left| \frac{d}{q} - \frac{rl}{p-1} \right| \leqslant \frac{1}{2q}$$

因此，为了得到r，只需找到离$\frac{d}{q}$最近的$\frac{1}{p-1}$的整数倍，用$\frac{m}{p-1}$表示，则r就可以通过公式

$$\frac{m}{p-1} = \frac{rl}{p-1}$$

计算得出，即

$$r = \frac{m}{l}$$

4.3.4　量子离散对数算法的其他变形

本节介绍 Shor 量子离散对数算法的两种变形[20]：第一种算法针对的是 F_p 上的 DLP，第二种针对的是 $\mathbb{Z}_n^*$ 上的 DLP。

算法 4.10　给定 g、x、p，其中 p 是素数，该算法旨在找到

$$k \equiv \log_g x\left(\bmod\left(p-1\right)\right)$$

使得

$$x \equiv g^k \left(\bmod p\right)$$

(1) 找一个数 q，其中 $p \leqslant q = 2^t \leqslant 2p$。

(2) 将三个量子寄存器都初始化为零态：

$$\left|\psi_0\right\rangle = \left|0\right\rangle\left|0\right\rangle\left|0\right\rangle$$

(3) 对第一、第二个寄存器做 Hadamard 变换，可得

$$U_f : \left|\psi_0\right\rangle \to \left|\psi_1\right\rangle = \frac{1}{p-1}\sum_{a=0}^{p-2}\sum_{b=0}^{p-2}\left|a\right\rangle\left|b\right\rangle\left|0\right\rangle$$

(4) 做模幂运算，可得

$$\begin{aligned} U_f : \left|\psi_1\right\rangle \to \left|\psi_2\right\rangle &= \frac{1}{p-1}\sum_{a=0}^{p-2}\sum_{b=0}^{p-2}\left|a\right\rangle\left|b\right\rangle\left|f\left(a,b\right)\right\rangle \\ &= \frac{1}{p-1}\sum_{a=0}^{p-2}\sum_{b=0}^{p-2}\left|a\right\rangle\left|b\right\rangle\left|g^a x^b \left(\bmod p\right)\right\rangle \end{aligned}$$

(5) 对第三个寄存器测量，假定观测到 m，$g^l \equiv m\left(\bmod p\right)$，其中 $0 \leqslant l \leqslant p-2$，则系统的态塌缩到某个纠缠态，且 $\left|a\right\rangle\left|b\right\rangle$ 满足 $g^a x^b = g^l \equiv m\left(\bmod p\right)$，即 $a + bk \equiv l\left(\bmod\left(p-1\right)\right)$。对于固定的 k、l、$p-1$ 及任意给定的 b，则存在唯一的 k_b 使得 $a = l - bk - k_b\left(p-1\right)$。现在，第一个寄存器和第二个寄存器处于状态 $\left|\psi_3\right\rangle$

$$|\psi_3\rangle=\frac{1}{\sqrt{p-1}}\sum_{b=0}^{p-2}|l-bk-k_b(p-1)\rangle|b\rangle$$

(6)对第一、第二个寄存器做量子傅里叶变换，可得

$$\begin{aligned}\mathrm{QFT}:|\psi_3\rangle\to|\psi_4\rangle&=\frac{1}{q\sqrt{p-1}}\sum_{b=0}^{p-2}\sum_{\mu=0}^{q-1}\sum_{\nu=0}^{q-1}\mathrm{e}^{\frac{2\pi\mathrm{i}(l-bk-k_b(p-1))\mu}{q}}\mathrm{e}^{\frac{2\pi\mathrm{i}b\nu}{q}}|\mu\rangle|\nu\rangle\\&=\frac{1}{q\sqrt{p-1}}\sum_{b=0}^{p-2}\sum_{\mu=0}^{q-1}\sum_{\nu=0}^{q-1}w_q^{(\nu-\mu k)b+l\mu-k_b(p-1)\mu}|\mu\rangle|\nu\rangle\\&=\frac{1}{q\sqrt{p-1}}\sum_{\nu\equiv\mu k(\mathrm{mod}(p-1))}\sum_{b=0}^{p-2}w_q^{(\nu-\mu k)b}w_q^{l\mu}|\mu\rangle|\nu\rangle\\&=\frac{\sqrt{p-1}}{q}\sum_{\mu=0}^{q-1}w_q^{l\mu}|\mu\rangle|\mu k\rangle\end{aligned}$$

其中，$w_q=\mathrm{e}^{\frac{2\pi\mathrm{i}}{q}}$。

(7)对第一、第二个寄存器进行测量，可得$(\mu,\mu k)$。由之前的知识可知：

$$k\equiv\mu^{-1}(\mu k)(\mathrm{mod}(p-1))$$

例 4.12　令$g=4$，$p=13$，$x=10$，求

$$k\equiv\log_g 10(\mathrm{mod}12)$$

使得

$$10\equiv4^k(\mathrm{mod}13)$$

(1)找一个数q，其中$13\leqslant q=2^t<26$，这里取$q=16=2^4$。

(2)将三个量子寄存器都初始化为零态：

$$|\psi_0\rangle=|0,0,0\rangle$$

(3)对第一、第二个寄存器做 Hadamard 变换，可得

$$\begin{aligned}H:|\psi_0\rangle\to|\psi_1\rangle&=\frac{1}{p-1}\sum_{a=0}^{p-2}\sum_{b=0}^{p-2}|a\rangle|b\rangle|0\rangle\\&=\frac{1}{12}\sum_{a=0}^{11}\sum_{b=0}^{11}|a\rangle|b\rangle|0\rangle\end{aligned}$$

(4) 做模幂运算，可得

$$U_f:|\psi_1\rangle \to |\psi_2\rangle = \frac{1}{12}\sum_{a=0}^{11}\sum_{b=0}^{11}|a\rangle|b\rangle\left|4^a 10^b \pmod{13}\right\rangle$$

$4^a 10^b \pmod{13}$ 和 a、b 之间的关系见表 4.4。

表 4.4　$4^a 10^b$(mod13) 和 a 、b 之间的关系

a	b											
	0	1	2	3	4	5	6	7	8	9	10	11
0	1	10	9	12	3	4	1	10	9	12	3	4
1	4	1	10	9	12	3	4	1	10	9	12	3
2	3	4	1	10	9	12	3	4	1	10	9	12
3	12	3	4	1	10	9	12	3	4	1	10	9
4	9	12	3	4	1	10	9	12	3	4	1	10
5	10	9	12	3	4	1	10	9	12	3	4	1
6	1	10	9	12	3	4	1	10	9	12	3	4
7	4	1	10	9	12	3	4	1	10	9	12	3
8	3	4	1	10	9	12	3	4	1	10	9	12
9	12	3	4	1	10	9	12	3	4	1	10	9
10	9	12	3	4	1	10	9	12	3	4	1	10
11	10	9	12	3	4	1	10	9	12	3	4	1

注：表正文即 $4^a 10^b$(mod13) 的值。

(5) 对第三个寄存器进行测量，假定观测到 4，即 $4^l \equiv 4 \pmod{13}$，其中 $0 \leqslant l \leqslant 11$，现在，第一个寄存器和第二个寄存器处于状态

$$\begin{aligned}&\frac{1}{\sqrt{12}}\big(|0\rangle|5\rangle+|0\rangle|11\rangle+|1\rangle|0\rangle+|1\rangle|6\rangle+|2\rangle|1\rangle+|2\rangle|7\rangle+|3\rangle|2\rangle+|3\rangle|8\rangle+|4\rangle|3\rangle\\&+|4\rangle|9\rangle+|5\rangle|4\rangle+|5\rangle|10\rangle+|6\rangle|5\rangle+|6\rangle|11\rangle+|7\rangle|0\rangle+|7\rangle|6\rangle+|8\rangle|1\rangle+|8\rangle|7\rangle\\&+|9\rangle|2\rangle+|9\rangle|8\rangle+|10\rangle|3\rangle+|10\rangle|9\rangle+|11\rangle|4\rangle+|11\rangle|10\rangle\big)\end{aligned}$$

(6) 对第一、第二个寄存器做量子傅里叶变换，可得

$$\begin{aligned}\frac{\sqrt{12}}{16}\sum_{\mu=0}^{15}w_{16}^{\mu}|\mu\rangle|\mu k\rangle=\frac{\sqrt{12}}{16}\big(&|0\rangle|0\rangle+|1\rangle|5\rangle+|2\rangle|10\rangle+|3\rangle|15\rangle+|4\rangle|4\rangle+|5\rangle|1\rangle\\&+|6\rangle|6\rangle+|7\rangle|11\rangle+|8\rangle|4\rangle+|9\rangle|9\rangle+|10\rangle|2\rangle+|11\rangle|7\rangle\\&+|12\rangle|0\rangle+|13\rangle|5\rangle+|14\rangle|10\rangle+|15\rangle|3\rangle\big)\end{aligned}$$

其中，$w_{16}=\mathrm{e}^{\frac{2\pi\mathrm{i}}{16}}$。

(7) 对第一、第二个寄存器进行测量，可得$(13,5)$，即$k\equiv 13^{-1}\times 5(\bmod 12)\equiv 5$。

接下来从对F_p上离散对数问题的讨论转到对$\mathbb{Z}_n^*$上离散对数问题的讨论。

算法 4.11　给定$C=\langle g\rangle=\mathbb{Z}_n^*$，$y\in C$，$n\in\mathbb{Z}^+$。该算法旨在找到

$$k\equiv\log_g y(\bmod n)$$

使得

$$y\equiv g^k(\bmod n)$$

(1) 令N为群C的阶。

(2) 将三个量子寄存器都初始化为零态：

$$|\psi_0\rangle=|0^s,0^s,0^t\rangle$$

其中，$s=\lfloor\log N\rfloor+1$；$t=\lfloor\log n\rfloor+1$。

(3) 对第一、第二个寄存器做 Hadamard 变换，可得

$$U_f:|\psi_0\rangle\to|\psi_1\rangle=\frac{1}{N}\sum_{a=0}^{N-1}\sum_{b=0}^{N-1}|a\rangle|b\rangle|0\rangle$$

(4) 做模幂运算，可得

$$\begin{aligned}U_f:|\psi_1\rangle\to|\psi_2\rangle&=\frac{1}{N}\sum_{a=0}^{N-1}\sum_{b=0}^{N-1}|a\rangle|b\rangle|f(a,b)\rangle\\&=\frac{1}{N}\sum_{a=0}^{N-1}\sum_{b=0}^{N-1}|a\rangle|b\rangle|g^a y^b(\bmod n)\rangle\end{aligned}$$

(5) 对第三个寄存器进行测量，假定观测到m，$g^l\equiv m(\bmod n)$，其中$0\leqslant l\leqslant N-1$，则系统的态塌缩到某个纠缠态，且$|a\rangle|b\rangle$满足$g^a y^b=g^l\equiv m(\bmod n)$，即$a+bk\equiv l(\bmod N)$。对于固定的$k$、$l$、$N$及任意给定的$b$，则存在唯一的$k_b$使得$a=l-bk-k_bN$。现在，第一个寄存器和第二个寄存器处于状态$|\psi_3\rangle$

$$|\psi_3\rangle=\frac{1}{\sqrt{N}}\sum_{b=0}^{N-1}|l-bk-k_bN\rangle|b\rangle$$

(6) 对第一、第二个寄存器做量子傅里叶变换，可得

$$\begin{aligned}\text{QFT}:|\psi_3\rangle \to |\psi_4\rangle &= \frac{1}{N\sqrt{N}}\sum_{b=0}^{N-1}\sum_{\mu=0}^{N-1}\sum_{\nu=0}^{N-1}\mathrm{e}^{\frac{2\pi\mathrm{i}(l-bk-k_bN)\mu}{N}}\mathrm{e}^{\frac{2\pi\mathrm{i}b\nu}{N}}|\mu\rangle|\nu\rangle \\ &= \frac{1}{N\sqrt{N}}\sum_{b=0}^{N-1}\sum_{\mu=0}^{N-1}\sum_{\nu=0}^{N-1}w_N^{(\nu-\mu k)b+l\mu-k_bN\mu}|\mu\rangle|\nu\rangle \\ &= \frac{1}{N\sqrt{N}}\sum_{\nu\equiv\mu k(\mathrm{mod}\,N)}\sum_{b=0}^{N-1}w_N^{(\nu-\mu k)b}w_N^{l\mu}|\mu\rangle|\nu\rangle \\ &= \frac{1}{\sqrt{N}}\sum_{\mu=0}^{N-1}w_N^{l\mu}|\mu\rangle|\mu k\rangle\end{aligned}$$

其中，$w_N=\mathrm{e}^{\frac{2\pi\mathrm{i}}{N}}$。

(7) 对第一、第二个寄存器进行测量，可得$(\mu,\mu k)$。由之前的知识可知，$k\equiv\mu^{-1}(\mu k)(\mathrm{mod}\,N)$。

下面以一个例子来对算法的每一步进行具体说明。

例 4.13　令$C=\langle g=105\rangle$，$y=144$，$n=221$。

(1) 计算群C的阶：$N=|C|=16$。

(2) 将三个量子寄存器都初始化为零态：

$$|\psi_0\rangle=|0,0,0\rangle$$

(3) 对第一、第二个寄存器做 Hadamard 变换，可得

$$U_f:|\psi_0\rangle\to|\psi_1\rangle=\frac{1}{16}\sum_{a=0}^{15}\sum_{b=0}^{15}|a\rangle|b\rangle|0\rangle$$

(4) 做模幂运算，可得

$$U_f:|\psi_1\rangle\to|\psi_2\rangle=\frac{1}{16}\sum_{a=0}^{15}\sum_{b=0}^{15}|a\rangle|b\rangle|105^a144^b(\mathrm{mod}\,221)\rangle$$

$105^a144^b(\mathrm{mod}\,221)$和$a$、$b$之间的关系见表 4.5。

表 4.5　$105^a144^b(\mathrm{mod}221)$和$a$、$b$之间的关系

a	b															
	0	1	2	3	4	5	6	7	8	9	10	11	12	13	14	15
0	1	144	183	53	118	196	157	66	1	144	183	53	118	196	157	66
1	105	92	209	40	14	27	131	79	105	92	209	40	14	27	131	79
2	196	157	66	1	144	183	53	118	196	157	66	1	144	183	53	118

续表

a	b															
	0	1	2	3	4	5	6	7	8	9	10	11	12	13	14	15
3	27	131	79	105	92	209	40	14	27	131	79	105	92	209	40	14
4	183	53	118	196	157	66	1	144	183	53	118	196	157	66	1	144
5	209	40	14	27	131	79	105	92	209	40	14	27	131	79	105	92
6	66	1	144	183	53	118	196	157	66	1	144	183	53	118	196	157
7	79	105	92	209	40	14	27	131	79	105	92	209	40	14	27	131
8	118	196	157	66	1	144	183	53	118	196	157	66	1	144	183	53
9	14	27	131	79	105	92	209	40	14	27	131	79	105	92	209	40
10	144	183	53	118	196	157	66	1	144	183	53	118	196	157	66	1
11	92	209	40	14	27	131	79	105	92	209	40	14	27	131	79	105
12	157	66	1	144	183	53	118	196	157	66	1	144	183	53	118	196
13	131	79	105	92	209	40	14	27	131	79	105	92	209	40	14	27
14	53	118	196	157	66	1	144	183	53	118	196	157	66	1	144	183
15	40	14	27	131	79	105	92	209	40	14	27	131	79	105	92	209

注：表正文内容即 $105^a 144^b \pmod{221}$ 的值。

(5) 对第三个寄存器测量，假定观测到 27，$27 \equiv 105^3 \pmod{221}$。现在，第一个寄存器和第二个寄存器的状态为

$$\frac{1}{\sqrt{16}}\big(|1\rangle|5\rangle+|1\rangle|13\rangle+|3\rangle|0\rangle+|3\rangle|8\rangle+|5\rangle|3\rangle+|5\rangle|11\rangle+|7\rangle|6\rangle+|7\rangle|4\rangle+|9\rangle|1\rangle$$
$$+|9\rangle|9\rangle+|11\rangle|4\rangle+|11\rangle|12\rangle+|13\rangle|7\rangle+|13\rangle|15\rangle+|15\rangle|2\rangle+|15\rangle|10\rangle\big)$$

(6) 对第一、第二个寄存器做量子傅里叶变换，可得

$$\frac{1}{\sqrt{16}}\sum_{\mu=0}^{15} w_{16}^{3\mu}|\mu\rangle|\mu k\rangle$$

可能会观测到下面的态：

$|0\rangle|0\rangle$，$|1\rangle|10\rangle$，$|2\rangle|4\rangle$，$|3\rangle|14\rangle$，$|4\rangle|8\rangle$，$|5\rangle|2\rangle$，$|6\rangle|12\rangle$，$|7\rangle|6\rangle$，$|8\rangle|0\rangle$，$|9\rangle|10\rangle$，$|10\rangle|4\rangle$，$|11\rangle|14\rangle$，$|12\rangle|8\rangle$，$|13\rangle|2\rangle$，$|14\rangle|12\rangle$，$|15\rangle|6\rangle$

假定观测到态 $|9\rangle|10\rangle$，则通过求解同余方程

$$10 \equiv 9k \pmod{16}$$

可得 $k=10$。

4.3 节 习 题

1. 证明：针对 $\mathbb{Z}_p^*$ 上 DLP 的算法 4.9 的计算复杂度为 $O\left((\log p)^{2+\varepsilon}\right)$，其中 $\log p$ 为 p 的比特数。

2. 算法 4.9 的复杂度是 BQP 类的，该算法能否提高到 QP 类？即能否消除掉算法 4.9 中的随机性？

3. 在一般情形 DLP 的量子算法中，q 的值限定在 $p \leqslant q \leqslant 2p$。能否将 q 的值缩小为一个小的值，从而能够在一个小型量子计算机上运行该算法？

4. 针对 DLP 的 Pollard ρ 算法和 λ 算法很适合并行计算，实际上也确实有一些针对 DLP 的新颖并行版本 ρ 算法和 λ 算法。针对 DLP 的 ρ 算法和 λ 算法能够在量子计算机上运行吗？如果可以，请设计一种针对 DLP 的量子 ρ 算法或量子 λ 算法。

5. 目前所知的针对 $\mathbb{Z}_p^*$ 上 DLP 的最快算法是 NFS。如果可能，请设计针对 DLP 的 NFS 的量子版本。

6. IFP 和 DLP 都可以归入 HSP(隐子群问题)。令 G 为一个阿贝尔群，映射 $f: G \to S$ (映射到某个集合中)，若

$$f(x) = f(y) \Leftrightarrow x - y \in H$$

成立，则称映射 $f: G \to S$ 隐藏了子群 $H \leqslant G$。阿贝尔隐子群问题为：给定某个能够计算 f 的装置，寻找 H 的生成集。请给出求解一般隐子群问题的量子算法。

4.4　本章要点及进阶阅读

对数是由苏格兰数学家约翰·奈皮尔(John Napier，1550—1617)发明的。对数本质上是幂运算这种数学运算的逆运算。若 $y = x^k$，则称 k 是 y 以 x 为底的对数，用 $k = \log_x y$ 表示，其中 $x, y, k \in \mathbb{R}$。对数问题就是给定 x、y，求 k。显然，对数问题是一个易解问题，即

$$\mathrm{LP}: \left\{x, y = x^k\right\} \xrightarrow{\text{容易}} \{k\}$$

这是因为总可以由公式

$$\log_x y = \frac{\ln y}{\ln x}$$

和公式

$$\ln x = \sum_{i=1}^{\infty} (-1)^{i+1} \frac{(x-1)^i}{i}$$

来求得对数。例如：

$$\log_2 5 = \frac{\ln 5}{\ln 2} \approx \frac{1.609437912}{0.693147181} \approx 2.321928096$$

然而，$\mathbb{Z}_p^*$ 乘法群上的 DLP 和实数域 $\mathbb{R}$ 上的对数问题是两种完全不同的情况。和 IFP 一样，DLP 也是计算数论领域的难解问题，因此可以用来构造不同的公钥密码体制和协议。针对 DLP 有很多传统算法，例如：

(1) 大步小步算法；

(2) Pollard 的 ρ 算法；

(3) Pollard 的 λ 算法（也称 λ 方法）；

(4) Pohlig-Hellman 方法；

(5) Index Calculus 算法（如 NFS）；

(6) Xedni 计算方法；

(7) FFS。

需要注意的是，无论是 IFP 还是 DLP，目前都没有发现在非量子计算机上的有效算法，但是针对这两种问题的有效量子算法都是已知的。进一步，针对这两种问题中某一方的算法通常都适用于对方，这使得 IFP 和 DLP 很像孪生姐妹问题。本章首先介绍了针对 DLP 最常见的几种攻击方法，接着介绍了几种最常见的基于 DLP 的、无法用传统算法在多项式时间内攻破的密码体制及协议。正如之前提到的，量子计算机可以在多项式时间内求解 DLP，因此可以在多项式时间内攻破基于 DLP 的密码体制，在本章的最后一节分析和讨论了针对 DLP 及基于 DLP 密码体制的量子攻击方法。

针对 DLP 的大步小步算法是由 Shanks 于 1971 年提出的[1]，针对 DLP 的 Pohlig-Hellman 方法在文献[19]中首次出现，针对 DLP 的 ρ 方法和 λ 方法由 Pollard 在文献[3]中提出。目前针对 DLP 的最快算法——Index Calculus 算法在很多文献中都讨论过[4,5,21,22]。FFS 的理论基础是代数函数域，即数域的一种类似。正如 NFS 方法一样，FFS 既可以用来求解 IFP，也可以用来求解 DLP。顺便说一下，FFS 更适合求解具有小特征的有限域上的 DLP。更多关于 FFS 的知识，尤其是求解具有小特征有限域上离散对数的最新进展，请阅读文献[6]～[10]、[23]和[24]。

想要了解更多关于 DLP 及其求解方法的资料，推荐读者参考文献[13]、[15]、[25]～[47]。

基于 DLP 的密码包括密码协议和数字签名，构成了密码学中重要的一类。公开资料显示，第一个公钥密码体制或称为密钥交换协议，是由 Diffie 和 Hellman 于 1976 年在 Merkle[12]的思想(尽管发表得比较晚)基础上提出的[11]。第一个基于 DLP 的密码体制和数字签名协议是由 ElGamal 于 1985 年提出的[15]。想要了解更多关于基于 DLP 的密码体制及数字签名协议的知识，建议读者参考文献[4]、[17]、[19]、[36]、[45]、[47]～[73]。

1994 年，Shor 首次提出了针对 DLP 的量子算法[18](更多资料可以参考其他文章[74-77])。

参 考 文 献

[1] Shanks D. Class number, a theory of factorization and Genera. Proceedings of Symposium of Pure Mathematics, 1971, 20: 415-440

[2] Pollard J M. A Monte Carlo method for factorization. BIT Numerical Mathematics, 1975, 15(3): 331-332

[3] Pollard J M. Monte Carlo methods for index computation(mod p). Mathematics of Computation, 1980, 32(143): 918-924

[4] Adleman L M. A subexponential algorithm for the discrete logarithm problem with applications to cryptography. Proceedings of the 20th Annual IEEE Symposium on Foundations of Computer Science, 1979: 55-60

[5] Gordon D M. Discrete logarithms in GF(p) using the number field Sieve. SIAM Journal on Discrete Mathematics, 1993, 6(1): 124-138

[6] Adleman L M, Huang M D A. Function field sieve method for discrete logarithms over finite fields. Information and Computation, 1999, 151(1-2): 5-16

[7] Joux A. Faster Index Calculus for the medium prime case application to 1175-bit and 1425-bit finite fields. Advances in Cryptology: EUROCRYPT 2013, Lecture Notes in Computer Science, 2013, 7881: 177-193

[8] Joux A, Lercier R. The function field sieve in the medium prime case. Advances in Cryptology: EUROCRYPT 2006, Lecture Notes in Computer Science, 2006, 4004: 254-270

[9] Gologlu F, Granger R, McGuire G, et al. On the function field Sieve and the impact of higher splitting probabilities: Application to discrete logarithms in $F_{2^{1971}}$ and $F_{2^{3164}}$ in cryptology, Part II. Advances in Cryptology: CRYPTO 2013, Lecture Notes in Computer Science, 2014, 8043: 109-128

[10] Joux A. A new Index Calculus algorithm with complexity $L\left(1/4+o(1)\right)$ in small characteristic. Selected Areas in Cryptography: SAC 2013, Lecture Notes in Computer Science, 2014, 8282: 355-379

[11] Diffie W, Hellman M E. New directions in cryptography. IEEE Transactions on Information Theory, 1976, 22(5): 644-654

[12] Merkle R C. Secure communications over insecure channels. Communications of the ACM, 1978, 21(4): 294-299

[13] McCurley K S. The discrete logarithm problem. Proceedings of Symposia in Applied Mathematics, 1990, 42: 49-74

[14] Weber D, Denny T F. The solution of McCurley's discrete log challenge. Advances in Cryptology: CRYPTO 1998, Lecture Notes in Computer Science, 1998, 1462: 458-471

[15] ElGamal T. A public-key cryptosystem and a signature scheme based on discrete logarithms. Advances in Cryptology: CRYPTO 1984, Lecture Notes in Computer Science, 1985, 196: 10-18

[16] Massey J L, Omura J K. Method and apparatus for maintaining the privacy of digital message conveyed by public transmission: US Patent No 4677600. 1986-01-28

[17] CACAM. The digital signature standard proposed by NIST and responses to NIST's proposal. Communications of the ACM, 1992, 35(7): 36-54

[18] Shor P. Algorithms for quantum computation: Discrete logarithms and factoring. Proceedings of the 35th Annual Symposium on Foundations of Computer Science, 1994: 124-134

[19] Pohlig S C, Hellman M E. An improved algorithm for computing logarithms over GF(p) and its cryptographic significance. IEEE Transactions on Information Theory, 1978, 24(1): 106-110

[20] Yan S Y, Wang Y H. New quantum algorithms for discrete logarithm problem. Wuhan: Wuhan University, 2015

[21] Gordon D M, McCurley K S. Massively parallel computation of discrete logarithms. Advances in Cryptology: CRYPTO 1992, Lecture Notes in Computer Science, 1992, 740: 312-323

[22] Schirokauer O, Weber D, Denny T. Discrete logarithms: The effectiveness of the Index Calculus method. Algorithmic Number Theory (ANTS-II), Lecture Notes in Computer Science, 1996, 1122: 337-362

[23] Adleman L M. The function field sieve. Algorithmic Number Theory (ANTS-I). Lecture Notes in Computer Science, 1994, 877: 108-121

[24] Barbulescu R, Gaudry P, Joux A, et al. Heuristic quasi-polynomial algorithm for discrete logarithm in finite fields of small characteristic. Advances in Cryptology: EUROCRYPT 2014, Lecture Notes in Computer Science, 2014, 8441: 1-16

[25] Adleman L M. Algorithmic Number Theory: The Complexity Contribution. New York: IEEE Press, 1994: 88-113

[26] Bai S, Brent R P. On the efficiency of Pollard's Rho method for discrete logarithms. Proceedings of Fourteenth Computing: The Australasian Theory Symposium, 2008: 125-131

[27] Buchmann J A, Weber D. Discrete Logarithms: Recent Progress//Buchmann J, Hoeholdt T, Stichtenoth H, et al. Cryptography and Related Areas. New York: Springer, 2000: 42-56

[28] Cohen H. A Course in Computational Algebraic Number Theory. Heidelberg: Springer, 1993

[29] Cohen H, Frey G. Handbook of Elliptic and Hyperelliptic Curve Cryptography. Boca Raton: CRC Press, 2006

[30] Crandall R, Pomerance C. Prime Numbers: A Computational Perspective. 2nd ed. New York: Springer, 2005

[31] Hayashi T, Shinohara N, Wang L, et al. Solving a 676-bit discrete logarithm problem in GF(3^{6n}). Public Key Cryptography: PKC 2010, Lecture Notes in Computer Science, 2010, 6056: 351-367

[32] Huang M D, Raskind W. Signature calculus and discrete logarithm problems. Algorithmic Number Theory 2006, Lecture Notes in Computer Science, 2006, 4076: 558-572

[33] Koblitz N. A Course in Number Theory and Cryptography. 2nd ed. New York: Springer, 1994

[34] Koblitz N. Algebraic Aspects of Cryptography. New York: Springer, 1998

[35] Lacey M T. Cryptography, Cards, and Kangaroos. Atlanta: Georgia Institute of Technology, 2008

[36] Menezes A, Oorschot P C V, Vanstone S A. Handbook of Applied Cryptosystems. Boca Raton: CRC Press, 1996

[37] Odlyzko A M. Discrete logarithms in finite fields and their cryptographic significance. Advances in Cryptography: EUROCRYPT 1984, Lecture Notes in Computer Science, 1984, 209: 225-314

[38] Odlyzko A M. Discrete logarithms: The past and the future. Designs Codes and Cryptography, 2000, 19(2): 129-145

[39] Pollard J M. Kangaroos, monopoly and discrete logarithms. Journal of Cryptology, 2000, 13(4): 437-447

[40] Pollard J M. Kruskal's card trick. The Mathematical Gazette, 2000, 84(500): 265-267

[41] Pomerance C. Elementary thoughts on discrete logarithms//Buhler J P, Stevenhagen P. Algorithmic Number Theory. Cambridge: Cambridge University Press, 2008: 385-395

[42] Riesel H. Prime Numbers and Computer Methods for Factorization. Boston: Birkhäuser, 1990

[43] Schirokauere O. The impact of the number field sieve on the discrete logarithm problem in finite fields//Buhler J P, Stevenhagen P. Algorithmic Number Theory. Cambridge: Cambridge University Press, 2008: 421-446

[44] Shoup V. A Computational Introduction to Number Theory and Algebra. Cambridge: Cambridge University Press, 2005

[45] Wagstaff S S Jr. Cryptanalysis of Number Theoretic Ciphers. Boca Raton: Chapman & Hall/CRC Press, 2002

[46] Yan S Y. Computing prime factorization and discrete logarithms: From Index Calculus to Xedni calculus. International Journal of Computer Mathematics, 2003, 80(5): 573-590

[47] Yan S Y. Primality Testing and Integer Factorization in Public-Key Cryptography. 2nd ed. New York: Springer, 2009

[48] Barr T H. Invitation to Cryptology. Upper Saddle River: Prentice-Hall, 2002

[49] Bauer F L. Decrypted Secrets: Methods and Maxims of Cryptology. 3rd ed. Berlin: Springer, 2002

[50] Bishop D. Introduction to Cryptography with Java Applets. Boston: Jones and Bartlett, 2003

[51] Buchmann J A. Introduction to Cryptography. 2nd ed. New York: Springer, 2004

[52] Chang W L, Huang S C, Lin K W, et al. Fast parallel DNA-based algorithm for molecular computation: Discrete logarithms. Journal of Supercomputing, 2011, 56(2): 129-163

[53] Diffie W. The first ten years of public-key cryptography. Proceedings of the IEEE, 1988, 76(5): 560-577

[54] Diffie W, Hellman M E. Privacy and authentication: An introduction to cryptography. Proceedings of the IEEE, 1979, 67(3): 397-427

[55] Elbirt A J. Understanding and Applying Cryptography and Data Security. Boca Raton: CRC Press, 2009

[56] ElGamal T. A subexponential-time algorithm for computing discrete logarithms over GF(p^2). IEEE Transactions on Information Theory, 1985, 31(4): 473-481

[57] Forouzan B A. Cryptography and Network Security. New York: McGraw-Hill, 2008

[58] Hellman M E. An overview of public-key cryptography. IEEE Communications Magazine, 1976, 5: 42-49

[59] Hoffstein J, Pipher J, Silverman J H. An Introduction to Mathematical Cryptography. New York: Springer, 2008

[60] Katz J, Lindell Y. Introduction to Modern Cryptography. Boca Raton: CRC Press, 2008

[61] Mao W. Modern Cryptography. Upper Saddle River: Prentice-Hall, 2004

[62] Mollin R A. An Introduction to Cryptography. 2nd ed. Boca Raton: Chapman & Hall/CRC Press, 2006

[63] Motwani R, Raghavan P. Randomized Algorithms. Cambridge: Cambridge University Press, 1995

[64] Rabin M. Digitalized signatures and public-key functions as intractable as factorization. Technical Report MIT/LCS/TR-212. Cambridge: MIT Laboratory for Computer Science, 1979

[65] Rothe J. Complexity Theory and Cryptography. Berlin: Springer, 2005

[66] Schneier B. Applied Cryptography: Protocols, Algorithms, and Source Code in C. 2nd ed. New York: Wiley, 1996

[67] Smart N. Cryptography: An Introduction. New York: McGraw-Hill, 2003

[68] Stamp M, Low R M. Applied Cryptanalysis. New York: Wiley, 2007

[69] Stanoyevitch A. Introduction to Cryptography. Boca Raton: CRC Press, 2011

[70] Stinson D R. Cryptography: Theory and Practice. 3rd ed. Boca Raton: Chapman & Hall/CRC Press, 2006

[71] Swenson C. Modern Cryptanalysis. New York: Wiley, 2008

[72] Trappe W, Washington L. Introduction to Cryptography with Coding Theory. 2nd ed. Upper Saddle River: Prentice-Hall, 2006

[73] Tilborg H C A V. Fundamentals of Cryptography. Boston: Kluwer, 1999

[74] Shor P. Polynomial-time algorithms for prime factorization and discrete logarithms on a quantum computer. SIAM Journal on Computing, 1997, 26(5): 1484-1509

[75] Shor P. Quantum computing. Documenta Mathematica Extra Volume ICM I, 1998: 467-486

[76] Shor P. Polynomial-time algorithms for prime factorization and discrete logarithms on a quantum computer. SIAM Review, 1999, 41(2): 303-332

[77] Shor P. Introduction to quantum algorithms. Mathematics, 2000, 58: 143-159

第 5 章　针对椭圆曲线离散对数问题的量子计算

预测未来的最好方式就是创造未来。

阿伦 · 凯(Alan Kay)

2003 年图灵奖获得者

本章首先讨论椭圆曲线离散对数问题(ECDLP)及其传统求解算法，然后给出求解 ECDLP 的几种量子算法以及针对基于 ECDLP 密码的量子攻击算法。

5.1　求解椭圆曲线离散对数问题的经典算法

5.1.1　基本概念

ECDLP：令 E 是有限域 F_p 上的椭圆曲线，该曲线由 Weierstrass 方程

$$E: y^2 \equiv x^3 + ax + b \pmod p$$

给出，S 和 T 是椭圆曲线群 $E\left(F_p\right)$ 中的两个点。椭圆曲线问题为：找出整数 k(前提是假设这样的 k 存在)

$$k = \log_T S \in \mathbb{Z} \quad 或 \quad k \equiv \log_T S \pmod p$$

使得

$$S = kT \in E\left(F_p\right) \quad 或 \quad S \equiv kT \pmod p$$

ECDLP 比 DLP 更难，椭圆曲线数字签名算法(ECDSA)就是基于 ECDLP 设计的。显然，ECDLP 是一般化的 DLP，在该问题中，将原来的乘法群 F_p^* 扩展到椭圆曲线群 $E\left(F_p\right)$。

5.1.2　针对椭圆曲线离散对数问题的 Pohlig-Hellman 算法

ECDLP 与 DLP 相比稍微有点难，椭圆曲线数字签名算法/椭圆曲线数字签名标准(ECDSA/ECDSS)[1]都是基于 ECDLP 设计的。ECDLP 是将 DLP 中的乘法群 F_p^* 扩展到椭圆曲线群 $E(F_p)$ 之后的离散对数，因此其可以看成一般化的 DLP。所以，很多针对 DLP 甚至是针对 IFP 的算法都可以拓展到 ECDLP，例如，针对 DLP

的大步小步算法、针对 IFP 和 DLP 的 Pollard ρ 方法及 λ 方法、针对 DLP 的 Silver-Pohlig-Hellman 算法，都可以自然推广到 ECDLP。下面用一个例子说明可以用类似 Silver-Pohlig-Hellman 算法的方法来求解 F_p^* 上的椭圆曲线离散对数。

例 5.1　令

$$Q \equiv kP(\bmod 1009)$$

其中

$$\begin{cases} E: y^2 \equiv x^3 + 71x + 602(\bmod 1009) \\ P = (1, 237) \\ Q = (190, 271) \\ \operatorname{order}(E(F_{1009})) = 1060 = 2^2 \times 5 \times 53 \\ \operatorname{order}(P) = 530 = 2 \times 5 \times 53 \end{cases}$$

求解 k。具体求解过程如下。

(1) 求解模 2 的离散对数：由于 530/2=265，所以

$$\begin{cases} P_2 = 265P = (50, 0) \\ Q_2 = 265Q = (50, 0) \\ P_2 = Q_2 \\ k \equiv 1(\bmod 2) \end{cases}$$

(2) 求解模 5 的离散对数：由于 530/5=106，所以

$$\begin{cases} P_5 = 106P = (639, 160) \\ Q_5 = 106Q = (639, 849) \\ Q_5 = -P_5 \\ k \equiv 4(\bmod 5) \end{cases}$$

(3) 求解模 53 的离散对数：由于 530/53=10，所以

$$\begin{cases} P_{53} = 10P = (32, 737) \\ Q_{53} = 10Q = (592, 97) \\ Q_{53} = 48P_{53} \\ k \equiv 48(\bmod 53) \end{cases}$$

(4) 利用中国剩余定理将上面得到的独立离散对数进行组合，可得

$$\text{CHREM}([1,4,48],[2,5,53]) = 419$$

即

$$(190,271) \equiv 419(1,237) \pmod{1009}$$

或者

$$(190,271) \equiv \underbrace{(1,237)+\cdots+(1,237)}_{419\text{个被加数}} \pmod{1009}$$

5.1.3 针对椭圆曲线离散对数问题的大步小步算法

Shanks 的针对 DLP 的大步小步算法可以很容易地推广到 ECDLP，为了找到 k 使得 $Q = kP$，算法的思想是：对于 $1 \leqslant i \leqslant m$，计算 iP 并将结果存储(小步)，接着计算 $Q - jmP$ (大步)，在存储列表中寻找匹配的对。算法描述如下。

算法 5.1(针对 ECDLP 的大步小步算法)　E 是有限域 $\mathbb{Z}_p$ 上的椭圆曲线，$P,Q \in E(\mathbb{Z}_p)$。算法尝试找到满足 $Q \equiv kP \pmod p$ 的 k。

(1) 令 $m = \lfloor \sqrt{p} \rfloor$。

(2) 对于 i 从 1 到 m，计算并存储 iP。

(3) 对于 j 从 1 到 m–1，计算 $Q - jmP$ 并将其与第(2)步中计算的数值列表进行比对。

(4) 若在列表中找到了与之匹配的数值，即 $Q - jmP = iP$，则 $Q = (i + jm)P$。

(5) 输出 $k \equiv i + jm \pmod p$。

例 5.2(针对 ECDLP 的大步小步算法)　$E \setminus F_{719} : y^2 \equiv x^3 + 231x + 508 \pmod{719}$ 为 F_{719} 上的椭圆曲线，$|E(F_{719})| = 727$，$P = (513,30)$、$Q = (519,681) \in E(F_{719})$。希望找到 k 使得 $Q \equiv kP \pmod{719}$。

(1) 令 $m = \lfloor \sqrt{719} \rfloor = 27$，并计算 $27P = (714,469)$。

(2) 对于 i 从 1 到 m，计算并存储 iP：

$$\begin{gathered}
1P = (513,30) \\
2P = (210,538) \\
3P = (525,236) \\
4P = (507,58) \\
5P = (427,421) \\
6P = (543,327) \\
\vdots
\end{gathered}$$

$$24P=(487,606)$$
$$25P=(529,253)$$
$$26P=(239,462)$$
$$27P=(714,469)$$

(3) 对于 j 从 1 到 $m-1$，计算 $Q-jmP$ 并将其与第(2)步中计算的数值列表进行核对：

$$Q-(1\times 27)P=(650,450)$$
$$Q-(2\times 27)P=(95,422)$$
$$\vdots$$
$$Q-(19\times 27)P=(620,407)$$
$$Q-(20\times 27)P=(143,655)$$
$$Q-(21\times 27)P=(239,462)$$

(4) 在列表中找到了匹配的数值，$26P=(239,462)$，$Q-(21\times 27)P=(239,462)$，即

$$Q=(26+21\times 27)P$$

(5) 输出 $k\equiv 26+21\times 27\equiv 593 \pmod{719}$。

5.1.4　针对椭圆曲线离散对数问题的 ρ 方法

目前求解 ECDLP 的最快算法是 Pollard 的 ρ 方法。截至目前，用 ρ 方法求解的最大 ECDLP 是 $\mathrm{ECC}_{p\text{-}109}$，该问题中的曲线是 109bit 素数域上的椭圆曲线。ECDLP 是为了求得 $k\in[1,r-1]$ 使得

$$Q=kP$$

其中，r 是一个素数；P 为有限域 F_p 上椭圆曲线上阶为 r 的一个点，$G=\langle P\rangle$，$Q\in G$。针对 ECDLP 的 ρ 方法的主要思想是找到模 r 的不同整数对 (c',d') 和 (c'',d'') 使得

$$c'P+d'Q=c''P+d''Q$$

则

$$(c'-c'')P=(d''-d')Q$$

即

$$Q=\frac{c'-c''}{d''-d'}P$$

因此

$$k \equiv \frac{c' - c''}{d'' - d'} \pmod r$$

为了实现上述思想，首先随机选择一个迭代函数 $f : G \to G$，接着从一个随机的初始点 P_0 出发，计算迭代过程 $P_{i+1} = f(P_i)$。由于 G 是有限的，则必定存在下标 $i < j$ 使得 $P_i = P_j$。则

$$P_{i+1} = f(P_i) = P_{j+1} = f(P_j)$$

实际上，对于所有 $l \geqslant 0$，有

$$P_{i+l} = P_{j+l}$$

因此，点列 $\{P_i\}$ 是有周期的，其周期为 $j - i$（图 5.1）。这就是称该方法为 ρ 方法的原因。从另一个角度来说，计算 $c'P + d'Q$ 和 $c''P + d''Q$ 的路径最终会相交且在相交之后的路径是相同的，因此可以表示成希腊字母 λ，所以也可以称该方法为 λ 方法。若 f 是一个随机选取的函数，则最多在某个常数乘 $\sqrt{r}$ 的次数内找到一对匹配(或者称碰撞)。实际上，由生日悖论可知，找到一次碰撞所需的迭代次数的期望值大约为 $\sqrt{\pi r/2} \approx 1.2533\sqrt{r}$。为了快速找到碰撞，一般会用到 Floyd 周期检测方法，即正如针对 IFP 及 DLP 的 ρ 方法一样，对于 $i = 1, 2, \cdots$，一直计算 (P_i, P_{2i})，直到找到一对匹配值。下面给出相应的算法及例子[2]。

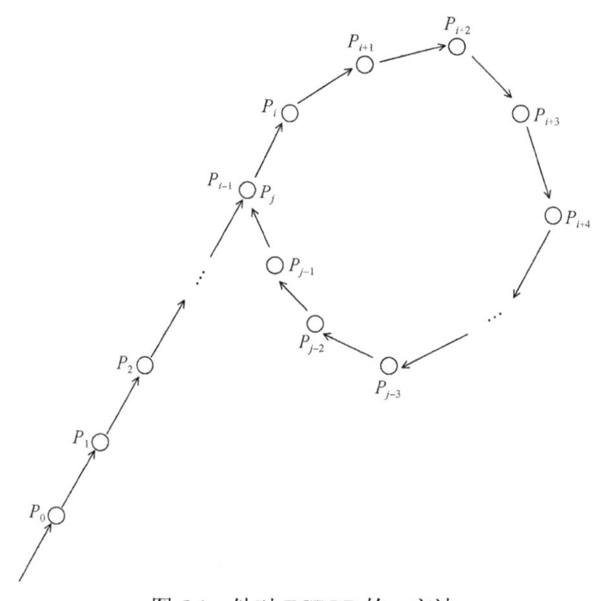

图 5.1　针对 ECDLP 的 ρ 方法

算法 5.2（针对 ECDLP 的 Pollard 的 ρ 方法）　给定 $P \in E(F_p)$，P 的阶为素数 r，$Q \in \langle P \rangle$，该算法通过计算

$$k \equiv \frac{c' - c''}{d'' - d'} \pmod r$$

尝试求解

$$k \equiv \log_P Q \pmod p$$

使得

$$Q \equiv kP \pmod p$$

(1) 初始化。选择分支数 L，并选择分区函数 $H: \langle P \rangle \ \{1, 2, \cdots, L\}$。

(2) 计算 $a_i P + b_i Q$。

　　对于 i 从 1 到 L

　　选择 $a_i, b_i \in [0, r-1]$

　　计算 $R_i = a_i P + b_i Q$。

(3) 计算 $c'P + d'Q$。

　选择 $c', d' \in [0, r-1]$，计算 $X' = c'P + d'Q$。

(4) 为循环做准备。

　令 $X'' \leftarrow X'$

　　$c'' \leftarrow c'$

　　$d'' \leftarrow d'$。

(5) 循环。

　反复

　计算 $j = H(X')$

　令 $X' \leftarrow X' + R_j$

　　$c' \leftarrow c' + a_j \pmod r$

　　$d' \leftarrow d' + b_j \pmod r$。

　i 从 1 到 2

　计算 $j = H(X'')$

　令 $X'' \leftarrow X'' + R_j$

　　$c'' \leftarrow c'' + a_j \pmod r$

　　$d'' \leftarrow d'' + b_j \pmod r$。

　直到 $X' = X''$。

(6) 程序结束，输出结果。

若 $d' \neq d''$，则输出 $k=(c'-c'')(d''-d')^{-1}(\bmod r)$。否则回到初始步骤(失败)，停止或重新开始。

例 5.3　考虑椭圆曲线

$$E \setminus F_{229}: y^2 \equiv x^3+x+44(\bmod 229)$$

$P=(5,116)\in E(F_{229})$，P 的阶为 r=239，239 是一个素数。令 $Q=(155,166)\in\langle P\rangle$（其中 $\langle P\rangle$ 表示由点 P 生成的子群）。目标是找到 k 使得

$$Q \equiv kP(\bmod 229)$$

即

$$k \equiv \log_P Q(\bmod 229)$$

做如下计算：

(1) 选择有 4 种区分的分区函数 $H:\langle P\rangle \to \{1,2,3,4\}$：

$$H(x,y)=(x \bmod 4)+1$$

令 $R_i=a_iP+b_iQ$，其中 $i=1,2,3,4$，则

$$(a_1,b_1,R_1)=(79,163,(135,117))$$

$$(a_2,b_2,R_2)=(206,19,(96,97))$$

$$(a_3,b_3,R_3)=(87,109,(84,62))$$

$$(a_4,b_4,R_4)=(219,68,(72,134))$$

(2) 计算迭代表直到找到一个碰撞，如表 5.1 所示。

表 5.1　ρ 算法求解 k=log$_P Q$(mod229) 循环中间值

迭代次数	c'	d'	$c'P+d'Q$	c''	d''	$c''P+d''Q$
0	54	175	(39,159)	54	175	(39,159)
1	34	4	(160,9)	113	167	(130,182)
2	113	167	(130,182)	180	105	(36,97)
3	200	37	(27,17)	0	97	(108,89)
4	180	105	(36,97)	46	40	(223,153)
5	20	29	(119,180)	232	127	(167,57)
6	0	97	(108,89)	192	24	(57,105)

续表

迭代次数	c'	d'	$c'P+d'Q$	c''	d''	$c''P+d''Q$
7	79	21	(81,168)	139	111	(185,227)
8	46	40	(223,153)	193	0	(197,92)
9	26	108	(9,18)	140	87	(194,145)
10	232	127	(167,57)	67	120	(223,153)
11	212	195	(75,136)	14	207	(167,57)
12	192	24	**(57,105)**	213	104	**(57,105)**

(3) 在 i=12 步(表 5.1)，找到了一对匹配

$$192P+24Q=213P+104Q=(57,105)$$

即

$$Q=\frac{192-213}{104-24}P(\bmod 229)$$

因此，可得

$$k\equiv(192-213)(104-24)^{-1}\equiv 176(\bmod 239)$$

5.1.5　针对椭圆曲线离散对数问题的 Xedni 方法

对于某些群如有限域上的乘法群 F_q^* 上的 DLP，Index Calculus 算法是最快的求解方法。然而，该方法并不是针对一般群上 DLP 的求解方法，因此其并不适用于求解 ECDLP。下面介绍一种针对 ECDLP 的方法，即 Xedni Calculus 算法。

Xedni Calculus 算法首次由 Silverman 于 2000 年提出[3]，随后一些文献[4-6]中对其做了分析。之所以被称为 Xedni Calculus 算法，是由于“在其前面站着 Index Calculus 算法”。尽管在实际中还没有对其进行具体测试，但 Xedni Calculus 算法是一种新的潜在求解 ECDLP 的方法。该方法可以简单地概括如下[3]：

(1) 在 $E(F_p)$ 中选择一些点并将这些点提升到 $\mathbb{Z}^2$ 中。

(2) 选择一条包含上述提升后点的曲线 $E(\mathbb{Q})$；利用 Mestre 的方法[7]将 $E(\mathbb{Q})$ 的秩变小。

而 Index Calculus 算法与上面的过程是相反的：

(1) 将 E/F_p 提升到 $E(\mathbb{Q})$；利用 Mestre 的方法将 $E(\mathbb{Q})$ 的秩变大。

(2) 在 $E(F_p)$ 中选择一些点并尝试将其提升到 $E(\mathbb{Q})$。

接下来简要介绍 Xedni Calculus 算法(该算法的详细过程及证明请参阅相关文献[3])。

算法 5.3(针对 ECDLP 的 Xedni Calculus 算法)　F_p 为一个包含 p 个元素的有限域(p 为素数)，E/F_p 为有限域 F_p 上的一条椭圆曲线，如可由方程

$$E: y^2 + a_{p,1}xy + a_{p,3}y = x^3 + a_{p,2}x^2 + a_{p,4}x + a_{p,6}$$

给定。N_p 为曲线 $E\left(F_p\right)$ 上点的个数，S 和 T 是椭圆曲线群 $E\left(F_p\right)$ 中的两个点。该算法尝试找出整数 k

$$k = \log_T S$$

使得

$$S = kT \in E\left(F_p\right)$$

(1)选定整数 $4 \leqslant r \leqslant 9$ 及由小素数乘积构成的整数 M。

(2)选择 r 个点

$$P_{M,i} = \left[x_{M,i}, y_{M,i}, z_{M,i}\right],\ \ 1 \leqslant i \leqslant r$$

这些整数参数满足：

(2.1)最初的 4 个点为 $[1,0,0]$、$[0,1,0]$、$[0,0,1]$ 和 $[1,1,1]$。

(2.2)对于每一个整除 M 的素数 l，即 $l|M$，矩阵 $B\left(P_{M,1},\cdots,P_{M,r}\right)$ 有模 l 下的最大秩。

进一步，选择参数 $u_{M,1}, u_{M,2}, \cdots,\ u_{M,10}$ 使得每一个点 $P_{M,1}, P_{M,2}, \cdots, P_{M,r}$ 都满足同余方程

$$\begin{aligned}&u_{M,1}x^3 + u_{M,2}x^2y + u_{M,3}xy^2 + u_{M,4}y^3 + u_{M,5}x^2z + u_{M,6}xyz + u_{M,7}y^2z \\ &+u_{M,8}xz^2 + u_{M,9}yz^2 + u_{M,10}z^3 \equiv 0 \pmod M\end{aligned}$$

(3)随机选择 r 对整数 $\left(s_i, t_i\right)$，其中 $1 \leqslant s_i, t_i < N_p$。对于每一个 $1 \leqslant i \leqslant r$，计算点 $P_{p,i} = \left(x_{p,i}, y_{p,i}\right)$，其中

$$P_{p,i} = s_iS - t_iT \in E\left(F_p\right)$$

(4)对 P^2 上形如

$$\begin{pmatrix} X' \\ Y' \\ Z' \end{pmatrix} = \begin{pmatrix} a_{11} & a_{12} & a_{13} \\ a_{21} & a_{22} & a_{23} \\ a_{31} & a_{32} & a_{33} \end{pmatrix} \begin{pmatrix} X \\ Y \\ Z \end{pmatrix}$$

的变量做变换，从而使得最初的四个点为

$$P_{p,1}=[1,0,0],\quad P_{p,2}=[0,1,0],\quad P_{p,3}=[0,0,1],\quad P_{p,4}=[1,1,1]$$

则关于 E 的方程形式如下：

$$\begin{aligned}&u_{p,1}x^3+u_{p,2}x^2y+u_{p,3}xy^2+u_{p,4}y^3+u_{p,5}x^2z+u_{p,6}xyz\\&+u_{p,7}y^2z+u_{p,8}xz^2+u_{p,9}yz^2+u_{p,10}z^3=0\end{aligned}$$

(5) 利用中国剩余定理求解满足

$$u_i'\equiv u_{p,i}(\bmod p)\ \text{和}\ u_i'\equiv u_{M,i}(\bmod M),\quad 1\leqslant i\leqslant 10$$

的整数 $u_1',u_2',\cdots,u_{10}'$。

(6) 将选定的点提升到 $P^2(\mathbb{Q})$ 中，即选择满足关系

$$P_i\equiv P_{p,i}(\bmod p)\ \text{和}\ P_i\equiv P_{M,i}(\bmod M)$$

的点

$$P_i=(x_i,y_i,z_i),\quad 1\leqslant i\leqslant r$$

特别地，取 $P_1=[1,0,0]$，$P_2=[0,1,0]$，$P_3=[0,0,1]$，$P_4=[1,1,1]$。

(7) 令 $B=B(P_1,P_2,\cdots,P_r)$，这是之前定义的三次多项式的矩阵。考虑线性方程组：

$$Bu=0 \tag{5.1}$$

求解满足式(5.1)的小的整数解 $u=[u_1,u_2,\cdots,u_{10}]$，其具有如下性质：

$$u\equiv[u_1',u_2',\cdots,u_{10}'](\bmod M_p)$$

其中，$u_1',u_2',\cdots,u_{10}'$ 是在步骤(5)中计算出的参数。令 C_u 表示与之相关的三次曲线：

$$\begin{aligned}C_u:&u_1x^3+u_2x^2y+u_3xy^2+u_4y^3+u_5x^2z+u_6xyz\\&+u_7y^2z+u_8xz^2+u_9yz^2+u_{10}z^3=0\end{aligned}$$

(8) 对相关参数做变换，从而将 C_u 转换成标准的最简 Weierstrass 形式，并将 P_1=[1,0,0]转换成无穷远点 O。最终方程变为

$$E_u:y^2+a_1xy+a_3y=x^3+a_2x^2+a_4x+a_6 \tag{5.2}$$

其中，$a_1,a_2,\cdots,a_6\in\mathbb{Z}$。令 $Q_1,Q_2,\cdots,Q_r$ 表示点 $P_1,P_2,\cdots,P_r$ 在参数变换后的像(特别地，$Q_1=O$)。令 $c_4(u)$、$c_6(u)$ 和 $\Delta(u)$ 表示文献[3]中提到的与式(5.2)有关的平凡项。

(9) 检查点 $Q_1, Q_2, \cdots, Q_r \in E_u(\mathbb{Q})$ 是否相互独立。若相互独立，则回到步骤(2)或者步骤(3)，否则求出这些点之间的依赖关系

$$n_2 Q_2 + n_3 Q_3 + \cdots + n_r Q_r = O$$

令 $n_1 = -n_2 - n_3 - \cdots - n_r$，转到步骤(10)。

(10) 计算

$$s = \sum_{i=1}^{r} n_i s_i \quad 和 \quad t = \sum_{i=1}^{r} n_i t_i$$

若 $\gcd(s, n_p) > 1$，则转到步骤(2)或者步骤(3)，否则通过式子 $ss' \equiv 1 \pmod{N_p}$ 计算 s 的乘法逆元，则

$$\log_T S \equiv s't \pmod{N_p}$$

从而求解出相应的 ECDLP。

由此可知，上述算法的基本思想是：首先在 $E(F_p)$ 中选择点 $P_1, P_2, \cdots, P_r$，然后将其变换为具有整数参数的点 $Q_1, Q_2, \cdots, Q_r$，选择一条通过这些点 $Q_1, Q_2, \cdots, Q_r$ 的椭圆曲线 $E(\mathbb{Q})$，最后检查这些点 $Q_1, Q_2, \cdots, Q_r$ 之间是否有依赖关系。如果存在这种关系，则 ECDLP 就基本解决了。因此，Xedni Calculus 算法的目标是找到一条秩比预期秩要小的椭圆曲线。不幸的是，上述过程中构造的点集 $Q_1, Q_2, \cdots, Q_r$ 通常是相互独立的。因此，该算法通常并不会有用。为了让算法变得有用，在 Mestre[7] 工作的基础上，人们提出了一种同余的方法，与 Mestre 工作相反的是，该方法是产生一个新的具有比预期秩小的椭圆曲线。同样很不幸，Mestre 的方法建立在分析数论和代数几何中的一些未证明的猜想和高深理论上，目前我们还无法给出算法所需时间的粗略估计。因此，实际上我们对 Xedni Calculus 算法的复杂度一无所知。我们同样不知道在实际中 Xedni Calculus 算法是否真的有用，从实用性的角度来看，它有可能毫无价值。在更好地理解 Xedni Calculus 方法之前，还需要做更多的工作。

Index Calculus 算法是求解 IFP 和 DLP 的一种亚指数概率算法，然而，目前为止并没有发现针对 ECDLP 的亚指数时间算法，Index Calculus 算法并不适用于 ECDLP。另一方面，Xedni Calculus 方法可以用来求解 ECDLP(实际上也可以用来求解 IFP 和 DLP)，但遗憾的是我们对该算法的复杂度一无所知。从可计算性的角度来看，Xedni Calculus 算法适用于求解 IFP、DLP 和 ECDLP，但从复杂度的角度来看，该算法可能是完全无用的。如果有量子计算机，则 IFP、DLP 和 ECDLP 都可以用量子算法在多项式时间内求解。然而，量子算法的最大问题在于现在的

科技还没有造出实用的量子计算机。表 5.2 中总结了关于求解 IFP、DLP 和 ECDLP 的各种算法。

表 5.2　求解 IFP、DLP 和 ECDLP 的各种算法

IFP	DLP	ECDLP
试除法	—	—
—	大步小步算法 Pohlig-Hellman 算法	大步小步算法 Pohlig-Hellman 算法
ρ 算法	ρ 算法	ρ 算法
CFRAC/MPQS 算法	Index Calculus 算法	—
Xedni Calculus 算法	Xedni Calculus 算法	Xedni Calculus 算法
量子算法	量子算法	量子算法

总之，结论是确实有算法能够求解 IFP、DLP 和 ECDLP，但问题是并没有有效的算法能够求解这些问题，也没有人能够证明不存在这样的有效算法。从计算复杂性的角度来看，P 问题易于求解，而 NP 问题易于验证[8]，因此 IFP、DLP 和 ECDLP 明显是 NP 问题。例如，分解一个整数可能是困难的(实际上，目前来说确实是困难的)，但是验证某个分解是否正确却是容易的。若 P=NP，则这两种类型的问题就是一样的了，整数分解问题之所以困难，是因为还没有人足够聪明到能找到一种容易或有效的算法(有可能最后证明整数分解问题确实是 NP 难问题，而和人类的聪明与否无关)。P=NP 是否成立，这个问题是数学界和计算机学界一个最大的开放难题，该难题也是克雷数学研究所于 2001 年 5 月 24 日提出的 7 个千禧大奖难题的首个难题[9]。在确定 P=NP 是否成立之前，还需要继续努力做更多的研究工作。

5.1.6　椭圆曲线离散对数问题最新进展

1997 年 11 月，位于加拿大滑铁卢的计算机安全公司 Certicom 提出了椭圆曲线密码体制(ECC)挑战，这一挑战包括一系列的椭圆曲线离散对数问题，具体的挑战问题见官网 http://www.certicom.com/index.php?action=ecc,ecc_challenge。

这些难题旨在提高业界对 ECDLP 困难性的理解和评价，同时激励对 ECC 安全性做进一步分析研究。这些挑战难题都是从给定列表中 ECC 的公钥及体制参数中计算出 ECC 的私钥。这类问题通常是攻击者想要攻击 ECC 时面临的问题。这些难题要么是定义在 F_{2^m} 上的椭圆曲线，要么是定义在 F_p 上的椭圆曲线，其中 p 是素数(表 5.3 和表 5.4)。这些问题根据椭圆曲线的困难程度可以分为三层：练习层(比特数小于 109)、相对容易层(比特数为 109～131)、困难层(比特数为 163～359)。建议对求解真实世界 ECDLP 感兴趣的读者尝试求解表 5.3 和表 5.4 中所列的问题，尤其是那些标注了“？”的难题，因为这些是迄今为止还未求解出的问题。

表 5.3 F_{2^m} 上的椭圆曲线问题

椭圆曲线	有限域规模/bit	所需机器天数	奖金/美元	解决时间
ECC2K-95	97	8637	5000	1998 年 5 月
ECC2-97	97	180448	5000	1999 年 9 月
ECC2K-108	108	1.3×10^6	10000	2000 年 4 月
ECC2-109	109	2.1×10^7	10000	2004 年 4 月
ECC2K-130	131	2.7×10^9	20000	?
ECC2-131	131	6.6×10^{10}	20000	?
ECC2-163	163	2.9×10^{15}	30000	?
ECC2K-163	163	4.6×10^{14}	30000	?
ECC2-191	191	1.4×10^{20}	40000	?
ECC2-238	239	3.0×10^{27}	50000	?
ECC2K-238	239	1.3×10^{26}	50000	?
ECC2-353	359	1.4×10^{45}	100000	?
ECC2K-358	359	2.8×10^{44}	100000	?

表 5.4 F_p上的椭圆曲线问题

椭圆曲线	有限域规模/bit	所需机器天数	奖金/美元	解决时间
$ECC_{p\text{-}97}$	97	71982	5000	1998 年 3 月
$ECC_{p\text{-}109}$	109	9×10^7	10000	2002 年 11 月
$ECC_{p\text{-}131}$	131	2.3×10^{10}	20000	?
$ECC_{p\text{-}163}$	163	2.3×10^{15}	30000	?
$ECC_{p\text{-}191}$	191	4.8×10^{19}	40000	?
$ECC_{p\text{-}239}$	239	1.4×10^{27}	50000	?
$ECC_{p\text{-}359}$	359	3.7×10^{45}	100000	?

从表 5.3 和表 5.4 可以看出，自从 2004 年后，那些标注了“？”的难题没有取得任何进展。但是，对于其他一些表中没有的 ECDLP，还是取得了一些新进展。下面给出三个最近的 ECDLP 记录。

(1) 2009 年 Bos 和 Kaihara 等[10]求解出下面的 112bit 素数 ECDLP：椭圆曲线为 F_p 上的椭圆曲线，即

$$E: y^2 = x^3 + ax + b$$

其中

$$
\begin{aligned}
p &= \frac{2^{128}-3}{11\times 6949} \\
&= 4451685225093714772084598273548427 \\
a &= 4451685225093714772084598273548424 \\
b &= 2061118396808653202902996166388514 \\
x_P &= 188281465057972534892223778713752 \\
y_P &= 3419875491033170827167861896082688 \\
x_Q &= 1415926535897932384626433832795028 \\
y_Q &= 3846759606494706724286139623885544
\end{aligned}
$$

$P(x_P, y_P)$和$Q(x_Q, y_Q)$是 E 上的两个点，他们求出了使得

$$Q = kP$$

成立的离散对数

$$k = 312521636014772477161767351856699$$

(2) 2014 年 Wenger 和 Wolfger[11]求解出了下面的 113bit 素数 ECDLP。椭圆曲线(Koblitz 曲线)为 $F_{2^{113}}$ 上的椭圆曲线，其中

$$
\begin{aligned}
E: y^2 + xy &= x^3 + ax^2 + b \\
a &= 1 \\
b &= 1 \\
x_P &= 3295120575173384136238266668942876 \\
y_P &= 4333847502504860461181278233187993 \\
x_Q &= 7971264128558500679984293536799342 \\
y_Q &= 2895866652148624507420637092878 36
\end{aligned}
$$

$P(x_P, y_P)$和$Q(x_Q, y_Q)$是 E 上的两个点，他们求出离散对数

$$k = 2995815148664371298369425364659 90$$

使得

$$Q = kP$$

(3) 2015 年 1 月 Wenger 和 Wolfger(见文献[12]和[13])宣布打破了有限域 $F_{2^{113}}$ 上离散对数的求解记录。具体而言，对于 $F_{2^{113}}$ 上的椭圆曲线 E:

$$y^2 + xy = x^3 + ax^2 + b$$

其中

$$a = 984342157317881800509153672175863$$
$$b = 4720643197658441292834747278018339$$
$$x_P = 8611161909599329818310188302308875$$
$$y_P = 7062592440118670058899979569784381$$
$$x_Q = 6484392715773238573436200651832265$$
$$y_Q = 7466851312800339937981984969376306$$

$P(x_P, y_P)$和$Q(x_Q, y_Q)$是E上的两个点，他们求出离散对数

$$k = 2760361941865110448921065488991383$$

使得

$$Q = kP$$

5.1 节 习 题

1. 由于 Shanks 的大步小步算法适用于任意的群，所以当然可以将其推广到椭圆曲线群。

(1) 在椭圆曲线中开发针对求解 ECDLP 的类 Shanks 算法。

(2) 利用类 Shanks 算法求解下面的 ECDLP，即求解k使得

$$Q \equiv kP \pmod{41}$$

其中，$E/F_{41}: y^2 \equiv x^3 + 2x + 1 \pmod{41}$；$P = (0,1)$；$Q = (30,40)$。

2. 针对 IFP 和 DLP 的 Pollard ρ 算法和λ算法也可以推广到 ECDLP。

(1) 在椭圆曲线中开发针对求解 ECDLP 的类 Pollard ρ 算法。

(2) 利用上面设计出的ρ算法求解下面的 ECDLP，即求解k使得

$$Q \equiv kP \pmod{p}$$

其中，$E/F_{1093}: y^2 \equiv x^3 + x + 1 \pmod{1093}$；$P = (0,1)$；$Q = (413,959)$。

3. 推广的 Silver-Pohlig-Hellman 方法。

(1) 在椭圆曲线中开发针对求解 ECDLP 的类 Silver-Pohlig-Hellman 方法。

(2) 利用上面设计出的类 Silver-Pohlig-Hellman 方法求解下面的 ECDLP，即求解k使得

$$Q \equiv kP \pmod{p}$$

其中，$E/F_{599}: y^2 \equiv x^3 + 1 \pmod{599}$；$P = (60,19)$；$Q = (277,239)$。

4. 1993 年，Menezes、Okamota 和 Vanstone 设计了一种针对 F_{p^m} 上 ECDLP 的算法，其中 p^m 是一个素数幂次。

请给出该算法的具体过程描述并分析其复杂度。

5. $E\backslash F_p$ 是 F_p 上的椭圆曲线，p 是素数，E 由方程

$$y^2 = x^3 + ax + b$$

定义。

(1) $P,Q \in E$ 是椭圆曲线 E 上的两个点且 $P \neq \pm Q$，给出 $P+Q$ 的加法计算公式。

(2) $P \in E$ 且 $P \neq -P$ 。给出 $2P$ 的加法计算公式。

(3) 椭圆曲线 $E\backslash F_{23}$ 如下：

$$E\backslash F_{23}: y^2 \equiv x^3 + x + 4 \pmod{23}$$

给出 E 上的所有点 $E(F_{23})$，包括无穷远点。

(4) 令 $P=(7,20)$， $Q=(17,14)$ 是椭圆曲线 $E\backslash F_{23}$ 上的两个点，计算 $P+Q$ 及 $2P$。

(5) 令 $Q=(13,11)$， $P=(0,2)$。求解 $E\backslash F_{23}$ 中的离散对数 $k=\log_P Q \pmod{23}$ 使得

$$Q \equiv kP \pmod{23}$$

6. 椭圆曲线为

$$E\backslash F_{151}: y^2 \equiv x^3 + 2x \pmod{151}$$

其阶为 152。点 $P=(96,26)$ 的阶为 19。令 $Q=(43,4)$，在 $E(F_{151})$ 中求解离散对数

$$k=\log_P Q \pmod{151}$$

使得

$$Q \equiv kP \pmod{151}$$

7. 椭圆曲线为

$$E\backslash F_{43}: y^2 \equiv x^3 + 39x^2 + x + 41 \pmod{43}$$

其阶为 43。求解离散对数

$$k=\log_P Q \pmod{43}$$

其中， $P=(0,16)$； $Q=(42,32)$。

8. 椭圆曲线为

$$E\backslash F_{1009}: y^2 \equiv x^3 + 71x + 602 \pmod{1009}$$

在由 $P' = (32,737)$ 生成的阶为 53 的子群中求解离散对数

$$k' = \log_{P'} Q' \pmod{1009}$$

其中，$Q' = (529,97) = k'(32,737) = k'P'$。

9. 在 $\mathrm{ECC}_{p\text{-}109}$ 中，给定

$$E \setminus F_{1p} : y^2 \equiv x^3 + ax + b \pmod{p}$$

$$\{P(x_1, y_1), Q(x_2, y_2)\} \in E(F_p)$$

$$p = 564538252084441556247016902735257$$

$$a = 321094768129147601892514872825668$$

$$b = 430782315140218274262276694323197$$

$$x_1 = 97339010987059066523156133908935$$

$$y_1 = 149670372846169285760682371978898$$

$$x_2 = 44646769697405861057630861884284$$

$$y_2 = 522968098895785888047540374779097$$

证明下面的 k

$$k = 281183840311601949668207954530684$$

是满足

$$Q(x_2, y_2) \equiv k \cdot P(x_1, y_1) \pmod{p}$$

的正确值。

10. 在 $\mathrm{ECC}_{p\text{-}121}$ 中，给定

$$E \setminus F_{1p} : y^2 \equiv x^3 + ax + b \pmod{p}$$

$$\{P(x_1, y_1), Q(x_2, y_2)\} \in E(F_p)$$

$$p = 4451685225093714772084598273548427$$

$$a = 4451685225093714772084598273548424$$

$$b = 2061118396808653202902996166388514$$

$$x_1 = 1882814650579725348922237787137 52$$

$$y_1 = 3419875491033170827167861896082688$$

$$x_2 = 1415926535897932384626433832795028$$

$$y_2 = 3846759606494706724286139623885544$$

证明下面的 k

$$k = 3125216360147724771617673518566 99$$

是满足

$$Q(x_2, y_2) \equiv k \cdot P(x_1, y_1) \pmod p$$

的正确值。

11. 在 $ECC_{p\text{-}131}$ 中，给定

$$E \setminus F_{1p} : y^2 \equiv x^3 + ax + b \pmod p$$

$$\{P(x_1, y_1), Q(x_2, y_2)\} \in E(F_p)$$

$$p = 1550031797834347859248576414813139942411$$

$$a = 1399267573763578815877905235971153316710$$

$$b = 1009296542191532464076260367525816293976$$

$$x_1 = 1317953763239595888465524145589872695690$$

$$y_1 = 434829348619031278460656303481105428081$$

$$x_2 = 1247392211317907151303247721489640699240$$

$$y_2 = 207534858442090452193999571026315995117$$

找出正确的 k 使得

$$Q(x_2, y_2) \equiv k \cdot P(x_1, y_1) \pmod p$$

成立。

5.2　基于椭圆曲线离散对数问题的密码学

5.2.1　基本概念

ECDLP 也不能在多项式时间内有效求解，因此也可以用其构造不可破解的密码体制：

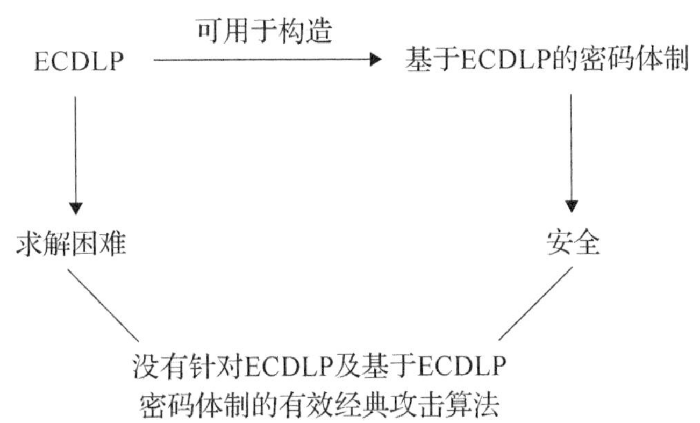

20 世纪 80 年代，目前广为大家熟知的 Miller[14]和 Koblitz[15]最先提出可以用 ECDLP 构造密码体制。自此之后，ECDLP 和椭圆曲线密码学(ECC)得到了广泛

的研究，人们提出了很多实用的椭圆曲线密码体制和协议。目前，ECC 已经成为该领域的标准术语。

5.2.2 椭圆曲线密码学中的预处理

在用椭圆曲线密码加密之前，首先需要做以下预处理：

(1) 将信息编码在椭圆曲线中。这么做的目的是在椭圆曲线群中做密码计算，而不是在之前介绍的 F_q 中。具体而言，希望将明文信息编码为有限域 F_q 上的椭圆曲线上的点，其中 $q=p^r$，p 为素数。信息单元 m 为整数，且 $0\leqslant m\leqslant M$，将明文 m 编码到椭圆曲线上失败的概率为 $2^{-\kappa}$，其中 κ 是一个大的整数，在实际中，$30\leqslant\kappa\leqslant 50$。这里取 $\kappa=30$，椭圆曲线在 F_q 上，即 $E: y^2=x^3+ax+b$。给定信息数 m，计算出一个 x 的集合：

$$x=\{m\kappa+j, j=0,1,2,\cdots\}=\{30m, 30m+1, 30m+2,\cdots\}$$

直到找到一个 x 使得 x^3+ax+b 为模 p 的一个平方剩余，即得到 E 上的一个点 $\left(x,\sqrt{x^3+ax+b}\right)$。将 E 上的一个点 (x,y) 转化成信息数 m 时，只需要计算 $m=\lfloor x/30\rfloor$。对于任意的 x，x^3+ax+b 是模 p 平方剩余的概率为 50%，因此该方法不能产生 E 上点的概率即失败概率为 $2^{-\kappa}$。下面以一个例子来说明如何将信息编码在椭圆曲线上。令 E 为 $y^2=x^3+3x$，$m=2174$，$p=4177$ (在实际中，选择 $p>30m$)，则计算 $x=\{30\times 2174+j, j=0,1,2\cdots\}$ 直到 x^3+3x 为模 4177 的平方剩余。我们发现当 j=15 时：

$$\begin{aligned}x&=30\times 2174+15\\&=65235\end{aligned}$$

$$\begin{aligned}x^3+3x&=(30\times 2174+15)^3+3(30\times 2174+15)\\&=277614407048580\\&\equiv 1444 \pmod{4177}\\&\equiv 38^2\end{aligned}$$

因此，得到信息 m=2174 的点为

$$\left(x,\sqrt{x^3+ax+b}\right)=(65235,38)$$

将椭圆曲线 E 上的信息点 $(65235,38)$ 转换回原来的信息数 m 时，只需计算

$$m=\lfloor 65235/30 \rfloor=\lfloor 2174.5 \rfloor=2174$$

(2) F_q 上椭圆曲线上点的乘法。前面讨论过 $\mathbb{Z}/q\mathbb{Z}$ 上 $kP \in E$ 的计算，在椭圆曲线公钥密码里，对 F_q 上 $kP \in E$ 的计算更感兴趣，该计算可以用重复倍加法在 $O\left(\log k(\log q)^3\right)$ 次比特操作中完成。如果知道椭圆曲线 E 上点的个数 N 且 $k>N$，则在 E 中计算 kP 可以在 $O\left((\log q)^4\right)$ 次比特操作中完成。但 E 上点的个数 N 满足 $N \leqslant q+1+2\sqrt{q}=O(q)$ 且可以利用 Rene Schoof 算法在 $O\left((\log q)^8\right)$ 次比特操作中计算得出 N。

(3) 计算椭圆曲线上的离散对数。E 是 F_q 上的椭圆曲线，B 是 E 上的一个点。则 E 上的 DLP 为：给定点 $P \in E$，如果存在整数 x 使得 $xB=P$，则找出这个整数 x。F_q 上的椭圆曲线 E 上的 DLP 很有可能比 F_q 上的 DLP 更难求解。正是由于这一特点，基于椭圆曲线的密码比基于 DLP 的密码更安全。本节的剩下部分将讨论几种重要公钥密码体制在椭圆曲线中的衍生品。

下面将给出四种常用公钥密码体制在椭圆曲线中的衍生品，即基于椭圆曲线的 Diffie-Hellman-Merkle 协议、基于椭圆曲线的 Massy-Omura 协议、基于椭圆曲线的 ElGamal 密码、Menezes-Vanstone 密码体制和基于椭圆曲线的数字签名算法。

5.2.3　基于椭圆曲线的 Diffie-Hellman-Merkle 协议

有限域 F_p 上的 Diffie-Hellman-Merkle 密钥交换协议可以很容易地扩展到有限域 F_p 上的椭圆曲线 E 中(用 $E\backslash F_p$ 表示)。椭圆曲线上的类似协议描述如下(图 5.2)。

(1) Alice 和 Bob 公开选择有限域 F_q、F_q 上的椭圆曲线 E 及随机选取的基点 $P \in E$，其中 $q=p^r$，p 是素数，P 生成 E 的一个大子群，子群的阶最好和 E 的阶能够相当。所有这些都是公开信息。

(2) 为了得到共享密钥，Alice 和 Bob 各自秘密选择随机整数 a 和 b。Alice 计算 $aP \in E$ 并将 aP 发送给 Bob；Bob 计算 $bP \in E$ 并将 bP 发送给 Alice。当然，aP 和 bP 都是公开的，但 a 和 b 不能公开。

(3) Alice 和 Bob 各自计算共享密钥 $abP \in E$，然后利用该密钥进行下一步的保密通信。

(4) 密码分析：窃听者 Eve 想要得到 abP，其必须从 (aP,P) 中得到 a 或从 (bP,P) 中得到 b。

众所周知，如果仅知道 P、aP 和 bP，还没有快速得到 abP 的已知方法，该问题是难以求解的 ECDLP。

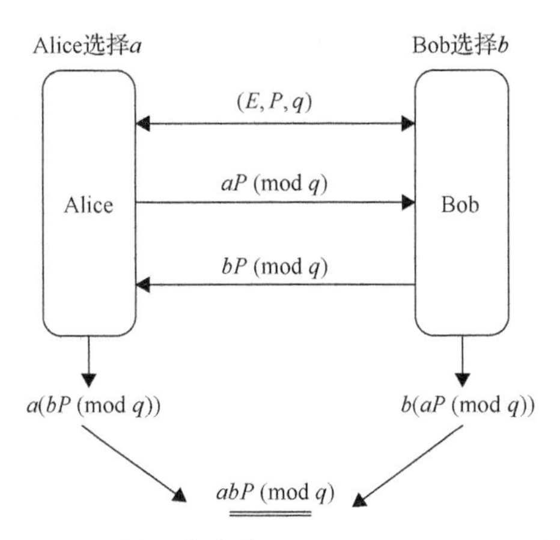

图 5.2　基于椭圆曲线的 Diffie-Hellman-Merkle 协议

例 5.4　下面是一个具体的椭圆曲线上的 Diffie-Hellman-Merkle 协议。令

$$E \setminus F_{199} : y^2 \equiv x^3 + x + 3$$
$$P = (1, 76) \in E(F_{199})$$
$$a = 23$$
$$b = 86$$

则

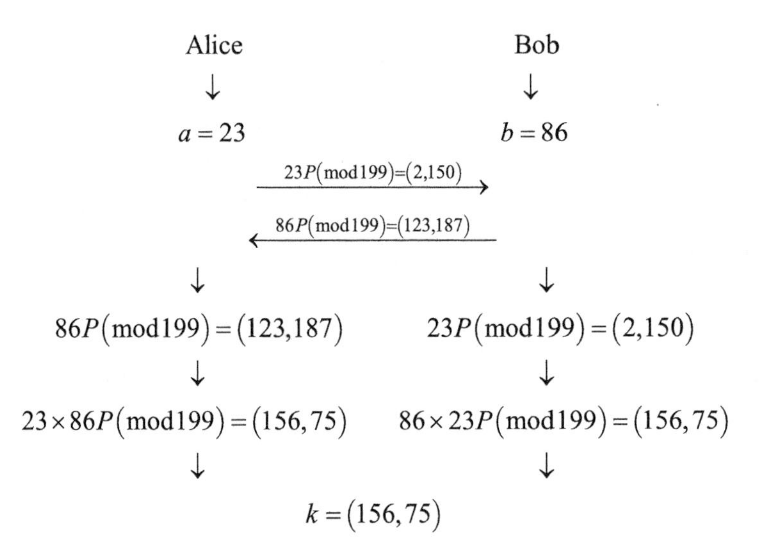

很明显，任何人只要能够求得离散对数 a 或 b 使得

$$(2,150) \equiv a(1,76)(\bmod 199), \quad (123,187) \equiv b(1,76)(\bmod 199)$$

成立，其都可以得到密钥 $abP \equiv (156,75)(\text{mod}199)$。

例 5.5　下面以另外一个例子来说明椭圆曲线上的 Diffie-Hellman-Merkle 协议。令

$$E \setminus F_{11027} : y^2 \equiv x^3 + 4601x + 548$$
$$P = (9954,8879) \in E(F_{11027})$$
$$a = 1374$$
$$b = 2493$$

则

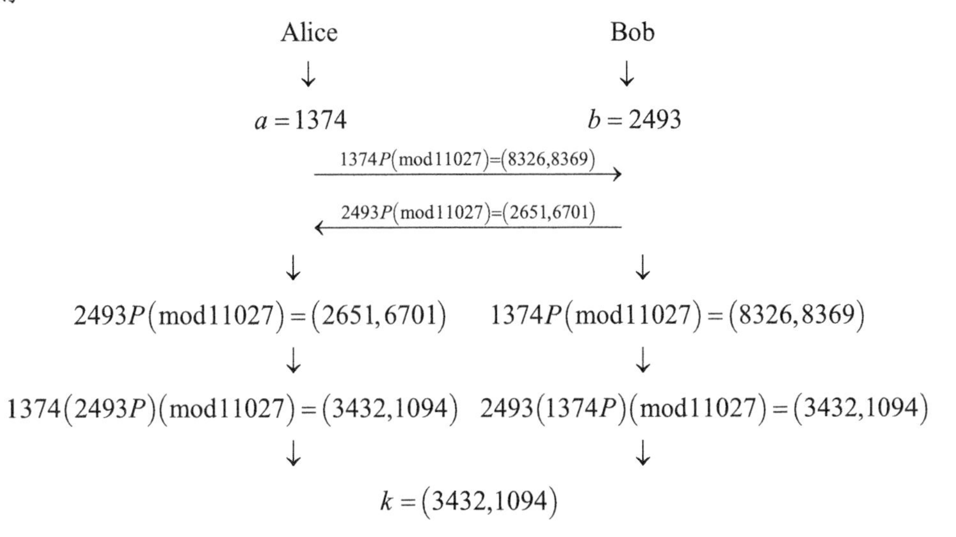

很明显，任何人只要能够求得离散对数 a 或 b 使得

$$(8326,8369) \equiv a(9954,8897)(\text{mod}11027)$$

或

$$(2651,6701) \equiv b(9954,8897)(\text{mod}11027)$$

成立，其都可以得到密钥 $abP \equiv (3432,1094)(\text{mod}11027)$。

5.2.4　基于椭圆曲线的 Massey-Omura 协议

Massey-Omura 协议是一个三步密码协议，Alice 和 Bob 不需要交换或分配密钥就可以通过该协议秘密传送信息。E 是有限域 F_q 上的椭圆曲线，其中 $q = p^r$，p 是素数，$M = P \in E(F_q)$ 为原始的信息点。基于椭圆曲线的 Massey-Omura 协议描述如下(图 5.3)。

$M \in E(F_q)$，$|E(F_q)| = N$。

Alice 产生一对整数(e_A,d_A)，其中$e_A d_A \equiv 1(\bmod N)$，并将$e_A P$发送给 Bob。

Bob 产生一对整数(e_B,d_B)，其中$e_B d_B \equiv 1(\bmod N)$，并将$e_B e_A P$发送给 Alice。

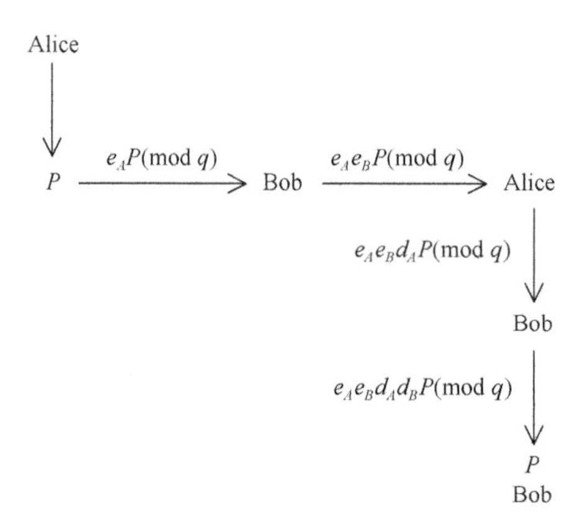

图 5.3　基于椭圆曲线的 Massey-Omura 协议

(1) Alice 和 Bob 公开选择有限域F_q上的椭圆曲线E，其中$q=p^r$是大素数的幂次，与之前一样，假定$E\setminus F_q$上的点的个数(用N表示)是公开的。

(2) Alice 产生一对秘密数对(e_A,d_A)使得$e_A d_A \equiv 1(\bmod N)$，同理 Bob 也产生一对秘密数对$(e_B,d_B)$使得$e_B d_B \equiv 1(\bmod N)$。

(3) 若 Alice 想要传送一个秘密信息点$P\in E$给 Bob，则其做如下操作：

(3.1) Alice 将$e_A P(\bmod q)$发送给 Bob；

(3.2) Bob 传送$e_B e_A P(\bmod q)$给 Alice；

(3.3) Alice 传送$d_A e_B e_A P(\bmod q)=e_B P$给 Bob；

(3.4) Bob 计算$d_B e_B P=P$，从而获得最初的信息点。

注意窃听者仅知道$e_A P$、$e_B e_A P$和$e_B P$。因此，如果其可以求解椭圆曲线E上的离散对数问题，则其可以从前两个点中确定e_B从而可以计算出$d_B \equiv e_B^{-1}(\bmod N)$，进而可以得到$P=d_B(e_B P)$。

例 5.6　下面以一个例子详细说明基于椭圆曲线 Massey-Omura 协议的具体步骤。令

$$
\begin{aligned}
&p=13\\
&E\setminus F_{13}: y^2 \equiv x^3+4x+4(\bmod 13)\\
&|E(F_{13})|=15\\
&M=(12,8)\\
&(e_A,d_A)\equiv(7,13)(\bmod 15)\\
&(e_B,d_B)\equiv(2,8)(\bmod 15)
\end{aligned}
$$

则

$$\begin{aligned} e_A M &\equiv 7(12,8)(\bmod 13) \\ &\equiv (1,10)(\bmod 13) \\ e_B e_A M &\equiv e_B(1,10)(\bmod 13) \\ &\equiv 2(1,10)(\bmod 13) \\ &\equiv (12,5)(\bmod 13) \\ d_A e_B e_A M &\equiv d_A(12,5)(\bmod 13) \\ &\equiv 13(12,5)(\bmod 13) \\ &\equiv (6,6)(\bmod 13) \\ d_B d_A e_B e_A M &\equiv d_B(6,6)(\bmod 13) \\ &\equiv 8(6,6)(\bmod 13) \\ &\equiv (12,8)(\bmod 13) \\ &\quad\downarrow \\ &\quad M \end{aligned}$$

例 5.7　令

$$\begin{aligned} &p = 13 \\ &E \setminus F_{13} : y^2 \equiv x^3 + x(\bmod 13) \\ &|E(F_{13})| = 20 \\ &M = (11,9) \\ &(e_A, d_A) \equiv (3,7)(\bmod 20) \\ &(e_B, d_B) \equiv (13,17)(\bmod 20) \end{aligned}$$

则

$$\begin{aligned} e_A M &\equiv 3(11,9)(\bmod 13) \\ &\equiv (7,5)(\bmod 13) \\ e_B e_A M &\equiv e_B(7,5)(\bmod 13) \\ &\equiv 13(7,5)(\bmod 13) \\ &\equiv (11,4)(\bmod 13) \\ d_A e_B e_A M &\equiv d_A(11,4)(\bmod 13) \\ &\equiv 7(11,4)(\bmod 13) \\ &\equiv (7,5)(\bmod 13) \\ d_B d_A e_B e_A M &\equiv d_B(7,5)(\bmod 13) \end{aligned}$$

$$\equiv 17(7,5)(\bmod 13)$$
$$\equiv (11,9)(\bmod 13)$$
$$\downarrow$$
$$M$$

5.2.5 基于椭圆曲线的 ElGamal 密码

正如很多其他公钥密码体制一样，著名的 ElGamal 密码在椭圆曲线中也有相应的类似版本，具体协议如下(图 5.4)。

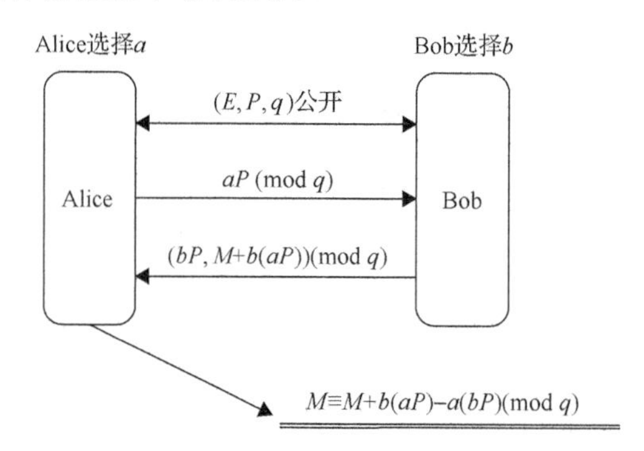

图 5.4 基于椭圆曲线的 ElGamal 密码协议

(1)假定 Bob 想向 Alice 发送一条秘密消息：

$$\text{Bob} \xrightarrow{\text{秘密消息}} \text{Alice}$$

Alice 和 Bob 公开选择有限域 F_q 上的椭圆曲线 E，其中 $q=p^r$ 是素数的幂次，并随机选择基点 $P\in E$。同时假定他们也知道椭圆曲线 E 上点的个数 $\left|E\left(F_q\right)\right|=N$。

(2)Alice 随机选择整数 a，计算 aP 并将 aP 发送给 Bob。

(3)加密：Bob 随机选择整数 b，计算 $bP(\bmod q)$，同时计算 $\left(M+b(aP)\right)(\bmod q)$，然后将 $\left(bP,M+b(aP)\right)(\bmod q)$ 发送给 Alice。

(4)解密：由于 Alice 有密钥 a，其就可以计算 $a(bP)(\bmod q)$ 从而进一步通过计算

$$M\equiv\left(M+b(aP)-a(bP)\right)(\bmod q)$$

得到原始明文消息。

(5)密码分析：窃听者 Eve 只有在能够求解椭圆曲线上的离散对数的情况下才能得到 M，即其具有通过 $aP(\bmod q)$ 得到 a 或者从 $bP(\bmod q)$ 中得到 b 的能力。然而，众所周知的是，目前还没有有效的求解 ECDLP 的方法，因此 ElGamal 密码体制是安全的。

例 5.8　假定 Bob 想通过基于椭圆曲线的 ElGamal 密码体制向 Alice 发送一条秘密消息 M。

(1) 令

$$E \backslash F_{29} : y^2 \equiv x^3 - x + 16 \pmod{29}$$
$$N = \left|E(F_{29})\right| = 31$$
$$P = (5,7) \in E(F_{29})$$
$$M = (28,25)$$

(2) 产生公钥。假定 Bob 想向 Alice 发送秘密消息 M，则 Alice：

(2.1) 随机选择一个整数 $a = 23$；

(2.2) 计算 $aP = 23P = (21,18) \pmod{29}$；

(2.3) 将 $aP = (21,18) \pmod{29}$ 发送给 Bob。

(3) 加密。Bob：

(3.1) 随机选择一个整数 $b = 25$；

(3.2) 计算 $bP = 25P = (13,24) \pmod{29}$；

(3.3) 计算 $b(aP) = 25(23P) = 25(21,18) = (1,25) \pmod{29}$；

(3.4) 计算 $M + b(aP) = (28,25) + (1,25) = (0,4) \pmod{29}$；

(3.5) 将 $(bP = (13,24), M + b(aP) = (0,4))$ 发送给 Alice。

(4) 解密。Alice 计算：

$$a(bP) = 23(25P) = 23(13,24) = (1,25)$$
$$\begin{aligned} M &= M + b(aP) - a(bP) \\ &= (0,4) - (1,25) \\ &= (0,4) + (1,-25) \\ &= (28,25) \end{aligned}$$

因此，Alice 得到最初消息 $M = (28,25)$。

例 5.9　接下来再给一个基于椭圆曲线的 ElGamal 密码体制的例子。

(1) 令

$$E \backslash F_{523} : y^2 \equiv x^3 + 22x + 153 \pmod{523}$$
$$P = (169,323) \in E(F_{523})$$

明文为 $M = (220,23)$。

(2) 产生公钥。假定 Bob 想向 Alice 发送秘密消息 M，则 Alice：

(2.1) 随机选择一个整数 $a=97$；

(2.2) 计算 $aP=97(169,323)=(309,456)(\bmod 523)$；

(2.3) 将 $aP=(309,456)(\bmod 523)$ 发送给 Bob。

(3) 加密。Bob：

(3.1) 随机选择一个整数 $b=263$；

(3.2) 计算 $bP=263(169,323)=(510,81)(\bmod 523)$；

(3.3) 计算 $b(aP)=263(309,456)=(508,307)(\bmod 523)$；

(3.4) 计算 $M+b(aP)=(220,23)+(508,307)=(288,462)(\bmod 523)$；

(3.5) 将 $(bP=(510,81), M+b(aP)=(288,462))$ 发送给 Alice。

(4) 解密。Alice 计算：

$$
\begin{aligned}
a(bP) &= 97(510,81)=(508,307) \\
M &= M+b(aP)-a(bP) \\
&= (288,462)-(508,307) \\
&= (288,462)+(508,216) \\
&= (220,23)
\end{aligned}
$$

因此，Alice 得到最初消息 $M=(220,23)$。

上面介绍了几种公钥密码体制在椭圆曲线中对应的密码体制。需要特别指出的是，几乎所有的公钥密码体制都有其在椭圆曲线中对应的密码体制。当然，将来也可能设计出完全和现有密码体制无关的基于椭圆曲线的密码体制。

同样需要指出的是，正如公钥密码体制一样，数字签名协议在 F_q 或 $\mathbb{Z}/n\mathbb{Z}$ 上的椭圆曲线上也有其对应的协议，其中 $n=pq$，p、q 都为素数。现在基于椭圆曲线已经提出了好几种数字签名协议，如 Meyer 和 Müller[16]提出的协议。

5.2.6 Menezes-Vanstone 密码体制

上述提到的几种基于椭圆曲线密码体制存在一个重大问题，即都需要将明文 m 编码到椭圆曲线 E 上，而目前没有已知的确定性算法能够方便地做到这一点。幸好 Menezes 和 Vanstone 发现了一种更有效的方法[17]，在下面将要介绍的方法中，椭圆曲线用来"做伪装"，明密文对不是在椭圆曲线上，而是在 $F_p^* \times F_p^*$ 上。

(1) 产生密钥。Alice 和 Bob 公开选择有限域 F_p 上的椭圆曲线 E，其中 $p>3$ 且是素数，随机选取能够生成 $E(F_p)$ 的一个大子群 H 的基点 $P\in E(F_p)$，子群 H 的阶最好和 E 的阶差不多。随机选择 $k\in\mathbb{Z}_{|H|}$，$a\in\mathbb{N}$，这些信息都是秘密的。

(2)加密。假定 Alice 想向 Bob 发送信息

$$m=(m_1,m_2)\in(\mathbb{Z}/p\mathbb{Z})^*\times(\mathbb{Z}/p\mathbb{Z})^*$$

其做如下操作：

(2.1) $\beta=aP$，其中 β 和 P 都是公开的；

(2.2) $(y_1,y_2)=k\beta$；

(2.3) $c_0=kP$；

(2.4) $c_j\equiv y_jm_j(\bmod p)$， $j=1,2$；

(2.5) Alice 将消息 m 加密后的密文 c 发送给 Bob

$$c=(c_0,c_1,c_2)$$

(3)解密。接收到 Alice 发送过来的密文 c 后，Bob 通过如下计算可以恢复消息 m：

(3.1) $ac_0=(y_1,y_2)$；

(3.2) $m=\left(c_1y_1^{-1}(\bmod p),c_2y_2^{-1}(\bmod p)\right)$。

例 5.10 本例可以很好地说明 Menezes-Vanstone 密码体制[18]。

(1)产生密钥。E 是由 $y^2=x^3+4x+4$ 定义在有限域 F_{13} 上的椭圆曲线，$P=(1,3)$ 是 E 上的一个点。由 P 生成的子群 $H=E(F_{13})$，其阶为 15。选择私钥 k=5，a=2，明文为 $m=(12,7)=(m_1,m_2)$。

(2)加密。Alice 做如下计算：

$$\begin{aligned}
&\beta=aP=2(1,3)=(12,8)\\
&(y_1,y_2)=k\beta=5(12,8)=(10,11)\\
&c_0=kP=5(1,3)=(10,2)\\
&c_1\equiv y_1m_1\equiv10\times12\equiv3(\bmod 13)\\
&c_2\equiv y_2m_2\equiv11\times7\equiv12(\bmod 13)
\end{aligned}$$

Alice 发送 $c=(c_0,c_1,c_2)=((10,2),3,12)$ 给 Bob。

(3)解密。接收到 Alice 发送过来的密文 c 后，Bob 做如下计算：

$$\begin{aligned}
&ac_0=2(10,2)=(10,11)=(y_1,y_2)\\
&m_1\equiv c_1y_1^{-1}\equiv12(\bmod 13)\\
&m_2\equiv c_2y_2^{-1}\equiv7(\bmod 13)
\end{aligned}$$

因此，Bob 获得明文 $m=(12,7)$。

5.2.7 基于椭圆曲线的数字签名算法

前面提到几乎每一种公钥密码体制都在椭圆曲线中有对应的密码体制。与公钥密码体制一样，数字签名协议在 F_q 或 $\mathbb{Z}/n\mathbb{Z}$ 上的椭圆曲线上也有其对应的协议，其中 $n=pq$，p、q 都为素数。与基于椭圆曲线的公钥密码体制一样，目前已经提出了几种基于椭圆曲线的数字签名协议(如 Meyer 和 Müller 提出的协议[16])。接下来介绍一种基于椭圆曲线的 DSA/DSS，称为 ECDSA[1]。

算法 5.4(基于椭圆曲线的数字签名算法) E 是有限域 F_p 上的椭圆曲线，其中 p 是素数，P 是 $E(F_p)$ 上阶为 q 的点(注意，这里 q 是素数，而不是素数的幂次)，假定 Alice 想向 Bob 发送一条签名的消息。

(1) 产生 ECDSA 密钥。Alice 做如下操作：

(1.1) 随机选择一个整数 $x \in [1, q-1]$；

(1.2) 计算 $Q = xP$；

(1.3) 公开 Q，但是 x 要秘密保存，现在 Alice 就产生了一个公钥 Q 和一个私钥 x。

(2) 产生 ECDSA 签名。为了对消息 m 签名，Alice 做如下操作：

(2.1) 随机选择一个整数 $k \in [1, q-1]$；

(2.2) 计算 $kP = (x_1, y_1)$ 和 $r \equiv x_1 (\bmod q)$，若 $r=0$，则转到步骤(2.1)；

(2.3) 计算 $k^{-1} (\bmod q)$；

(2.4) 计算 $s \equiv k^{-1}(H(m) + xr)(\bmod q)$，其中 $H(m)$ 是消息的散列值，若 $s=0$，则转到步骤(2.1)。

消息 m 的签名是整数对 (r, s)。

(3) 验证 ECDSA 签名。为了验证 Alice 对消息 m 的签名 (r, s)，Bob 做如下操作：

(3.1) 找到 Alice 的授权公钥 Q；

(3.2) 确定 (r, s) 是否位于区间 $[1, q-1]$，并计算 $kP = (x_1, y_1)$ 和 $r \equiv x_1 (\bmod q)$；

(3.3) 计算 $w \equiv s^{-1} (\bmod q)$ 和 $H(m)$；

(3.4) 计算 $u_1 \equiv H(m) w (\bmod q)$ 和 $u_2 \equiv rw (\bmod q)$；

(3.5) 计算 $u_1 P + u_2 Q = (x_0, y_0)$ 和 $v \equiv x_0 (\bmod q)$；

(3.6) 当且仅当 $v = r$ 时接受签名。

最后，以 ECC 和其他类型密码尤其是其与广泛使用的著名 RSA 密码体制之间的对比来结束本节。

注 5.1　与 RSA 密码体制相比，在密钥较短时，ECC 就有较高的安全性。有关 RSA 密码体制和 ECC 的密钥规模及安全性的比较见表 5.5。

表 5.5　RSA 密码体制和 ECC 的密钥规模对比

安全等级	RSA 密码体制/bit	ECC/bit
低	512	112
中等	1024	161
高	3027	256
强	15360	512

注 5.2　正如在 RSA 密码体制中存在弱密钥一样，在 ECC 中同样存在弱密钥，如密码学中通常接受满足以下条件的椭圆曲线：

(1) 若 N 是整数参数的个数，其必须能够被一个大素数 r 整除，即对某个整数 k 有 $N=kr$。

(2) 若椭圆曲线的阶为 $r(\bmod p)$，则 r 必须满足对于某个关于 i 的小集合，如 $0 \leqslant i \leqslant 20$，$r$ 不能整除 p^i-1。

(3) N 是整数参数的个数，椭圆曲线为 $E(F_p)$，则 N 和 p 一定不能相等。$P=N$ 的椭圆曲线称为异常曲线。

5.2 节 习 题

1. 叙述 ECC 相对于基于 IFP 和 DLP 密码的优点。

2. 比较针对以下问题的最快已知算法的复杂度：

(1) IFP；

(2) DLP；

(3) ECDLP。

3. 比较下列问题的复杂度：

(1) 基于 IFP 的密码体制；

(2) 基于 DLP 的密码体制；

(3) 基于 ECDLP 的密码体制。

4. 1978 年，Pohlig 和 Hellman 在基于模 p 运算下提出了一种私钥密码体制即指数密码，这一体制很像基于模 n 运算的 RSA 密码体制，其中 $n=pq$，p、q 都是素数。Pohlig-Hellman 密码体制工作原理如下：

(1) 选择一个大的素数 p 和加密密钥 k，其中 $0<k<p$ 且 $\gcd(k,p-1)=1$；

(2) 计算解密指数 k' 使得 $k \cdot k' \equiv 1(\bmod(p-1))$；

(3) 加密 $C \equiv M^k \pmod p$；

(4) 解密 $M \equiv C^{k'} \pmod p$。

很明显，若将模 p 改成模 $n=pq$，则 Pohlig-Hellman 密码体制就变成了 RSA 密码体制。

(1) 设计一种基于椭圆曲线的 Pohlig-Hellman 密码体制。

(2) 解释为何原始的 Pohlig-Hellman 密码体制容易被破解，而基于椭圆曲线的 Pohlig-Hellman 密码体制难以被破解。

5. Koyama 等[19]提出了三种单向陷门函数，并声称其中一种适用于零知识证明协议。请给出基于椭圆曲线单向陷门函数的零知识证明协议实现方案。

6. 为了将来可能的加密通信，假定 Alice 和 Bob 想通过 ECDHM 密钥交换协议产生一个私钥。Alice 和 Bob 做如下操作：

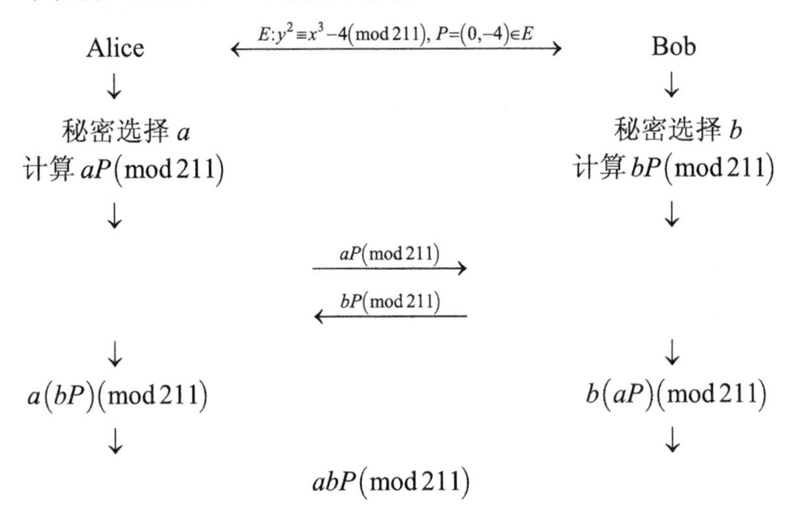

对于某个具体值，计算：

(1) $aP \pmod{211}$；

(2) $bP \pmod{211}$；

(3) $abP \pmod{211}$；

(4) $baP \pmod{211}$；

(5) 验证 $abP \equiv baP \pmod{211}$。

7. 基于椭圆曲线的 Diffie-Hellman-Merkle 协议如下：

$$E \setminus F_{11027} : y^2 \equiv x^3 + 4601x + 548$$
$$P = (2651, 6701) \in E(F_{11027})$$

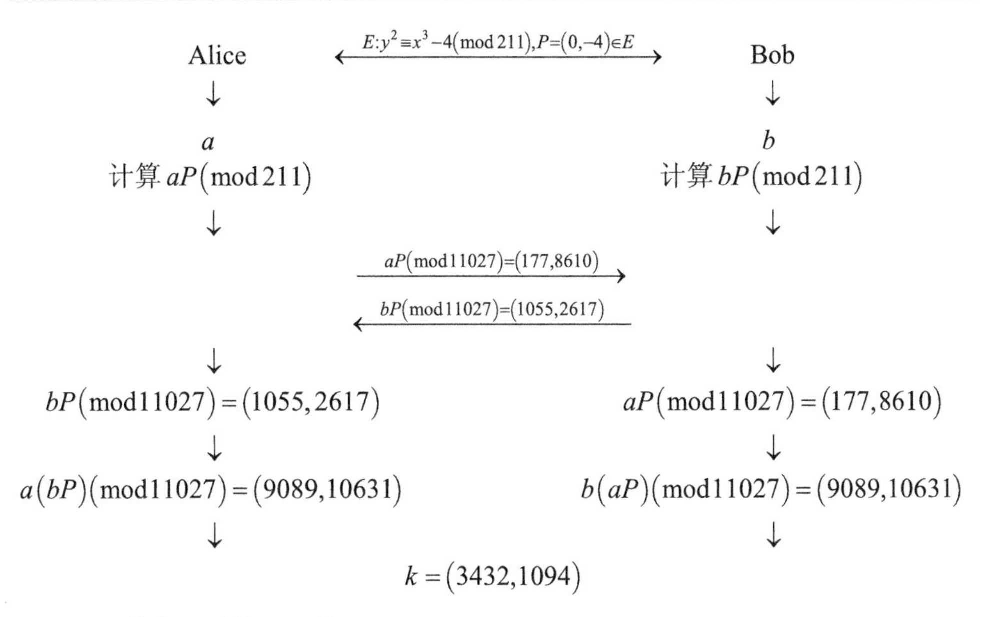

对于某个具体值，计算：

(1) 求解离散对数 a 使得

$$aP(\bmod 11027)=(177,8610)$$

(2) 求解离散对数 b 使得

$$bP(\bmod 11027)=(1055,2617)$$

8. 考虑有限域 F_{199} 上的椭圆曲线 E:

$E: y^2 = x^3 + x - 3$。

令 $M=(1,76)\in E(F_{199})$，$(e_A,e_B)=(23,71)$。

(1) 计算 $E(F_{199})$ 上点的个数。

(2) 计算

$$e_A M(\bmod q)$$

$$e_A e_B M(\bmod q)$$

(3) 计算

$$e_A e_B d_A M(\bmod q)$$

$$e_A e_B d_A d_B M(\bmod q)$$

(4) 验证 $e_A e_B d_A d_B M(\bmod q)=M$ 是否成立。

9. 考虑有限域 F_{2591} 上的椭圆曲线 E:

$E: y^2 = x^3 + 1441x + 611$。

令 $P = (1619, 2103) \in E(F_{2591})$，$(e_A, e_B) = (107, 257)$。

(1) 计算 $E(F_{2591})$ 上点的个数。

(2) 计算

$$e_A P (\bmod q)$$

$$e_B (e_A P)(\bmod q)$$

(3) 计算

$$d_A (e_A e_B P)(\bmod q)$$

$$d_B (d_A e_A e_B P)(\bmod q)$$

(4) 验证 $e_A e_B d_A d_B P (\bmod q) = P$ 是否成立。

10. p 是下面的 200 位素数:

$$\begin{aligned} p = {} & 100000000000000000000000000000000000000000000000000000000 \\ & 000000000000000000000000000000000000000000000000000000000 \\ & 000000000000000000000000000000000000000000000000000000000 \\ & 00000000000000000000000000153 \end{aligned}$$

有限域 F_p 上的椭圆曲线 E 为

$$E \backslash F_p : y^2 \equiv x^3 + 105x + 78153 (\bmod p)$$

椭圆曲线上点的个数为

$$\begin{aligned} N = {} & 1000000000000000000000000000000000000000000000000000000000 \\ & 0000000000000000000000000000000000000000000678975028800422 \\ & 4118080314365460277641928049641888399915913929600322106305 \\ & 61760029050858613689631753 \end{aligned}$$

(1) $e_A = 179$，计算 $d_A \equiv \dfrac{1}{e_A} (\bmod N)$；

(2) $e_B = 983$，计算 $d_B \equiv \dfrac{1}{e_B} (\bmod N)$。

11. p 是一个素数，且

$$p = 1234567890123456789012345678906548333745250859667371252365 01$$

有限域 F_p 上的椭圆曲线 E 为

$$y^2 \equiv x^3 + 1125079135286236108376138855036822306988688835725996813843 35x$$
$$-112507913528623610837613885503682230698868883572599681384335 \pmod p$$

其阶为 $\left|E\left(F_p\right)\right| = N$，$N$ 为

$$1234567890123456789012345678901234567890123456789012345 68197$$

假设明文点 M 为

$$(76429892329752928953563517549032780298048602232844063157 49,$$
$$1001817413224481054445208716144640531694005297769456557714 41)$$

Alice 希望将 M 发送给 Bob。假定

$$e_A = 3$$
$$d_A = 823045260082304526008230452600823045260082304526008230 45465$$
$$e_B = 7$$
$$d_B = 176366841446208112716049382700176366841446208112716049 38314$$

这几个数都模 p。计算：

(1) $e_A M \left(\bmod p\right)$；

(2) $e_B \left(e_A M\right)\left(\bmod p\right)$；

(3) $d_A \left(e_B e_A M\right)\left(\bmod p\right)$；

(4) $d_B \left(d_A e_B e_A M\right)\left(\bmod p\right)$；

(5) 验证 $d_B \left(d_A e_B e_A M\right)\left(\bmod p\right) = M$ 是否成立。

12. 假设 Alice 想利用基于椭圆曲线的 ElGamal 密码向 Bob 发送秘密消息 $M = \left(10, 9\right)$。Alice 和 Bob 做如下操作：

Alice	$\xleftrightarrow{E: y^2 \equiv x^3 + x + 6 \left(\bmod 11\right), P = (2,7) \in E}$	Bob
↓		↓
秘密选择 a=3		秘密选择 b=7
计算 $aP\left(\bmod 11\right)$		计算 $bP\left(\bmod 11\right)$
↓		↓
	$\xleftarrow{bP\left(\bmod 11\right)}$	
	$\xrightarrow{\left(aP, M + a\left(bP\right)\right)\left(\bmod 11\right)}$	
		↓
		$M \equiv M + a\left(bP\right) - b\left(aP\right)\left(\bmod 11\right)$

计算具体值：

(1) $aP(\bmod 11)$；

(2) $bP(\bmod 11)$；

(3) $b(aP)(\bmod 11)$；

(4) $a(bP)(\bmod 11)$；

(5) $(M+a(bP))(\bmod 11)$；

(6) $(M+a(bP)-b(aP))(\bmod 11)$；

(7) 验证 $(M+a(bP)-b(aP))(\bmod 11)=(10,9)$ 是否成立。

13. 假设 Alice 想利用基于椭圆曲线的 ElGamal 密码向 Bob 发送秘密消息 $M=(562,201)$。Alice 和 Bob 做如下操作：

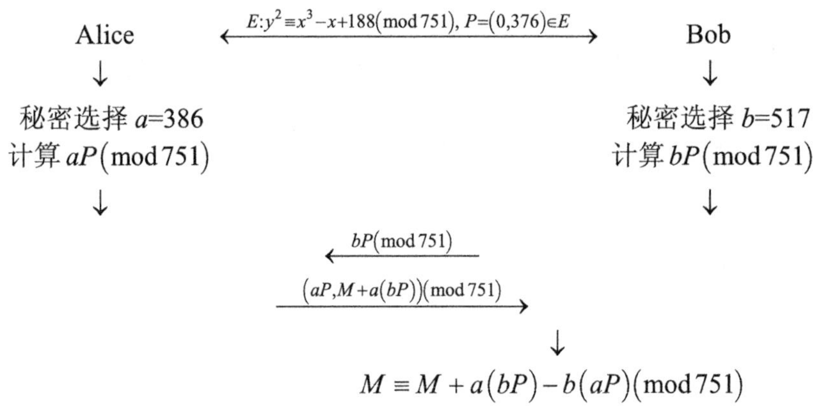

Alice $\xleftrightarrow{E: y^2 \equiv x^3 - x + 188 (\bmod 751),\ P=(0,376)\in E}$ Bob

Alice ↓ 秘密选择 a=386，计算 $aP(\bmod 751)$ ↓

Bob ↓ 秘密选择 b=517，计算 $bP(\bmod 751)$ ↓

$\xleftarrow{bP(\bmod 751)}$

$\xrightarrow{(aP, M+a(bP))(\bmod 751)}$

↓

$$M \equiv M + a(bP) - b(aP)(\bmod 751)$$

计算具体值：

(1) $aP(\bmod 751)$；

(2) $bP(\bmod 751)$；

(3) $a(bP)(\bmod 751)$；

(4) $b(aP)(\bmod 751)$；

(5) $(M+a(bP))(\bmod 751)$；

(6) $(M+a(bP)-b(aP))(\bmod 751)$；

(7) 验证 $(M+a(bP)-b(aP))(\bmod 751)=(562,201)$ 是否成立。

14. 假设 Alice 想利用基于椭圆曲线的 ElGamal 密码向 Bob 发送秘密消息 $M=(316,521)$。Alice 和 Bob 做如下操作：

$$\text{Alice} \xleftrightarrow{E:y^2\equiv x^3+6x+167(\text{mod}\,547),\ P=(61,440)\in E} \text{Bob}$$

Alice ↓ 秘密选择 a，计算 $aP(\text{mod}\,547)=(483,59)$ ↓

Bob ↓ 秘密选择 b，计算 $bP(\text{mod}\,547)=(168,341)$ ↓

$$\xleftarrow{bP(\text{mod}\,547)=(168,341)}$$

$$\xrightarrow{(aP,M+a(bP))(\text{mod}\,547)=\{(483,59),(49,178)\}}$$

↓

$$\begin{aligned} M &\equiv M+a(bP)-b(aP)(\text{mod}\,547) \\ &\equiv (49,178)+(143,-443)(\text{mod}\,547) \\ &\equiv (316,521)(\text{mod}\,547) \end{aligned}$$

求解：

(1) 离散对数 a 使得 $aP(\text{mod}\,547)=(483,59)$；

(2) 离散对数 b 使得 $bP(\text{mod}\,547)=(168,341)$；

(3) $a(bP)(\text{mod}\,547)$；

(4) $b(aP)(\text{mod}\,547)$；

(5) 验证同余式 $a(bP)(\text{mod}\,547)\equiv b(aP)(\text{mod}\,547)$ 是否成立。

15. 有限域 F_{2^m} 上的椭圆曲线 E 记为 $E\setminus F_{2^m}$，其中 $m>1$，E 由方程

$$y^2+xy=x^3+ax^2+b$$

定义。

(1) $P,Q\in E$ 且 $P\neq \pm Q$，写出 $P+Q$ 的加法计算公式。

(2) $P\in E$ 且 $P\neq -P$，写出 $2P$ 的加法计算公式。

(3) $E\setminus F_{2^m}$ 为

$$E\setminus F_{2^4}: y^2\equiv x^3+\alpha^4x^2+1(\text{mod}\,2^4)$$

找出 $E(F_{2^4})$ 中的所有点，包括 E 上的无穷远点。

(4) 令 $P=(\alpha^6,\alpha^8)$、$Q=(\alpha^3,\alpha^{13})$ 是上面定义的椭圆曲线 $E(F_{2^4})$ 上的两个点，计算 $P+Q$ 和 $2P$。

16. 证明破解 ECC 或基于 ECDLP 的密码体制和求解 ECDLP 是等价的。

5.3　针对椭圆曲线离散对数问题的量子算法

5.3.1　基本概念

Shor 针对离散对数问题设计的量子算法可以用来求解 BQP 类中的 ECDLP。

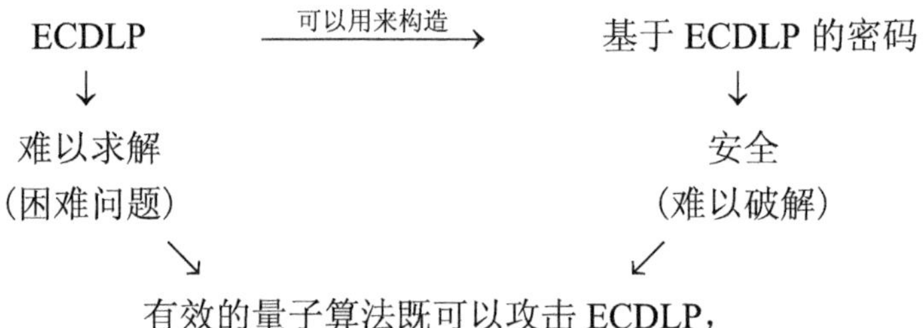

令人惊奇的是

量子求周期算法
↓
量子求解 ECDLP 算法
↓
基于 ECDLP 密码的量子攻击算法

之前提到过，DLP 只是群 $\mathbb{Z}_p^*$ 中求解乘法逆元的反向问题。值得注意的是，ECDLP 也是 $E(F_p)$ 中求解加法逆元的反向问题。更重要的是，这样的求逆问题可以利用欧几里得算法或针对椭圆曲线版本的欧几里得算法有效解决。下面首先回顾欧几里得算法如何求解下面等式中的 (x,y)：

$$ax - by = 1$$

接下来用一个更具体的例子说明欧几里得算法如何求解等式

$$7x - 26y = 1$$

中的 x、y。这等价于在式

$$\frac{1}{7} \equiv x \pmod{26}$$

中求解 x。

$$26 = 7\times3+5 \to 5 = 26-7\times3$$
$$7 = 5\times1+2 \to 2 = 7-5\times1$$
$$5 = 2\times2+1 \to 1 = 5-2\times2$$
$$\begin{aligned} &= 5-2(7-5\times1) \\ &= 3\times5-2\times7 \\ &= 3\times(26-7\times3)-2\times7 \\ &= 3\times26-7\times11 \\ &= 7(-11)-26(-3) \end{aligned}$$
$$\quad\quad\quad\downarrow\quad\quad\quad\downarrow$$
$$\quad\quad\quad x\quad\quad\quad\ y$$

因此，找到了

$$(x,y)=(-11,-3)$$

针对 ECDLP 的量子算法，如 Proos-Zalka 算法[20]、Eicher-Opoku 算法[21]，都是为了在公式

$$aP+bQ=1$$

中找到(a,b)。

回顾一下 ECDLP，该问题是为了找到 r 使得

$$Q=rP$$

其中，P 是有限域 F_p 上椭圆曲线上阶为 m 的点，$G=\langle P\rangle$；$Q\in G$。一种寻找 r 的方法是找到不同的整数对(a',b')和(a'',b'')使得

$$a'P+b'Q=a''P+b''Q$$

则

$$(a'-a'')P=(b''-b')Q$$

即

$$Q=\frac{a'-a''}{b''-b'}P$$

因此

$$r\equiv\frac{c'-c''}{b''-b'}(\operatorname{mod} m)$$

aP 可以通过以下方式有效计算。将 a 表示成二进制形式 $e_{\beta-1}e_{\beta-2}\cdots e_1e_0$，当 i

从 $\beta-1$ 到 0 的过程中（$e_{\beta-1}$ 总是 1，因此将其作为初始点），检验 e_i 是否为 1。若 $e_i=1$，则做倍乘和一次群加法操作；否则，只做倍乘操作。例如，为了计算 $89P$，由于 89=1011001，则有

e_6	1	P	初始化
e_5	0	$2P$	倍乘
e_4	1	$2(2P)+P$	倍乘和加法
e_3	1	$2(2(2P)+P)+P$	倍乘和加法
e_2	0	$2(2(2(2P)+P)+P)$	倍乘
e_1	0	$2(2(2(2(2P)+P)+P))$	倍乘
e_0	1	$2(2(2(2(2(2P)+P)+P)))+P$	倍乘和加法

$$\| $$
$$89P$$

下面的算法就是利用了重复倍乘-加和法思想来计算 kP 的。

算法 5.5（椭圆曲线上 kP 的快速群运算方法）　该算法用来计算 kP，其中 k 是一个大整数，P 是椭圆曲线 $E:y^2=x^3+ax+b$ 上的点。

(1) 将 k 写成二进制形式 $k=e_{\beta-1}e_{\beta-2}\cdots e_1e_0$，其中每个 e_i 要么为 0，要么为 1（假定 k 有 β 比特）。

(2) 赋值 $c\leftarrow 0$。

(3) 计算 kP：

对于 i 从 $\beta-1$ 降到 0

若 $e_i=1$ 则 $c\leftarrow 2c+P$（倍乘和加法）；

否则 $c\leftarrow 2c$（倍乘）。

(4) 输出 c（现在 $c=kP$）。

注意：算法 5.5 实际上并没有计算 kP 在椭圆曲线

$$E\setminus F_p:y^2\equiv x^3+ax+b\pmod p$$

上的坐标 (x,y)。为了让算法 5.5 成为计算椭圆曲线 E 上点加运算的有用算法，必须将 E 上坐标的实际运算公式 $P_3(x_3,y_3)=P_1(x_1,y_1)+P_2(x_2,y_2)$ 代入算法中，即运用计算点 P_3 坐标 x_3、y_3 的公式：

$$(x_3,y_3)=\left(\lambda^2-x_1-x_2,\lambda(x_1-x_3)-y_1\right)$$

其中

$$\lambda=\begin{cases}\dfrac{3x_1^2+a}{2y_1}, & P_1=P_2\\ \dfrac{y_2-y_1}{x_2-x_1}, & \text{其他}\end{cases}$$

对于形如

$$E\setminus F_{2^m}: y^2+xy\equiv x^3+ax+b\left(\bmod 2^m\right)$$

的椭圆曲线，若 $P_1\neq P_2$，则

$$\left(x_3,y_3\right)=\left(\lambda^2+\lambda+x_1+x_2+a,\lambda\left(x_1+x_3\right)+x_3+y_1\right)$$

其中

$$\lambda=\frac{y_1+y_2}{x_1+x_2}$$

若 P_1=P_2，则

$$\left(x_3,y_3\right)=\left(\lambda^2+\lambda+a,x_1^2+\lambda x_3+x_3\right)$$

其中

$$\lambda=\frac{x_1+y_1}{x_1}$$

同样对于形如

$$E\setminus F_{2^m}: y^2+cy\equiv x^3+ax+b\left(\bmod 2^m\right)$$

的椭圆曲线，若 $P_1\neq P_2$，则

$$\left(x_3,y_3\right)=\left(\lambda^2+x_1+x_2,\lambda\left(x_1+x_3\right)+y_1+c\right)$$

其中

$$\lambda=\frac{y_1+y_2}{x_1+x_2}$$

若 P_1=P_2，则

$$\left(x_3,y_3\right)=\left(\lambda^2,\lambda\left(x_1+x_3\right)+y_1+c\right)$$

其中

$$\lambda = \frac{x_1^2 + a}{c}$$

接下来主要介绍三类针对 ECDLP/ECC 的量子攻击算法：

(1) 针对 ECDLP 的 Eicher-Opoku 量子攻击算法。

(2) 针对 ECDLP 的 Proos-Zalka 量子攻击算法。

(3) 针对 ECDLP/ECC 量子算法的改进算法。

5.3.2 针对椭圆曲线离散对数问题的 Eicher-Opoku 量子算法

可以直接利用第 4 章介绍的针对 DLP 的 Shor 算法[22]来求解 BQP 类中的 ECDLP。下面给出 Eicher 和 Opoku[21]提出的改进版的量子 Shor 算法，该算法用来求解有限域 F_p 上的 ECDLP，其中 p 是素数(假定 $E(F_p)$ 上点 P 的阶为 N)。

算法 5.6(针对 ECDLP 的 Eicher-Opoku 量子算法)　该量子算法尝试寻找

$$r \equiv \log_P Q \pmod p$$

使得

$$Q \equiv rP \pmod p$$

其中，$P, Q \in E(F_p)$。

(1) 将三个量子寄存器初始化为

$$|\psi_1\rangle = |O, O, O\rangle$$

其中，O 表示椭圆曲线群 $E(F_p)$ 中定义的无穷远点。

(2) 选择一个数 q，其中 $p \leqslant q \leqslant 2p$。

(3) 将量子计算机的前两个寄存器的态演化成所有 $|a\rangle$ 和 $|b\rangle$ ($\bmod p$) 的平权叠加态，并将计算结果 $aP + bQ \pmod p$ 存储在第三个寄存器中。量子计算机的态为 $|\psi_2\rangle$：

$$|\psi_2\rangle = \frac{1}{q}\sum_{a=0}^{q-1}\sum_{b=0}^{q-1}|a, b, aP + bQ \pmod p\rangle$$

注意：$aP + bQ \pmod p$ 可以通过传统倍乘-加和方法有效计算[23]。

(4) 利用傅里叶变换 A_q，映射 $|a\rangle \to |c\rangle$ 及 $|b\rangle \to |d\rangle$ 的概率幅为

$$\frac{1}{q}\exp\left(\frac{2\pi i}{q}(ac + bd)\right)$$

因此，态$|a,b\rangle$变成

$$\frac{1}{q}\sum_{c=0}^{q-1}\sum_{d=0}^{q-1}\exp\left(\frac{2\pi i}{q}(ac+bd)\right)|c,d\rangle$$

此时量子计算机的态为$|\psi_3\rangle$：

$$|\psi_3\rangle=\frac{1}{q^2}\sum_{a,b=0}^{q-1}\sum_{c,d=0}^{q-1}\exp\left(\frac{2\pi i}{q}(ac+bd)\right)|c,d,aP+bQ(\bmod p)\rangle$$

(5) 对量子计算机进行测量，并提取出所需信息。观测到状态$|c,d,kP(\bmod p)\rangle$的概率为

$$\text{Prob}(c,d,kP)=\left|\frac{1}{q^2}\sum_{\substack{a,b\\ a+rb\equiv k(\bmod N)}}\exp\left(\frac{2\pi i}{q}(ac+bd)\right)\right|^2 \tag{5.3}$$

其中，求和是对所有满足关系

$$aP+bQ\equiv kP(\bmod p)$$

的(a,b)进行求和。

(6) 正如针对 DLP 的量子算法一样，利用关系

$$a=k-rb-N\left\lfloor\frac{k-br}{N}\right\rfloor \tag{5.4}$$

将式(5.4)代入式(5.3)，可得$|c,d,kP(\bmod p)\rangle$的概率幅为

$$\frac{1}{q^2}\sum_{b=0}^{p-1}\exp\left(\frac{2\pi i}{q}\left(kc+bd-brc-cN\left\lfloor\frac{k-br}{N}\right\rfloor\right)\right) \tag{5.5}$$

此时量子计算机的状态$|\psi_4\rangle$为

$$\frac{1}{q^2}\sum_{b=0}^{p-1}\exp\left(\frac{2\pi i}{q}\left(kc+bd-brc-cN\left\lfloor\frac{k+br}{N}\right\rfloor\right)\right)|c,d,kP(\bmod p)\rangle \tag{5.6}$$

因此观测到态$|c,d,kP(\bmod p)\rangle$的概率为

$$\left|\frac{1}{q^2}\sum_{b=0}^{p-1}\exp\left(\frac{2\pi i}{q}\left(kc+bd-brc-cN\left\lfloor\frac{k-br}{N}\right\rfloor\right)\right)\right|^2 \tag{5.7}$$

由于 $\exp(2\pi \mathrm{i}kc/q)$ 并不改变概率，式(5.7)可以写为

$$\left|\frac{1}{q^2}\sum_{b=0}^{p-1}\exp\left(\frac{2\pi\mathrm{i}}{q}bT\right)\exp\left(\frac{2\pi\mathrm{i}}{q}V\right)\right|^2 \tag{5.8}$$

其中

$$T = d - rc + \frac{r}{N}\{cN\}_q$$

$$V = \left(-\frac{br}{N} - \left\lfloor\frac{k-br}{N}\right\rfloor\right)\{cN\}_q$$

这里，符号 $\{\alpha\}_q$ 表示 $\alpha(\bmod q)$，$-q/2 < \{\alpha\}_q \leqslant q/2$。

(7) 从 (c,d) 中得到 r。令 j 为距离 T/q 最近的整数且 $b\in[0,p-2]$，则

$$\left|\{T\}_q\right| = \left|d - rc - \frac{r}{N}\{cN\}_q - jq\right| \leqslant \frac{1}{2}q$$

进一步，若

$$\left|\{cN\}_q\right| \leqslant \frac{q}{12}$$

则 $|V| \leqslant \dfrac{q}{12}$。

因此，给定 (c,d)，就可以以较高的概率计算出 r。

注 5.3 Eicher 和 Opoku[21]也给出了一个利用该算法破解椭圆曲线上 Massy-Omurra 密码体制的例子。具体来讲，设

$$E\setminus F_{2^5}: y^2 + y \equiv x^3 (\bmod 33)$$

$$F_{2^5} = \{0,1,\omega,\omega^2,\omega^3,\cdots,\omega^{30}\}$$

$$N = \left|E(F_{2^5})\right| = 33$$

$$P_m = (\omega^{15},\omega^{30})$$

$$e_A P_m = (\omega^9,\omega^{14})$$

$$e_A e_B P_m = (\omega^{29},\omega^{16})$$

$$e_A e_B d_A P_m = e_B P_m = (\omega^{18},\omega^{26})$$

接着 Eicher 和 Opoku 证明了如何利用量子算法可以找到 e_A，一旦找到了 e_A，则

就可以计算出 $d_A \equiv e_A^{-1}(\bmod 33)$，因此就可以得到原始的消息点 $P_m = e_A d_A P_m$。

5.3.3　针对椭圆曲线离散对数问题的 Proos-Zalka 量子攻击算法

Proos 和 Zalka[20]提出了一种求解有限域 F_p 上 ECDLP 的量子算法，其中 p 是素数(与有限域 F_{2^m} 及其他有限域的重要性不一样)。结果显示，在相同安全等级下，破解基于 ECDLP 的密码体制只需要较小规模的量子计算机，而破解基于 IFP 的密码体制则需要更大规模的量子计算机。具体来说，1000qubit 的量子计算机就可以破解 160bit 的 ECC，而破解相同安全等级下的 1024bit 的 RSA 密码体制则需要 2000qubit 的量子计算机。在经典计算中，在相同安全等级条件下，ECC 的密钥长度比 RSA 密码体制的密钥长度短，例如，在相同的安全等级条件下，如果 RSA 密码体制的密钥长度为 15360bit，则 ECC 只需要 512bit。然而，在量子计算中，情况是完全相反的，这就意味着基于 ECDLP 的密码与基于 IFP 的密码相比，更容易被破解。

Proos 和 Zalka 对 Shor 的量子 DLP 算法进行了改进，其将傅里叶变换 A_q 替换成 A_{2^n}，为了后续方便说明，取 $q \approx 2^n$。

$$
\begin{aligned}
|\psi_1\rangle &= |O,O,O\rangle \\
&\to \frac{1}{2^n}\sum_{a=0}^{2^n-1}\sum_{b=0}^{2^n-1}|a,b,O\rangle \\
&\to \frac{1}{2^n}\sum_{a=0}^{2^n-1}\sum_{b=0}^{2^n-1}|a,b,aP+bQ(\bmod p)\rangle
\end{aligned}
$$

其中

$$aP+bQ(\bmod p)=\sum_i a_i P_i+\sum_i b_i Q_i$$

$$a=\sum_i a_i 2^i$$

$$b=\sum_i b_i 2^i$$

$$P_i = 2^i P$$

$$Q_i = 2^i Q$$

$aP+bQ(\bmod p)$ 可以通过算法 5.5 有效计算。然而，在 Proos 和 Zalka 的工作中，他们在原始 Shor 算法的基础上做了一些有趣的改进，如下所示：

(1) 去掉了输入寄存器 $|a,b\rangle$。只需要用一个累加寄存器存储给定的点 P_i(相应地也有 Q_i) 和叠加态中每一个点之间相加的结果(称为群移)，另外，还需要两个作

用在态$|S\rangle$上的两个幺正变换U_{P_i}、U_{Q_i}，$|S\rangle$表示E上的一个点，U_{P_i}、U_{Q_i}为

$$U_{P_i}:|S\rangle \to |S+P_i\rangle,\quad U_{Q_i}:|S\rangle \to |S+Q_i\rangle$$

(2) 分解群移。可用已知的给定群元将 ECDLP 分成一系列的群移：

$$U_A:|S\rangle \to |S+A\rangle,\quad S,A\in E,\ A\text{是固定的}$$

(x,y)表示E上的点的参数，则群移为

$$U_A:|S\rangle = |(x,y)\rangle \to |S+A\rangle = |(x,y)+(\alpha,\beta)\rangle = |(x',y')\rangle$$

群中的加法公式如下：

$$\lambda = \frac{y-\beta}{x-\alpha} = \frac{y'+\beta}{x'-\alpha},\quad x' = \lambda^2-(x+\alpha)$$

$$\begin{aligned} x,y &\leftrightarrow x,\lambda \\ &\leftrightarrow x',\lambda \\ &\leftrightarrow x',y' \end{aligned}$$

$$\begin{aligned} x,\ y &\leftrightarrow x-\alpha, y-\beta \\ &\leftrightarrow x-\alpha, \lambda = \frac{y-\beta}{x-\alpha} \\ &\leftrightarrow x'-\alpha, \lambda = -\frac{y'+\beta}{x'-\alpha} \\ &\leftrightarrow x'-\alpha, y'+\beta \\ &\leftrightarrow x', y' \end{aligned}$$

其中，$\leftrightarrow$表示可逆操作。

(3) 除法分解。形如$x,y \leftrightarrow x,y/x$的除法可以分解成下面的形式：

$$\begin{aligned} x,y &\xleftrightarrow{\text{模运算逆}} 1/x,y \\ &\xleftrightarrow{\text{乘法}} 1/x,y,y/x \\ &\xleftrightarrow{\text{乘法逆}} x,y,y/x \\ &\xleftrightarrow{\text{乘法}} x,0,y/x \end{aligned}$$

(4) 模运算乘法。在

$$|x,y\rangle \to |x,y,x\cdot y(\bmod p)\rangle$$

中形如

$$x, y \leftrightarrow x, y, x \cdot y$$

的模运算乘法可以按照下面的方式分解成一系列的模加运算和模倍乘运算：

$$\begin{aligned} x \cdot y &= \sum_{i=0}^{n-1} x_i 2^i y \\ &\equiv x_0 y + 2\left(x_1 y + 2\left(x_2 y + 2\left(x_3 y + \cdots\right)\right)\right)(\bmod p) \end{aligned}$$

而下面的一系列运算是在第三个寄存器中完成的：

$$\begin{aligned} A &\leftrightarrow 2A \\ &\leftrightarrow 2A + x_i y(\bmod p), \quad i = n-1, n-2, \cdots, 0 \end{aligned}$$

(5) 模逆运算。模逆运算在量子实现中是最难的一步操作。然而，这一运算可以由经典计算机上的欧几里得算法有效完成。因此，建议用经典计算机来做这一步，而不是用量子计算机，使得量子计算和经典计算实现优势互补。对在量子中实现模逆运算的细节感兴趣的读者，请参考文献[20]。

注 5.4　上面所说的算法需要用 6λ 个 qubit，所需时间为 $O(\lambda^3)$，所需存储空间规模为 $O(\lambda)$，其中 λ 是输入的比特长度。

注 5.5　如表 5.6 所示，求解 ECDLP 的量子算法与求解 IFP 的量子算法相比，其最重要的优点在于对相同安全强度的密码体制，如 RSA 密码体制和 ECC，求解 ECDLP 的量子算法所需的量子比特更少。

表 5.6　求解 ECDLP 的量子算法与求解 IFP 的量子算法对比

λ	针对 IFP 的量子算法		λ	针对 ECDLP 的量子算法		经典算法时间估算
	量子数/ 2λ qubit	时间估算/ $4\lambda^3$		量子数/ 7λ qubit	时间估算/ $360\lambda^3$	
512	1024	0.54×10^9	110	700	0.5×10^9	c
1024	2048	4.3×10^9	163	1000	1.6×10^9	$c\cdot10^8$
2048	4096	3.4×10^{10}	224	1300	4.0×10^9	$c\cdot10^{17}$
3072	6144	1.2×10^{11}	256	1500	6.0×10^9	$c\cdot10^{22}$
15360	30720	1.5×10^{13}	512	2800	5.0×10^{10}	$c\cdot10^{60}$

5.3.4　针对 ECDLP/ECC 量子算法的改进算法

由 5.3.3 节可知，Proos-Zalka 算法[20]只适用于有限域 F_p 上的 ECDLP。然而，在实际应用中，椭圆曲线密码体制经常用有限域 F_{2^m} 上的椭圆曲线。因此，在

Proos-Zalka 算法提出后不久，Kaye 和 Zalka[24]就将 Proos-Zalka 算法的应用扩展到有限域 F_{2^m} 上。具体来说，他们用多项式中的欧几里得算法计算 F_{2^m} 上的逆。

Cheung 等[25]提出了针对 F_{2^m} 上(如 $F_{2^{255}}$ 上)ECDLP/ECC 的量子攻击算法。具体来讲，通过将椭圆曲线上的点表示成投影坐标并构造二元域上的有效量子线路单元(图 5.5 给了一个具体的例子)，他们的工作比之前的算法有了进一步的提高。实现这一算法的线路深度为 $O\left(m^2\right)$，而之前的线路深度为 $O\left(m^3\right)$。

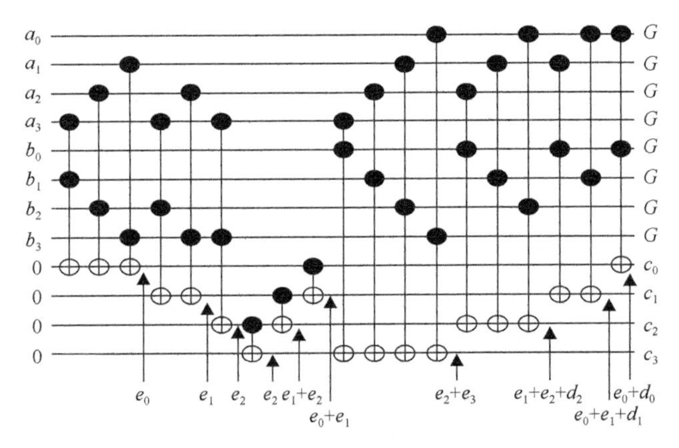

图 5.5 F_{2^4} 上的乘法器，其中 $P(x)=x^4+x+1$

5.3 节 习 题

1. 对 Kaye 和 Zalka 的求解 $E\left(F_{2^m}\right)$ 上 ECDLP 的算法[24]给出完整描述。

2. 给出文献[25]中 ECDLP/ECC 攻击算法复杂度的完整分析。

3. 设计出运行 $E\left(F_{2^m}\right)$ 上 ECDLP/ECC 的 Kaye-Zalka 攻击算法[24]的量子线路。

4. Meter 和 Itoh[26]提出了一种量子快速模幂运算算法，请将该算法扩展到量子椭圆曲线群操作上。

5. 欧几里得算法适用于求解整数和多项式的公因数/式，更重要的是，该算法在经典计算机上是一个多项式算法。

问：实现量子欧几里得算法的优势是什么？

6. 求解 F_p 上 ECDLP 最快的已知(经典)算法是 Pollard 的 ρ 方法，该方法运行步数为 $O\left(\sqrt{p}\right)$。在 ρ 方法中，核心是周期性，因此有可能(或者说应该)存在针对 ECDLP 的量子版本的 ρ 方法。请给出(如果可能)针对 ECDLP 的量子版本的 ρ 方法。

5.4　本章要点及进阶阅读

在 DLP 中，目标是寻找满足关系

$$y \equiv x^k \pmod p$$

的离散对数 k，其中 x、y、p 是给定的且 p 是素数，而在 ECDLP 中，目标是找到椭圆曲线离散对数 k 使得

$$Q \equiv kP \pmod p$$

其中，P 是椭圆曲线

$$E \setminus F_p : y^2 \equiv x^3 + ax + b \pmod p$$

上阶为 r 的点，$Q \in \langle P \rangle$ 且 p 是素数。从群论的观点来看，DLP 中的计算是在乘法群 $\mathbb{Z}_p^*$ 中的运算，而 ECDLP 中的计算主要是在加法群 $E(\mathbb{Z}_p)$ 中的运算。与 DLP 相比，ECDLP 的求解更加困难。目前已知的针对 ECDLP 的最快通用算法是 Pollard 的 ρ 方法，其预期运行时间为 $\sqrt{\pi r/2} = O\left(\sqrt{p}\right)$，即该算法复杂度是指数级别的。正因为这样，在同等安全强度下，基于 ECDLP 密码体制的密钥长度比基于 IFP 或 DLP 密码体制的密钥长度更短。因此，在对密钥规模有限制的应用场景如安全无线通信中，基于 ECDLP 的密码体制更加实用。然而，在量子攻击下，同等安全强度的 ECC 比 RSA 密码体制更容易被攻击，因此基于 ECDLP 密码体制的优势恰恰成为其劣势。本章和前两章一样，首先介绍了 ECDLP 及针对该问题的传统求解方法，接着介绍了基于 ECDLP 的密码体制，最后讨论了针对 ECDLP 及基于 ECDLP 密码体制的量子攻击算法。

寻找针对 ECDLP 以及基于 ECDLP 密码体制的经典和量子攻击方法是数学、物理学、计算机科学及密码学中一个最活跃的研究领域。想要了解更多关于 ECDLP 及其求解方法，建议读者阅读文献[1]、[2]、[6]、[27]～[41]。特别需要指出的是，文献[3]中提出了 Xedni Calculus 算法，文献[4]对该方法进行了详细分析。

椭圆曲线密码及椭圆曲线数字签名算法的安全性依赖于 ECDLP 是很难求解的这样一个事实。利用椭圆曲线，更具体地讲，利用 ECDLP 构造密码体制的思想分别由 Miller[14]和 Koblitz[15]各自独立提出。更多关于椭圆曲线及椭圆曲线密码的资料，请参阅文献[2]、[3]、[6]、[16]、[18]、[19]、[24]、[27]、[28]、[31]、[32]、[35]～[37]、[41]～[64]。

相关针对 ECDLP 及基于 ECDLP 密码体制的量子攻击算法请参阅文献[21]～

[25]、[65]～[71]。

想要了解针对 ECDLP 的 DNA 计算的最新进展，建议读者阅读文献[72]～[74]以及这些文献中所列的文献。

参 考 文 献

[1] Johnson D, Menezes A, Vanstone S. The elliptic curve digital signatures algorithm (ECDSA). International Journal of Information Security, 2001, 1 (1) : 36-63

[2] Hankerson D, Menezes A J, Vanstone S. Guide to Elliptic Curve Cryptography. New York: Springer, 2004

[3] Silverman J H. The Xedni Calculus and the elliptic curve discrete logarithm problem. Designs Codes and Cryptography, 2000, 20 (1) : 5-40

[4] Jacobson M J, Koblitz N, Silverman J H, et al. Analysis of the Xedni Calculus attack. Designs Codes and Cryptography, 2000, 20 (1) : 41-64

[5] Koblitz N. Cryptography//Enguist B, Schmid W. Mathematics Unlimited-2001 and Beyond. New York: Springer, 2001: 749-769

[6] Silverman J H, Suzuki J. Elliptic curve discrete logarithms and the Index Calculus. Advances in Cryptology: ASIACRYPT 1998, Lecture Notes in Computer Science, 1998, 1514: 110-112

[7] Mestre J F. Formules explicites et minoration de conducteurs de variétés algébriques. Compositio Mathematica, 1986, 58: 209-232

[8] Garey M R, Johnson D S. Computers and Intractability: A Guide to the Theory of NP Completeness. New York: W.H. Freeman and Company, 1979

[9] Cook S. The P versus NP problem//Carlson J, Jaffe A, Wiles A. The Millennium Prize Problems. Providence: Clay Mathematics Institute/American Mathematical Society, 2006: 87-104

[10] Bos J W, Kaihara M E, Kleinjung T, et al. PlayStation 3 computing breaks 2^{60} barrier 112-bit prime ECDLP solved. https://www.epfl.ch/labs/lacal/articles/112bit-prime[2009-10-11]

[11] Wenger E, Wolfger P. Solving the discrete logarithm of a 113-bit Koblitz curve with an FPGA cluster. Selected Areas in Cryptography: SAC 2014, Lecture Notes in Computer Science, 2014, 8781: 363-379

[12] Wenger E, Wolfger P. New 113-bit ECDLP record. NUMTHRY List. https://listserv.nodak.edu[2015-1-27]

[13] Wenger E, Wolfger P. Harder, better, faster, stronger: Elliptic curve discrete logarithm computations on FPGAs. Journal of Cryptographic Engineering, 2016, 6: 287-297

[14] Miller V. Uses of elliptic curves in cryptography. Lecture Notes in Computer Science, 1986, 218: 417-426

[15] Koblitz N. Elliptic curve cryptography. Mathematics of Computation, 1987, 48: 203-209

[16] Meyer B, Müller V. A public-key cryptosystem based on elliptic curves over $\mathbb{Z}/n\mathbb{Z}$ equivalent to factoring. Advances in Cryptology: EUROCRYPT 1996, Lecture Notes in Computer Science, 1996, 1070: 49-59

[17] Menezes A, Vanstone S A. Elliptic curve cryptosystems and their implementation. Journal of Cryptology, 1993, 6 (4) : 209-224

[18] Mollin R A. An Introduction to Cryptography. 2nd ed. Boca Raton: Chapman & Hall/CRC, 2006

[19] Koyama K, Maurer U M, Okamoto T, et al. New Public-Key Schemes Based on Elliptic Curves over the Ring $\mathbb{Z}_n$. Kyoto: NTT Laboratories, 1991

[20] Proos J, Zalka C. Shor's discrete logarithm quantum algorithm for elliptic curves. Quantum Information & Computation, 2003, 3 (4) : 317-344

[21] Eicher J, Opoku Y. Using the quantum computer to break elliptic curve cryptosystems. Richmond: University of Richmond, 1997: 28

[22] Shor P. Algorithms for quantum computation: Discrete logarithms and factoring. Proceedings of the 35th Annual Symposium on Foundations of Computer Science, 1994: 124-134

[23] Yan S Y. Number Theory for Computing. 2nd ed. New York: Springer, 2002

[24] Kaye P, Zalka C. Optimized quantum implementation of elliptic curve arithmetic over binary fields. Quantum Information & Computation, 2006, 5 (6) : 474-491

[25] Cheung D, Maslo D, Mathew J, et al. On the design and optimization of a quantum polynomial-time attack on elliptic curve cryptography. Theory of Quantum Computation, Communication, and Cryptography Third Workshop, Lecture Notes in Computer Science, 2008, 5106: 96-104

[26] Meter R V, Itoh K M. Fast quantum modular exponentiation. Physical Review A, 2005, 71 (5) , 052320: 1-12

[27] Blake I, Seroussi G, Smart N. Elliptic Curves in Cryptography. Cambridge: Cambridge University Press, 1999

[28] Blake I, Seroussi G, Smart N. Advances in Elliptic Curves Cryptography. Cambridge: Cambridge University Press, 2005

[29] Bos J W, Kaihara M E, Kleinjung T, et al. On the security of 1024-bit RSA and 160-bit elliptic curve cryptography. IACR Cryptology ePrint Archive, 2009, 389: 1-19

[30] Bos J W, Kaihara M E, Kleinjung T, et al. Solving a 112-bit prime elliptic curve discretelogarithm problem on game consoles using sloppy reduction. International Journal of Applied Cryptography, 2012, 2 (3) : 212-228

[31] Cohen H, Frey G. Handbook of Elliptic and Hyperelliptic Curve Cryptography. Boca Raton: CRC Press, 2006

[32] Crandall R, Pomerance C. Prime Numbers: A Computational Perspective. 2nd ed. Berlin: Springer, 2005

[33] Frey G. The arithmetic behind cryptography. Notices of the AMS, 2010, 57(3): 366-374

[34] Frey G, Müller M, Rück H G. The tate pairing and the discrete logarithm applied to elliptic curve cryptosystems. Seen: University of Seen, 1998: 5

[35] Hoffstein J, Pipher J, Silverman J H. An Introduction to Mathematical Cryptography. New York: Springer, 2008

[36] Johnston O. A discrete logarithm attack on elliptic curves. IACR Cryptologye Print Archive, 2010, 575: 1-14

[37] Koblitz N. A Course in Number Theory and Cryptography. 2nd ed. New York: Springer, 1994

[38] Koblitz N. Algebraic Aspects of Cryptography. New York: Springer, 1998

[39] Menezes A, Okamoto T, Vanstone S A. Reducing elliptic curve logarithms in a finite field. IEEE Transactions on Information Theory, 1993, 39(5): 1639-1646

[40] Silverman J H. The Arithmetic of Elliptic Curves. 2nd ed. New York: Springer, 2010

[41] Washington L. Elliptic Curves: Number Theory and Cryptography. 2nd ed. Boca Raton: Chapman &Hall/CRC, 2008

[42] Agnew G, Mullin R, Vanstone S A. An implementation of elliptic curve cryptosystems over $F_{2^{155}}$. IEEE Journal on Selected Areasin Communications, 1993, 11: 804-813

[43] Avanzi R M. Development of Curve Based Cryptography. Bochum: Ruhr-Universität, 2007

[44] Certicom. http://www.certicom.com[2006-11-10]

[45] Demytko N. A new elliptic curve based analogue of RSA. Advances in Cryptology: EUROCRYPT 1993, Lecture Notes in Computer Science, 1994, 765: 40-49

[46] Hardy G H, Wright E M. An Introduction to Theory of Numbers. 6th ed. Oxford: Oxford University Press, 2008

[47] Husemöller D. Elliptic Curves. New York: Springer, 1987

[48] Ireland K, Rosen M. A Classical Introduction to Modern Number Theory. 2nd ed. New York: Springer, 1990

[49] Koblitz N, Menezes A, Vanstone S A. The state of elliptic curve cryptography. Designs Codes and Cryptography, 2000, 19(2): 173-193

[50] Lauter K. The advantages of elliptic curve cryptography for wireless security. IEEE Wireless Communications, 2004, 2: 62-67

[51] Lenstra H W Jr. Elliptic curves and number-theoretic algorithms. Amsterdam: Mathematisch Instituut, Universiteit van Amsterdam, 1986

[52] Menezes A J. Elliptic Curve Public Key Cryptography. Boston: Kluwer, 1993

[53] Menezes A, Oorschot P C V, Vanstone S A. Handbook of Applied Cryptography. Boca Raton: CRC Press, 1996

[54] Mollin R A. Algebraic Number Theory. 2nd ed. Boca Raton: Chapman & Hall/CRC, 2011

[55] Rosing M. Implementing Elliptic Curve Cryptography. Greenwich: Manning, 1999

[56] Schoof R. Elliptic curves over finite fields and the computation of square roots mod p. Mathematics of Computation, 1985, 44: 483-494

[57] Smart N. Cryptography: An Introduction. New York: McGraw-Hill, 2003

[58] Stamp M, Low R M. Applied Cryptanalysis. New York: Wiley, 2007

[59] Stanoyevitch A. Introduction to Cryptography. Boca Raton: CRC Press, 2011

[60] Stinson D R. Cryptography: Theory and Practice. 2nd ed. Boca Raton: Chapman & Hall/CRC Press, 2002

[61] Trappe W, Washington L. Introduction to Cryptography with Coding Theory. 2nd ed. Upper Saddle River: Prentice-Hall, 2006

[62] Tilborg H C A V. Fundamentals of Cryptography. Boston: Kluwer, 1999

[63] Wagstaff S S Jr. Cryptanalysis of Number Theoretic Ciphers. Boca Raton: Chapman & Hall/CRC, 2002

[64] Yan S Y. Primality Testing and Integer Factorization in Public-Key Cryptography. 2nd ed. New York: Springer, 2009

[65] Browne D E. Efficient classical simulation of the quantum fourier transform. New Journal of Physics, 2007, 9(146): 1-7

[66] Jain R, Ji Z, Upadhyay S, et al. QIP=PSPACE. Communications of the ACM, 2010, 53(9): 102-109

[67] Kaye P. Techniques for quantum computing. Waterloo: University of Waterloo, 2007

[68] Nielson M A, Chuang I L. Quantum Computation and Quantum Information. 10th ed. Cambridge: Cambridge University Press, 2010

[69] Shor P. Polynomial-time algorithms for prime factorization and discrete logarithms on a quantum computer. SIAM Journal on Computing, 1997, 26(5): 1484-1509

[70] Williams C P. Explorations in Quantum Computation. 2nd ed. New York: Springer, 2011

[71] Williams C P, Clearwater S H. Ultimate Zero and One: Computing at the Quantum Frontier. New York: Copernicus, 2000

[72] Iaccarino G, Mazza T. Fast parallel molecular algorithms for the elliptic curve logarithm problem over GF(2^n). Proceedings of the 2009 Workshop on Bio-inspired Algorithms for Distributed Systems, 2008: 95-104

[73] Karabina K, Menezes A, Pomerance C, et al. On the asymptotic effectiveness of Weil descent attacks. Journal of Mathematical Cryptology, 2010, 4(2): 175-191

[74] Li K, Zou S, Xv J. Fast parallel molecular algorithms for DNA-based computational solving the elliptic curve logarithm problem over GF(2^n). Journal of Biomedicine & Biotechnology, 2008, 10: 518093

第 6 章　针对其他数论难题的量子算法

任何名词都可以变为动词。

阿伦·佩利(Alan Peris 1922—1990)

第一届图灵奖(1966 年)获得者

目前为止，前面几章已经讨论了针对 IFP、DLP 及 ECDLP 的经典和量子算法。这并不意味着量子算法只能求解这些问题。实际上，量子计算机和量子算法在求解其他问题时一般都能实现多项式或超多项式(指数)的加速。在本书的最后一章，同时也是最短的一章中，将更多地讨论针对其他数论难题的量子算法。与之前的章节不同，本章将不再重点介绍针对这些数论难题的量子算法的具体细节，而是将精力集中在对求解这些数论难题量子算法新思想和新进展的介绍上。

6.1　求解 Pell 方程

通常所说的求解 Pell 方程，是指寻找方程

$$x^2 - dy^2 = \pm 1$$

或更一般的方程

$$x^2 - dy^2 = \pm c$$

的正整数解(x, y)，其中 d 是一个正整数且不是完全平方数，c 是一个小于 $\sqrt{d}$ 的正整数。从数学上来讲，Pell 方程的解可以在 $\sqrt{d}$ 的连分数展开中很容易得到。接下来，简要给出一些求解 Pell 方程的理论结果，证明过程不再提供(详细的证明过程见文献[1])。

Pell 方程可以非正式地定义如下：

$$\text{PellEqn} \overset{\text{def}}{=\!=} \begin{cases} \text{输入}:\begin{cases} d, & \text{正的非完全平方数} \\ c, & \text{小于}\sqrt{d}\text{的正整数} \end{cases} \\ \text{输出}:\text{方程}x^2 - dy^2 = \pm c\text{的最小正整数解}(x_0, y_0) \end{cases}$$

多数情况下，只考虑形如

$$x^2 - dy^2 = \pm 1$$

的方程，或更简单的形如

$$x^2 - dy^2 = 1$$

的方程。

定理 6.1　设 α 是一个无理数。若有理数 a/b 满足

$$\left|\alpha - \frac{a}{b}\right| < \frac{1}{2b^2}$$

其中，a 和 b 是整数且 $b > 0$，则 a/b 为 α 的简单连分数展开的某个渐近分数。

定理 6.2　设 α 是一个大于 1 的无理数，则 $1/\alpha$ 的第 $k+1$ 个渐近分数是 α 的第 k 个渐近分数的倒数，$k = 1, 2, \cdots$。

定理 6.3　设 d 是正整数且不是完全平方数，若 (x_0, y_0) 是方程

$$x^2 - dy^2 = \pm 1$$

的一组正整数解，则 $x_0 = P_n$，$y_0 = Q_n$，这里 P_n / Q_n 是 $\sqrt{d}$ 连分数展开的某个渐近分数。

定理 6.4　设 d 是正整数且不是完全平方数，m 是 $\sqrt{d}$ 简单连分数展开的周期，则有如下结论。

1) m 是偶数时

(1) 方程 $x^2 - dy^2 = 1$ 的正整数解为

$$\left.\begin{aligned} x &= P_{km-1} \\ y &= Q_{km-1} \end{aligned}\right\}$$

$k = 1, 2, 3, \cdots$，最小的正整数解为

$$\left.\begin{aligned} x &= P_{m-1} \\ y &= Q_{m-1} \end{aligned}\right\}$$

(2) 方程 $x^2 - dy^2 = -1$ 没有整数解。

2) m 是奇数时

(1) 方程 $x^2 - dy^2 = 1$ 的正整数解为

$$\left.\begin{aligned} x &= P_{km-1} \\ y &= Q_{km-1} \end{aligned}\right\}$$

$k = 2, 4, 6, \cdots$，最小的正整数解为

$$\left.\begin{array}{l} x = P_{2m-1} \\ y = Q_{2m-1} \end{array}\right\}$$

(2) 方程 $x^2 - dy^2 = -1$ 的正整数解为

$$\left.\begin{array}{l} x = P_{km-1} \\ y = Q_{km-1} \end{array}\right\}$$

$k = 1,3,5,\cdots$，最小的正整数解为

$$\left.\begin{array}{l} x = P_{m-1} \\ y = Q_{m-1} \end{array}\right\}$$

例 6.1 求解 $x^2 - 73y^2 = 1$。首先，注意

$$\sqrt{73} = \left[8, \overline{1,1,5,5,1,1,16}\right]$$

因此周期 m=7，为奇数。故方程是可解的且其最小的正整数解为

$$\left.\begin{array}{l} x = P_{2m-1} = P_{2\times 7-1} = P_{13} = 2281249 \\ y = Q_{2m-1} = Q_{2\times 7-1} = Q_{13} = 267000 \end{array}\right\}$$

即 $2281249^2 - 73 \times 267000^2 = 1$。

例 6.2 求解 $x^2 - 97y^2 = 1$。首先，注意

$$\sqrt{97} = \left[9, \overline{1,5,1,1,1,1,1,1,5,1,18}\right]$$

因此周期 m=11 为奇数。故方程是可解的且其最小的正整数解为

$$\left.\begin{array}{l} x = P_{2m-1} = P_{2\times 11-1} = P_{21} = 62809633 \\ y = Q_{2m-1} = Q_{2\times 11-1} = Q_{21} = 6377352 \end{array}\right\}$$

即 $62809633^2 - 97 \times 6377352^2 = 1$。

注 6.1 当 d 不是完全平方数时，$\sqrt{d}$ 的连分数总有下面的形式：

$$\sqrt{d} = \left[q_0, \overline{q_1, q_2, q_3, \cdots, q_3, q_2, q_1, 2q_0}\right]$$

这从表 6.1 中也可以看出。

表 6.2 和表 6.3 分别给出了 Pell 方程 $x^2 - dy^2 = 1$ 和 $x^2 - dy^2 = -1$ 的最小正整数解 (x, y)，其中 $1 < d < 100$（平方数除外）。

表 6.1　$2 \leqslant d \leqslant 50$ 且不是平方数时 $\sqrt{d}$ 的连分数

$\sqrt{2}=[1,\overline{2}]$	$\sqrt{28}=[5,\overline{3,2,3,10}]$
$\sqrt{3}=[1,\overline{1,2}]$	$\sqrt{29}=[5,\overline{2,1,1,2,10}]$
$\sqrt{5}=[2,\overline{4}]$	$\sqrt{30}=[5,\overline{2,10}]$
$\sqrt{6}=[2,\overline{2,4}]$	$\sqrt{31}=[5,\overline{1,1,3,5,3,1,1,10}]$
$\sqrt{7}=[2,\overline{1,1,1,4}]$	$\sqrt{32}=[5,\overline{1,1,1,10}]$
$\sqrt{8}=[2,\overline{1,4}]$	$\sqrt{33}=[5,\overline{1,2,1,10}]$
$\sqrt{10}=[3,\overline{6}]$	$\sqrt{34}=[5,\overline{1,4,1,10}]$
$\sqrt{11}=[3,\overline{3,6}]$	$\sqrt{35}=[5,\overline{1,10}]$
$\sqrt{12}=[3,\overline{2,6}]$	$\sqrt{37}=[6,\overline{12}]$
$\sqrt{13}=[3,\overline{1,1,1,1,6}]$	$\sqrt{38}=[6,\overline{6,12}]$
$\sqrt{14}=[3,\overline{1,2,1,6}]$	$\sqrt{39}=[6,\overline{4,12}]$
$\sqrt{15}=[3,\overline{1,6}]$	$\sqrt{40}=[6,\overline{3,12}]$
$\sqrt{17}=[4,\overline{8}]$	$\sqrt{41}=[6,\overline{2,2,12}]$
$\sqrt{18}=[4,\overline{4,8}]$	$\sqrt{42}=[6,\overline{2,12}]$
$\sqrt{19}=[4,\overline{2,1,3,1,2,8}]$	$\sqrt{43}=[6,\overline{1,1,3,1,5,1,3,1,1,12}]$
$\sqrt{20}=[4,\overline{2,8}]$	$\sqrt{44}=[6,\overline{1,1,1,2,1,1,1,12}]$
$\sqrt{21}=[4,\overline{1,1,2,1,1,8}]$	$\sqrt{45}=[6,\overline{1,2,2,2,1,12}]$
$\sqrt{22}=[4,\overline{1,2,4,2,1,8}]$	$\sqrt{46}=[6,\overline{1,3,1,1,2,6,2,1,1,3,1,12}]$
$\sqrt{23}=[4,\overline{1,3,1,8}]$	$\sqrt{47}=[6,\overline{1,5,1,12}]$
$\sqrt{24}=[4,\overline{1,8}]$	$\sqrt{48}=[6,\overline{1,12}]$
$\sqrt{26}=[5,\overline{10}]$	$\sqrt{50}=[7,\overline{14}]$
$\sqrt{27}=[5,\overline{5,10}]$	

表 6.2　方程 $x^2-dy^2=1$ 最小正整数解（$1<d<100$）

d	x	y	d	x	y
2	3	2	53	66249	9100
3	2	1	54	485	66
5	9	4	55	89	12
6	5	2	56	15	2
7	8	3	57	151	20
8	3	1	58	19603	2574
10	19	6	59	530	69
11	10	3	60	31	4
12	7	2	61	1766319049	226153980
13	649	180	62	63	8
14	15	4	63	8	1
15	4	1	65	129	16
17	33	8	66	65	8
18	17	4	67	48842	5967
19	170	39	68	33	4
20	9	2	69	7775	936
21	55	12	70	251	30
22	197	42	71	3480	413
23	24	5	72	17	2
24	5	1	73	2281249	267000
26	51	10	74	3699	430
27	26	5	75	26	3
28	127	24	76	57799	6630
29	9801	1820	77	351	40
30	11	2	78	53	6
31	1520	273	79	80	9
32	17	3	80	9	1
33	23	4	82	163	18
34	35	6	83	82	9
35	6	1	84	55	6
37	73	12	85	285769	30996
38	37	6	86	10405	1122
39	25	4	87	28	3
40	19	3	88	197	21
41	2049	320	89	500001	53000
42	13	2	90	19	2
43	3482	531	91	1574	165
44	199	30	92	1151	120
45	161	24	93	12151	1260
46	24335	3588	94	2143295	221064
47	48	7	95	39	4
48	7	1	96	49	5
50	99	14	97	62809633	6377352
51	50	7	98	99	10
52	649	90	99	10	1

表 6.3　方程 $x^2-dy^2=-1$ 最小正整数解（$1<d<100$）

d	x	y	d	x	y	d	x	y
2	1	1	37	6	1	73	1068	125
5	2	1	41	32	5	74	43	5
10	3	1	50	7	1	82	9	1
13	18	5	53	182	25	85	378	41
17	4	1	58	99	13	89	500	53
26	5	1	61	29718	3805	97	5604	569
29	70	13	65	8	1			

下面给出定理 6.4 的推论。

推论 6.1　设 d 是正整数且不是完全平方数，m 是 $\sqrt{d}$ 简单连分数展开的周期，P_n/Q_n 是 $\sqrt{d}$ 的渐近分数，$n=1,2,\cdots$。则 Pell 方程的所有解(包括正整数解和负整数解(如果有))如下。

1) m 是偶数时

(1) 方程为 $x^2-dy^2=1$ 时，有

$$x+y\sqrt{d}=\pm\left(P_{m-1}\pm\sqrt{d}Q_{m-1}\right)^i$$

其中，$i=0,1,2,\cdots$。

(2) 方程为 $x^2-dy^2=-1$ 时，没有整数解。

2) m 是奇数时

(1) 方程为 $x^2-dy^2=1$ 时，有

$$x+y\sqrt{d}=\pm\left(P_{m-1}\pm\sqrt{d}Q_{m-1}\right)^i$$

其中，$i=1,3,5,\cdots$。

(2) 方程为 $x^2-dy^2=-1$ 时，有

$$x+y\sqrt{d}=\pm\left(P_{m-1}\pm\sqrt{d}Q_{m-1}\right)^i$$

其中，$i=0,2,4,\cdots$。

更一般形式的 Pell 方程

$$x^2-dy^2=\pm c$$

的解同样和 $\sqrt{d}$ 的连分数有关。可以证明，此方程的每一个解都来源于 $\sqrt{d}$ 的某个

渐近连分数。

众所周知，$\sqrt{d}$ 的连分数展开可以通过欧几里得算法计算，而该算法的运行时间是多项式的。然而，求解 Pell 方程如 $x^2-dy^2=1$ 的最小正整数解(或者说是基本解) (x_0,y_0) 通常所需要的比特数为 $\log d$ 的指数量级，其中 $\log d$ 是输入 d 的尺寸。因此，即使在 Schönhage Strassen 的快速整数乘算法协助下，也不能利用连分数算法在多项式时间内求得基本解[2]。当然，针对 Pell 方程求解问题，还有更快的算法——二次筛法，但是该算法也不是一个多项式算法，其运行时间是亚指数级别的，即 $O\left(\exp(\log d\log\log d)^{1/2}\right)$ (见文献[3]和[4])。为了解决这个困难，可以将求 Pell 方程最小解问题转化为求解与 $R=\log\left(x_0+y_0\sqrt{d}\right)$ 最近的整数问题，这样就可以确定 (x_0,y_0)。在这一表示下，Pell 方程的解是 R 的正整数倍。Hallgren[5] 证明量子计算机可以在多项式时间内求解 Pell 方程的上述形式解，见如下定理。

定理 6.5 存在求解 Pell 方程的多项式时间量子算法。

注 6.2 Hallgren 的量子求解 Pell 方程算法，可以看成一种寻找实二次数域的单位群算法，该算法随后由 Schmidt 和 Völlmer[6]扩展到了更一般的域中。

计算单位群、计算类数和类群、求主理想问题，这是计算代数数论中的几种主要难题[7-9]，这些问题都可以利用量子算法在多项式时间内解决。

定理 6.6 下面几类计算数论难题都可以利用量子算法在多项式时间内求解：

(1) 实二次数域上的单位群问题；

(2) 实二次数域上的主理想问题；

(3) 实二次数域上的类群问题(假定 GRH)；

(4) 实二次数域上的类数问题(假定 GRH)。

推论 6.2 任意基于上述问题构造的密码方案都可以由量子计算机在多项式时间内破解，例如，Buchmann-Williams 在实二次数域上的密钥交换协议就可以被量子算法在多项式时间内破解。

针对计算一般数域和函数域上的单位群问题、计算类数问题和类群问题的量子算法已经设计出来，感兴趣的读者可以参阅文献[10]～[12]。

6.1 节 习 题

1. 设计求解 Pell 方程 $x^2-dy^2=\pm c$ 的连分数算法，其中 d 是正整数且不是完全平方数，$c<\sqrt{d}$ 是正整数。给出算法完整的复杂度分析。如果可能，针对本节中求解 Pell 方程的经典连分数算法，设计其量子版本算法。

2. 将 Grover 算法应用到整数分解问题中，即通过快速搜索 n 的所有可能素因子来找到正确分解。检查或验证这种算法能否在多项式时间内完成。

3. 文献[13]中，Shanks 提出了一种基于类群的整数分解算法，该算法的复杂度为指数时间，即 $O(n^{1/5+\varepsilon})$。如果可能，设计一种指数加速的量子版本 Shanks 类群分解算法。

4. 是否存在经典的多项式时间整数分解算法是一个开放问题。证明或证伪整数分解问题不能用经典算法在多项式时间内求解。有一些问题比整数分解问题更难，例如，寻找任意次数域的单位群问题，迄今为止还没有发现针对该问题的有效量子算法。如果可能，将 Hallgren 计算常次数域上类群和单位群的量子算法[12]扩展到任意次数域上。

6.2　数论猜想验证

数论多年来受限于很多开放的猜想，因此验证未经证实的猜想在数论中也是一项很重要的工作。若这些猜想是错误的，则量子计算机可能会比经典计算机更快找到反例，因此本节讨论一些量子计算可能会发挥作用的重要猜想。

6.2.1　黎曼猜想验证

黎曼 ζ -函数定义为

$$\zeta(s)=\sum_{n=1}^{\infty}\frac{1}{n^s}$$

其中，$s=\sigma+\mathrm{i}t$，$\{\sigma,t\}\in\mathbb{R}$，$\mathrm{i}=\sqrt{-1}$。注意 σ 是 s 的实部，用 $\mathrm{Re}(s)$ 表示，而 $\mathrm{i}t$ 是 s 的虚部，用 $\mathrm{Im}(s)$ 表示。黎曼猜想断言函数 ζ 的所有实部满足 $0<\mathrm{Re}(s)<1$ 的非平凡复数零点 ρ 都位于 $\mathrm{Re}(s)=1/2$ 的直线上，即 $\rho=1/2+\mathrm{i}t$，其中 ρ 为 $\zeta(s)$ 的非平凡零点。黎曼自己求解了函数 $\zeta(s)$ 的前五个非平凡零点，发现它们都位于直线 $\mathrm{Re}(s)=1/2$ 上，其就猜想 $\zeta(s)$ 所有的非平凡零点都位于该条直线上。黎曼猜想可能是对的，也可能是错的，除非有人能够证明其是对的，或者有人能够给出反例证明其是错的。截至目前，人们已经计算了函数 $\zeta(s)$ 的 10^{24} 个复数零点，所有这些点都位于 $\sigma=1/2$ 的直线上。我们知道，实部满足 $0<\mathrm{Re}(s)<1$ 的非平凡零点个数有无穷多个，但是我们不清楚这无穷多个点是否都位于 $\sigma=1/2$ 的直线上。如果能够发现一个实部在区间 $0<\mathrm{Re}(s)<1$、但不在 $\sigma=1/2$ 的直线上的非平凡零点，则就能证明黎曼猜想是错的。鉴于量子计算机具有天然的指数并行性，在寻找数论猜想的反例时，其相对经典计算机似乎更有优势。因此，设计能够计算黎曼函数 $\zeta(s)$ 非平凡零点的量子算法是量子计算数论领域中一个非常有趣的研究课题[14]。

当然，为了验证黎曼猜想，我们可能并不需要计算 $\zeta(s)$ 的零点。若黎曼猜想是正确的，则素数定理

$$\pi(x)=\int_2^x \frac{\mathrm{d}t}{\log t}+O\left(x\mathrm{e}^{-c\sqrt{\log x}}\right)$$

将修正为

$$\pi(x)=\int_2^x \frac{\mathrm{d}t}{\log t}+O\left(\sqrt{x}\log x\right)$$

其中，$\pi(x)$表示不超过x的素数个数。因此

$$\text{黎曼猜想是正确的} \quad \Updownarrow \quad \pi(x)=\int_2^x \frac{\mathrm{d}t}{\log t}+O\left(\sqrt{x}\log x\right)$$

故而只需要计算$\pi(x)$的值就可以判定黎曼猜想是否正确了。

Latorre 和 Sierra[15,16]为了验证黎曼猜想和孪生素数猜想，设计了计算$\pi(x)$、$\pi_2(x)$及素性测试的量子算法。

定理 6.7　存在有效的量子算法来验证或确定：

(1) 黎曼猜想；

(2) 孪生素数猜想；

(3) Skewes 数。

例如，如果能够找到黎曼猜想的反例(即某个非平凡零点不在$\sigma=1/2$的直线上)，就可以证明黎曼猜想是错误的。本节讨论可能被量子计算机验证的猜想。

当然，我们不清楚黎曼猜想是否正确。黎曼猜想的正确与否是数学中一个最重要的开放问题。实际上，克雷数学研究所于 2000 年提出了著名的七个千禧难题，每个难题悬赏 100 万美元(见文献[17]～[19])，黎曼猜想就是其中之一。

6.2.2　BSD 猜想验证

接下来介绍由 Birch 和 Swinnerton-Dyer 提出的猜想，简称 BSD 猜想[20]。记$\mathbb{Q}$上椭圆曲线$E: y^2=x^3+ax+b$上的有理点构成的群为$E(\mathbb{Q})$，确定群$E(\mathbb{Q})$是数学中最古老、最难求解的问题之一，尽管存在大量的数值证据，但是该问题直到今天也没有完全解决。1922 年，Mordell 证明$E(\mathbb{Q})$是一个有限生成(阿贝尔)群，即$E(\mathbb{Q})\approx E(\mathbb{Q})_{\text{tors}}\oplus\mathbb{Z}^r$，其中$r\geqslant 0$，$E(\mathbb{Q})_{\text{tors}}$是一个有限阿贝尔群(称为扭子群)，称整数$r$为椭圆曲线$E$在$\mathbb{Q}$上的秩，记为$\operatorname{rank}(E(\mathbb{Q}))$。在给定任意一个椭圆曲线$E$的前提下，是否存在计算$E(\mathbb{Q})$的算法？这一问题的答案迄今仍然未知，尽管根据 Mazur 在 1978 年证明的定理(即$\#\left(E(\mathbb{Q})_{\text{tors}}\right)\leqslant 16$)能够容易求出$E(\mathbb{Q})_{\text{tors}}$。记$\mathbb{Q}$

上椭圆曲线 E 上的有理点构成的群的大小为 $\#\left(E(\mathbb{Q})\right)$。著名的 BSD 猜想断言 $\#\left(E(\mathbb{Q})\right)$ 与 zeta 函数 $\zeta(s)$（称为 Hasse-Weil L-函数 $L(E,s)$）在点 $s=1$ 附近的性质有关，即若定义非完全（由于舍去了“坏的”素数，即 $p|2\Delta$ 的素数，所以称为“非完全”）L 函数 $L(E,s)$ 为

$$L(E,s):=\prod_{p\nmid 2\Delta}\left(1-a_p p^{-s}+p^{1-2s}\right)^{-1}$$

其中，$\Delta=-16\left(4a^3+27b^2\right)$ 是曲线 E 的判别式；p 为素数，$N_p:=\#\{y^2\equiv x^3+ax+b(\mathrm{mod}\,p)$ 的有理解$\}$；$a_p=p-N_p$。L-函数在 $\mathrm{Re}(s)>3/2$ 的复平面上收敛，进一步 Breuil 等证明这一结论可以解析延拓到整个函数上[21]。Birch 和 Swinnerton-Dyer 在 20 世纪 60 年代提出猜想：一个椭圆曲线 E 在某个数域上的点构成的阿贝尔群的秩与 L-函数 $L(E,s)$ 在点 s=1 处的零点的阶有关：

$$\text{BSD 猜想(版本 1)：}\quad \mathrm{ord}_{s=1}L(E,s)=\mathrm{rank}\left(E(\mathbb{Q})\right)$$

特别地，这个惊人的猜想断言 $L(E,1)=0 \Leftrightarrow E(\mathbb{Q})$ 是无限的。相反，若 $L(E,1)\neq 0$，则集合 $E(\mathbb{Q})$ 是有限的。BSD 猜想的另一个版本是用 $L(E,s)$ 在点 s=1 处的 Taylor 级数展开表示的，如下所示：

$$\text{BSD 猜想(版本 2)：}\quad L(E,s)\sim c(s-1)^r\text{，其中 } c\neq 0\text{，}\ r=\mathrm{rank}\left(E(\mathbb{Q})\right)$$

同样，对于完全的 L 函数 $L^*(E,s)$：

$$L^*(E,s):=\prod_{p|2\Delta}\left(1-a_p p^{-s}\right)^{-1}\cdot\prod_{p\nmid 2\Delta}\left(1-a_p p^{-s}+p^{1-2s}\right)^{-1}$$

也有改进版的 BSD 猜想如下：

$$\text{BSD 猜想(版本 3)：}\quad L^*(E,s)\sim c^*(s-1)^r$$

其中，$c^*=\left|\mathrm{III}_E\right|R_\infty w_\infty\prod_{p|\Delta}w_p\,/\,\left|E(\mathbb{Q})_{\mathrm{tors}}\right|^2$，其中 $\left|\mathrm{III}_E\right|$ 为椭圆曲线 E 的 Tate-Shafarevich 群的阶，R_∞ 是一个 $r\times r$ 矩阵的行列式，该矩阵的矩阵元由 Height Pairing（高度配对函数）作用于群 $E(\mathbb{Q})/E(\mathbb{Q})_{\mathrm{tors}}$ 生成元而生成，w_p 为基本局部因子，w_∞ 为 E 的实周期的倍数。

美国著名数学家 John Tate 在 1974 年对 BSD 猜想评论到：“这个非凡的猜想将 L-函数在一点的性质与 III 群联系在了一起，尽管现在对于 L-函数在这一点是

否有定义还不知道，也不知道 Ш 群是否有限……”。因此，人们希望通过证明该猜想进而能够证明$|Ш_E|$群是有限的。利用 Kurt Heegner(1893—1965)的思想，Birch 和他的博士生 Stephens 首次确立了有理数域$\mathbb{Q}$上的某些椭圆曲线上存在无限阶的有理点，可惜的是，当时他们并没有将这些点的坐标写下来，也没有验证这些点是否真的满足椭圆曲线方程。这些点现在称为椭圆曲线上的 Heegner 点(Heegner 点是复上半平面上二次虚数点所对应的(求)模椭圆曲线上的像)。在 Birch 和 Stephens 工作的基础上，特别是在他们关于求模椭圆曲线上 Heegner 点的大量计算工作上，1986 年哈佛大学的 Gross 和马里兰大学/马克斯-普朗克数学研究所的 Zagier 提出了一个深刻的结论[22]，即今天的 Gross-Zagier 定理[22]，该定理用椭圆曲线上 L-函数在 s=1 处的导数来描述 Heegner 点的高度，即若$L(E,1)=0$，则 E 上 Heegner 点的高度与$L'(E,1)$之间有一个联系紧密的公式。与 Kohnen 一起，Gross 等于 1987 年[23]提出了更一般的结论，即对于每一个正整数 n，可以用 Heegner 点来构造椭圆曲线上的有理点，且这些点的高度是权重 3/2 的模形式。随后在 1989 年，俄罗斯数学家 Kolyvagin[24]进一步利用 Heegner 点来构造欧拉系统，并用欧拉系统证明了秩为 1 的椭圆曲线上 BSD 猜想的大部分内容。特别地，其证明若 Heegner 点的阶是无限的，则$\operatorname{rank}(E(\mathbb{Q}))=1$。其他 BSD 猜想中的显著成果包括 Zhang 将椭圆曲线上的 Gross-Zagier 定理推广到阿贝尔簇，以及 Brown 对大部分正特征的整体域上秩为 1 椭圆曲线上 BSD 猜想的证明[25]。当然，所有这些结果距离 BSD 猜想的真正解决还很远。正如黎曼猜想一样，BSD 猜想也被列为七个千禧大奖问题之一[26]。对于这些猜想，尽管近年来取得了一些进展，但是我们还是不知道如何证明黎曼猜想、哥德巴赫猜想和 BSD 猜想。由于量子计算具有天然的并行计算能力，其在寻找这些猜想的反例计算中具有巨大的优势，因此量子计算可以在这些领域的研究中发挥重要作用。

6.2 节 习 题

1. 设计一个计算$\pi(x)$和$\pi_2(x)$的多项式或指数时间量子算法。
2. 设计一个计算$\zeta(s)$零点的多项式或指数时间量子算法。
3. 设计一个计算椭圆曲线上 L 函数$L(E,s)$的多项式或指数时间量子算法。
4. 设计一个验证黎曼猜想的多项式或指数时间量子算法。
5. 设计一个验证哥德巴赫猜想的多项式或指数时间量子算法。
6. 设计一个验证 BSD 猜想的多项式或指数时间量子算法。

6.3 其他量子算法

截至目前，所有能够归到下面几类问题的量子算法与经典算法相比，都能够实现实质性的加速(特别是指数加速，也就是超多项式加速)，这些问题如下所示(见文献[27]～[29])。

(1)利用量子傅里叶变换寻找问题的周期，包括：

①针对黑盒函数判定问题的 Deutsch-Jozsa 算法(见文献[30]和[31])。该算法作为第一个例子展示了量子算法相对于任意确定性的经典算法可以实现指数加速，但是该问题可以由经典概率算法在多项式时间内求解，因此其并没有实现对经典概率算法的指数加速。

②针对黑盒函数区分问题的 Simon 量子算法[32],这激励 Shor 随后提出了量子整数分解算法。

③针对整数分解问题和离散对数问题的 Shor 算法(见文献[33])。该算法对量子算法的发展起到了重要的作用。

④求解 Pell 方程、主理想问题及其他代数数论问题如类群、类数、单位群的 Hallgren 量子算法(见文献[5]、[8]、[10]、[34]、[35])。

⑤量子相位估计算法，该算法可在能实现控制幺正操作并在给定与相应幺正操作本征态成比例的量子态时，用来估计幺正门本征态的本征相位。该算法在很多其他算法中作为一个子算法有很多应用[36]，如求解 IFP 和 DLP 的 Shor 算法中就用到了该算法[33]。

⑥求解隐子群问题的算法[37]。量子计算机可以求解阿贝尔隐子群问题，而很多问题都可以归为阿贝尔隐子群问题，如 Simon 问题、Pell 方程求解问题、环上的主理想测试问题、IFP 和 DLP 等。

⑦求解 Boson 采样问题的量子算法(见文献[38]和[39])。该问题是为了产生一个与输入玻色子的分布和幺正操作有关的输出样本概率分布。经典计算机求解该问题需要计算幺正演化矩阵的积和式，而这需要耗费大量时间，当规模增大时基本不可能在有效时间内完成。

⑧估算高斯和的算法[40]。估算高斯和的最著名经典算法的复杂度是指数级别的，值得注意的是，DLP 可以归约为高斯和估算问题，因此若存在有效的经典估算高斯和算法，则意味着存在有效的经典算法求解 DLP。目前，这两个问题都不能用经典算法在多项式时间内求解，但是，这两个问题却都可以用量子算法在多项式时间内求解(见文献[33]和[40])。

(2)利用量子随机游走算法求解：

①元素区分问题[41](确定某个表中的元素是否都是不同的)。

②寻找三角形问题[42](确定某个图上是否有三角形)。

③公式求值问题[43](求公式的值，如布尔公式或线性方程组的解)。

④群可交换性问题[44,45](给定一个未知群及其 k 个生成元，判断群是否为交换群)。

量子随机游走算法是经典随机游走算法的量子模拟，其用某些状态上的概率分布来描述。量子游走由量子叠加态来描述。众所周知，量子随机游走算法对某些黑盒问题可以实现指数级加速，而对于另外一些问题可以实现多项式加速。

(3) 利用量子力学思想做穷举搜索，这样，对于有 n 个条目的搜索，可以在 $\sqrt{n}$ 次搜索后得到解。这些算法包括 Grover 算法及其推广的 Grover 算法 (见文献[34]、[46]～[49])。这一类型的算法都是基于概率幅放大的思想，相比于经典搜索算法，尽管通常不具有指数级别的加速效果，但明显快于经典算法。

(4) 利用量子力学思想求解量子物理中的难题，如利用量子计算机加速量子物理的模拟[50]。这部分的工作通常是物理学家在做，需要注意的是这类问题属于 BQP 完全问题。类似问题还包括计算扭结不变量问题：Chern-Simons 拓扑量子场论 (TQFT) 可以利用 Jones 多项式求解。量子计算机可以模拟 TQFT，因此可以求得 Jones 多项式的近似[51]，而这在经典计算机上是很难求解的。

令人惊讶的是，自 Shor 提出针对 IFP 和 DLP 的量子算法以来，发现的其他量子算法还很少。这就自然引出了一个问题，有可能相比经典计算具有指数加速能力的量子算法确实很少 (见文献[28]和[52])。但是我们对这一点还不是很确定，由于量子计算机可能属于图灵机模型，当然也有可能不属于图灵机模型，所以我们甚至不确定量子计算机能做什么，不能做什么。

在我们能够给出对量子计算机的可计算性、复杂性和适用性有用的成果之前，还需要做更多的研究。

与难题的斗争还在继续！

6.4 本章要点及进阶阅读

虽然对于 IFP、DLP 和 ECDLP 的量子算法研究是量子计算特别是量子计算数论领域的主流方向，但是也有很多针对数论、代数学、拓扑学、搜索算法、物理学问题的其他量子算法。总体来说，在 1994 年 Shor 提出针对 IFP 和 DLP 的量子算法之前，并没有多少量子算法。本章讨论了求解代数数论难题和验证数论猜想的量子算法。对于许多其他问题，也给出了针对相应问题量子算法的看法。显然，在理解量子算法的巨大威力、应用及构造实用量子计算机之前，还需要做更多的研究。

本章列出了 50 余部关于量子算法的文献，大多数文献代表了该领域的新观点和新进展，有兴趣了解更多关于量子计算及量子计算数论知识的读者，请参阅文献及文献中提供的其他资料。

参 考 文 献

[1] Yan S Y. Number Theory for Computing. 2nd ed. New York: Springer, 2002

[2] Lenstra H W Jr. Solving the Pell equation. Notices of the AMS, 2002, 49(2): 182-192

[3] Thiel C. On the complexity of some problems in algorithmic algebraic number theory. Saarbrücken: Universität des Saarlandes, 1995

[4] Williams H C. Solving the Pell equation//Bennett M A, Berndt B C, Boston N, et al. Surveys in Number Theory: Papers from the Millennial Conference on Number Theory. Natick: AK Peters, 2002: 325-363

[5] Hallgren S. Polynomial-time quantum algorithms for Pell's equation and the principal ideal problem. Journal of the ACM, 2007, 54(1): 19

[6] Schmidt A, Völlmer U. Polynomial-time quantum algorithm for the computation of the unit group of a number field. Proceedings of the 37th Annual ACM Symposium on Theory of Computing, 2005: 475-480

[7] Cohen H. A Course in Computational Algebraic Number Theory. New York: Springer, 1993

[8] Silverman R D. A perspective on computational number theory. Notices of the AMS, 1991, 38(6): 562-568

[9] Buchmann J A, Williams H C. A key-exchange system based on real quadratic fields(extended abstract). Advances in Cryptology: CRYPTO 1989, Lecture Notes in Computer Science, 1990, 435: 335-343

[10] Eisenträger K, Hallgren S. Computing the unit group, class group, and compact representations in algebraic function fields. The Open Book Series: The 10th Algorithmic Number Theory Symposium, 2013, 1: 335-358

[11] Eisenträger K, Kitaev A, Song F. A quantum algorithm for computing the unit group of an arbitrary degree number field. Proceedings of the 46th Annual ACM Symposium on Theory of Computing, 2014: 293-302

[12] Hallgren S. Fast quantum algorithms for computing the unit group and class group of a number field. Proceedings of the 37th Annual ACM Symposium on Theory of Computing, 2005: 468-474

[13] Shanks D. Class number, a theory of factorization, and genera. Proceedings of Symposia in Pure Mathematics, 1971, 20: 415-440

[14] Dam W V. Quantum computing and zeroes of zeta functions. 2004, arXiv:quanh-ph/0405081v1

[15] Latorre J, Sierra G. Quantum computing of prime number functions. 2013, arXiv: quant-ph/1302.6245v3

[16] Latorre J, Sierra G. There is entanglement in the primes. 2014, arXiv: quant-ph/1403.4765v2

[17] Carlson J, Jaffe A, Wiles A. The Millennium Prize Problems. Cambridge: Clay Mathematics Institute/American Mathematical Society, 2006

[18] Chen J R. On the representation of a large even integer as the sum of a prime and the product of at most two primes. Scientia Sinica, 1973, 16(2): 157-176

[19] Bombieri E. The Riemann hypothesis//Carlson J, Jaffe A, Wiles A. The Millennium Prize Problems. Providence: Clay Mathematics Institute/American Mathematical Society, 2006: 107-152

[20] Coates J, Wiles A. On the conjecture of Birch and Swinnerton-Dyer. Inventiones Mathematicae, 1977, 39(3): 223-251

[21] Breuil C, Conrad B, Diamond F, et al. On the modularity of elliptic curves over Q: Wild 3-adic exercises. Journal of the American Mathematical Society, 2001, 14(4): 843-939

[22] Gross B H, Zagier D B. Heegner points and derivatives of *L*-series. Inventiones Mathematicae, 1986, 84(2): 225-320

[23] Gross B, Kohnen W, Zagier D. Heegner points and derivatives of *L*-series. II. Mathematische Annalen, 1987, 278(1-4): 497-562

[24] Kolyvagin V. Finiteness of $E(\mathbb{Q})$ and III. $(E,\mathbb{Q})$ for a class of weil curves. Mathematics of the USSR-Izvestiya, 1989, 32: 523-541

[25] Brown M L. Heegner Modules and Elliptic Curves. New York: Springer, 2004

[26] Wiles A. The Birch and Swinnerton-Dyer Conjecture//Carlson J, Jaffe A, Wiles A. The Millennium Prize Problem. Providence: Clay Mathematics Institute/American Mathematical Society, 2006: 31-44

[27] Jordan S. Quantum algorithm zoo. http://math.nist.gov/quantum/zoo[2018-4-20]

[28] Shor P. Why Haven't more quantum algorithms been found? Journal of the ACM, 2003, 50(1): 87-90

[29] Wikipedia. Quantum algorithms. Wikipedia, the free encyclopedia, 2015, https://en.wikipedia.org/wiki/Quantam_algorithm

[30] Cleve R, Ekert A, Macchiavello C, et al. Quantum algorithms revisited. Proceedings of the Royal Society A, 1998, 454: 339-354

[31] Deutsch D, Jozsa R. Rapid solutions of problems by quantum computation. Proceedings of the Royal Society A, 1992, 439(1907): 553-558

[32] Simon D R. On the power of quantum computation. SIAM Journal on Computing, 1997, 26(5): 1474-1483

[33] Shor P. Polynomial-time algorithms for prime factorization and discrete logarithms on a quantum computer. SIAM Journal on Computing, 1997, 26(5): 1484-1509

[34] Hallgren S. Polynomial-time quantum algorithms for Pell's equation and the principal ideal problem. Proceedings of the 34th Annual ACM Symposium on Theory of Computing, 2002: 653-658

[35] Jozsa R. Quantum computation in algebraic number theory: Hallgren's efficient quantum algorithm for solving Pell's equation. Annals of Physics, 2003, 306(2): 241-279

[36] Kitaev A Y. Quantum measurements and the Abelian stabilizer problem. 1995, arXiv: quant-ph/95110226v1

[37] Lomont C. The hidden subgroup problem: Review and open problems. 2004, arXiv:quant-ph/0411037v1

[38] Lund A P, Laing A, Rahimi-Keshari S, et al. Boson sampling from gaussian states. Physical Review Letters, 2014, 113(10), 100502: 1-5

[39] Ralph T C. Boson sampling on a chip. Nature Photonics, 2013, 7(7): 514-515

[40] Dam W V, Seroussi G. Efficient quantum algorithms for estimating gauss sums. 2002, arXiv: quant-ph/0207131v

[41] Ambainis A. Quantum walk algorithm for element distinctness. SIAM Journal on Computing, 2007, 37(1): 210-239

[42] Magniez F, Santha M, Szegedy M. Quantum algorithms for the triangle problem. SIAM Journal on Computing, 2007, 37(2): 413-424

[43] Ambainis A. New developments in quantum algorithms. Proceedings of Mathematical Foundations of Computer Science 2010, Lecture Notes in Computer Science, 2010, 6281: 1-11

[44] Magniez F, Nayak A. Quantum complexity of testing group commutativity. Algorithmica, 2007, 48(3): 221-232

[45] Pak I. Testing commutativity of a group and the power of randomization. LMS Journal of Computing and Mathematics, 2012, 15: 38-43

[46] Grover L K. A fast quantum mechanical algorithm for database search. Proceedings of the 28th Annual ACM Symposium on the Theory of Computing, 1996: 212-219

[47] Grover L K. Quantum mechanics helps in searching for a needle in a haystack. Physical Review Letters, 1977, 79(2): 325-328

[48] Grover L K. From Schrödinger's equation to quantum search algorithm. American Journal of Physics, 2001, 69(7): 769-777

[49] Grover L K, Sengupta A M. From coupled pendulum to quantum search. Mathematics of Quantum Computing, 2002: 119-134

[50] Feynman R. Simulating physics with quantum computers. International Journal of Theoretical Physics, 1982, 21(6-7): 467-488

[51] Aharonov D, Jones V, Landau Z. A polynomial quantum algorithm for approximating the Jones polynomial. Proceedings of the 38th Annual ACM Symposium on Theory of Computing, 2006: 427-436

[52] Vitányi P. The quantum computing challenge. Informatics: 10 Years Back, 10 Years Ahead, Lecture Notes in Computer Science, 2001, 2000: 219-233

作 者 简 介

颜松远博士写作本书时为武汉大学特聘教授，在英国约克大学数学系获得数论博士学位，先后在英国以及北美的多所大学做博士后研究，包括约克大学、剑桥大学、阿斯顿大学、考文垂大学、罗格斯大学、哥伦比亚大学、多伦多大学、麻省理工学院和哈佛大学等。主要研究领域有计算数论、计算复杂度理论、算法的设计与分析、密码学、信息安全和网络安全等。并在相关研究领域出版了多本广受欢迎的教材，包括：

（1）*Perfect, Amicable and Sociable Numbers: A Computational Approach*, World Scientific, 1996.

（2）*Number Theory for Computing*, Springer, First Edition, 2000; Second Edition, 2002; Polish Translation, 2006（Polish Scientific Publishers PWN）; Chinese Translation, 2007（Tsinghua University Press）.

（3）*Primality Testing and Integer Factorization in Public-Key Cryptography*, Springer, First Edition, 2004; Second Edition, 2009.

（4）*Cryptanalytic Attacks on RSA*, Springer, 2008; Russian Translation, 2010（Russian Scientific Publishers）.

（5）*Computational Number Theory and Modern Cryptography*, Wiley, 2012.

（6）*Quantum Attacks on Public-Key Cryptosystems*, Springer, 2013.